普通高等学校测控技术与仪器专业规划教材

光电检测技术

Guangdian Jiance Jishu

郭天太 陈爱军 沈小燕 刘辉军 编著

华中科技大学出版社
http://www.hustp.com
中国·武汉

内 容 简 介

　　本书系统地介绍了光电检测技术的基础理论、相关检测器件和典型应用,主要内容包括:光电检测理论基础知识,如能带理论、光电效应、光热效应、辐射度量与光度量的基础知识等;光电检测技术中的常用检测器件,如光电检测器件、发光与耦合器件、电荷耦合器件(CCD)、热电检测器件等;光电检测技术的典型应用,如微弱光信号检测技术、条形码技术、光纤传感技术、激光测距与测速技术等。

　　本书可作为高等院校测控技术与仪器、自动化、电子信息工程、机械设计制造及其自动化、检测技术、电气工程及其自动化、光信息科学与技术等专业的教材,也可作为其他相近专业高年级本科生和硕士研究生的学习参考书。本书还可供相关领域的科研人员和工程技术人员参考。

图书在版编目(CIP)数据

　　光电检测技术/郭天太　陈爱军　沈小燕　刘辉军　编著.—武汉:华中科技大学出版社,2012.6
(2022.2重印)
　　ISBN 978-7-5609-7739-3

　　Ⅰ.光…　Ⅱ.①郭…　②陈…　③沈…　④刘…　Ⅲ.光电检测-高等学校-教材　Ⅳ.TP274

中国版本图书馆 CIP 数据核字(2012)第 040758 号

光电检测技术　　　　　　　　　　　　　郭天太　　陈爱军　　沈小燕　　刘辉军　　编著

责任编辑:姚同梅
封面设计:范翠璇
责任校对:李　琴
责任监印:张正林
出版发行:华中科技大学出版社(中国·武汉)　　　电话:(027)81321913
　　　　　武汉市东湖新技术开发区华工科技园　　　邮编:430223
录　　排:华中科技大学惠友文印中心
印　　刷:广东虎彩云印刷有限公司
开　　本:787mm×1092mm　1/16
印　　张:11.75
字　　数:296千字
版　　次:2022年2月第1版第5次印刷
定　　价:28.00元

普通高等学校测控技术与仪器专业规划教材

编 委 会

主 任:

钟毓宁

（湖北工业大学副校长，教育部高等学校仪器科学与技术专业教学指导委员会委员）

副主任:

孔 力

（华中科技大学教授，教育部高等学校仪器科学与技术专业教学指导委员会委员）

许贤泽

（武汉大学教授，教育部高等学校仪器科学与技术专业教学指导委员会委员）

委 员: （以姓氏笔画为序）

王连弟（华中科技大学出版社）　　　王先培（武汉大学）

史红梅（北京交通大学）　　　　　　李威宣（武汉理工大学）

杨　帆（武汉工程大学）　　　　　　张思祥（河北工业大学）

何　涛（湖北工业大学）　　　　　　周荣政（江汉大学）

胡春海（燕山大学）　　　　　　　　郭天太（中国计量学院）

康宜华（华中科技大学）　　　　　　梁福平（北京信息科技大学）

董浩斌（中国地质大学）　　　　　　曾以成（湘潭大学）

秘 书:

刘　锦　万亚军

普通高等学校测控技术与仪器专业规划教材

总　序

测控技术与仪器专业是在合并原来的11个仪器仪表类专业的基础上新设立的专业，目前设有该专业的高校已经超过250所，是当前发展较快的本科专业之一。经过两届全国高等学校仪器科学与技术教学指导委员会的努力，形成了《测控技术与仪器专业本科教学规范》（以下简称《专业规范》）。《专业规范》颁布后，各高校开始构建面向21世纪的测控技术与仪器本科专业的课程体系，并进行教学改革，以更好地满足科学技术和国民经济发展的需要。

华中科技大学出版社邀请多位全国高等学校仪器科学与技术教学指导委员会委员和具有丰富教学经验的专家编写了这套"普通高等学校测控技术与仪器专业规划教材"，这对于满足各高校测控专业建设需要，加强高校测控专业的建设，进一步落实《专业规范》精神，具有积极的作用。

这套教材基本涵盖了测控技术与仪器专业的专业基础课程和部分专业课程，编写定位清晰，内容适应了加强工程教学的趋势，注重了教材的实用性和创新性教育的推进。这套教材的出版，是测控专业教学领域"百花齐放、百家争鸣"的一个体现，它为测控专业教学选用教材又提供了一个选择。

由于时间所限，这套教材可能存在这样那样的问题。随着这套教材投入教学使用和通过教学实践的检验，它将不断得到改进、完善和提高，为测控专业人才的培养做出积极的贡献。

谨为之序。

全国高等学校仪器科学与技术教学指导委员会主任委员

2009年7月

前　言

光电检测技术是将传统光学与现代微电子技术、计算机技术紧密结合在一起而形成的一门高新技术，是获取光信息或者借助光来获取其他信息的重要手段。随着现代科学技术的发展和信息处理技术水平的提高，光电检测技术作为一门研究光与物质相互作用的新兴学科，已成为现代信息科学的一个极为重要的组成部分。随着各种新型光电检测器件的出现，以及电子技术和微电子技术的发展，光电检测技术近年来发展十分迅速。光电检测技术所具有的高精度、高速度、远距离、大量程、非接触测量等特点，使其在工业、农业、日常生活、医学、军事和空间科学技术等许多领域都得到了广泛应用。

本书密切结合工科专业的教学特点，面向实际应用领域，强调光电检测技术在测量中的重要作用。在系统介绍光电检测的基础理论和检测器件的基础上，突出了光电检测技术的典型应用，如微弱光信号检测技术、条形码技术、光纤传感技术、激光测距与测速技术等。全书知识比较全面，详略得当，以光电器件及其应用为主线，结合实例展开，有助于读者更好地理解相关内容。

本书共分 9 章，由中国计量学院郭天太、陈爱军、沈小燕、刘辉军四位老师合作编著。其中，郭天太编写了第 1、5、9 章，陈爱军编写了第 3、7 章，沈小燕编写了第 4、8 章，刘辉军编写了第 6 章，第 2 章由郭天太、陈爱军、沈小燕合作编写。全书由郭天太统稿。

中国计量学院计量测试工程学院对本书的编写工作给予了大力支持。李东升教授、陈吉武教授对本书的编写提出了许多宝贵意见，国家第一类特色专业——测控技术与仪器专业建设项目（TS10291）对本书的出版给予了资助，在此表示衷心的感谢！

此外，还要特别感谢我们那些可爱的学生们，没有他们的支持和鼓励，这本书在保证质量的前提下按时完稿几乎是不可能的。

华中科技大学出版社万亚军、姚同梅、肖阁编辑为本书的及早出版做了大量的工作，在此深表谢意！

由于编者水平有限，加之本书内容涉及较多学科，书中肯定存在疏漏、欠妥和不足之处，恳请读者批评指正。

编著者

2011 年 10 月

于杭州钱塘江畔

目　录

第1章　光电检测理论基础

1.1　光电检测技术概论

1.1.1　信息技术与光电检测技术

信息技术是指有关信息的收集、识别、提取、变换、存储、处理、检索、检测、分析和利用等的技术。

以光辐射为传输载体的随时间变化或按空间分布的信息统称为光学信息。光学信息是人类重要的信息来源,因为任何过程和现象都直接或间接地伴随着电磁辐射(如可见光、红外线、紫外线等),这些辐射作为载体,承载着关于周围世界的极其丰富的信息。这些信息与被研究的过程、现象之间有着必然的内在联系,根据这些信息,人们可以定量地确定客观物体的各种性能参数。

光电检测是指利用各类光电传感器实现检测,将被测量的量转换成光学量,再转换成电量,并综合利用信息传输和处理技术,完成在线和自动测量。光电检测技术是将传统光学与现代微电子技术、计算机技术紧密结合在一起的一门高新技术,是获取光信息或者借助光来获取其他信息的重要手段。随着现代科学技术的发展和信息处理技术的提高,光电检测技术作为一门研究光与物质相互作用的新兴学科,已成为现代信息科学的一个极为重要的组成部分。随着各种新型光电检测器件的出现,以及电子技术和微电子技术的发展,光电检测技术近年来发展十分迅速,在工业、农业、医学、军事、空间科学技术和家居生活等领域得到了广泛应用。

光电检测技术的构成技术主要包括光信息获取技术、光电转换技术,以及测量信息的光电处理技术等。光电检测技术将光学技术与现代电子技术相结合,以实现对各种量的测量,它具有如下特点。

(1)高精度　光电测量是各种测量技术中精度最高的一种,如:用激光干涉法测量长度的精度可达 $0.05~\mu m/m$;用光栅莫尔条纹法测角度的精度可达 $0.04°$;用激光测距法测量地球与月球之间的距离,分辨力可达 1 m。

(2)高速度　光电检测以光为媒介,而光是各种物质中传播速度最快的,因此用光学方法获取和传递信息的速度是最快的。

(3)远距离、大量程　光是最便于远距离传递信息的介质,尤其适用于遥控和遥测,如武器制导、光电跟踪等。

(4)非接触测量　光照到被测物体上可以认为是没有测量力的,因此几乎不影响被测物的原始状态,可以实现动态测量,是各种测量方法中效率最高的一种。

1.1.2　光电检测系统的组成

1. 光电检测系统的组成

光电检测是以激光器、光电探测器、光纤等现代光电子器件为基础,通过接收被检测物体的光辐射(包括紫外线、可见光和红外线),经光电检测器件将接收到的光辐射转换为电信号,再通过放大、滤波等电信号调理电路提取有用信息,经模/数转换后输入计算机处理,最后显示、输出所需要的检测物理量等参数。光电检测系统的组成如图1-1所示。

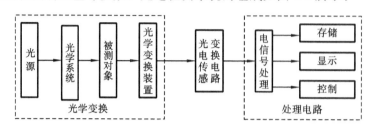

图1-1　光电检测系统的组成

2. 光电检测系统中的信息变换

在光电检测系统中,信息通常要经过两个基本的变换环节:调制和解调。

1)调制

为了更加方便、可靠地处理光信号并获得更多的信息,常将直流信号转换为特定形式的交变信号,这一转换过程就称为调制。光辐射通过光学系统投射到被检测物体上,利用被检测物体对入射辐射的反射、吸收、透射、衍射、干涉、散射、双折射等光学特性,将被测变量调制到光载波的特性参量上。这些特性参量可以是光载波的变化幅度、频率、相位或光的偏振态,甚至可以是光束的传播方向或介质折射率的变化。

调制的作用包括两个方面:一方面是使光辐射随时间有规律地变化以形成载波信号,如机械调制、声光调制、电光调制、磁光调制等;另一方面是使载波信号的一个或几个特性参量随被测信息而改变。

2)解调

将承载着信息的光信号通过不同类型的光电接收器转换成电信号,经过放大、滤波等预处理后输入解调器,在此将输入信号和调制器中作为调制基准的参考信号相比较,消除载波信号的影响,从而得到与被测参量成比例的输出信号。这种光电信号的能量再转换和信号检波过程称为解调。

解调的电信号可用常规的电子系统作进一步处理和数据输出,以得到最终的测量结果。

1.1.3　光电检测技术的发展趋势

1. 光电检测技术的发展趋势

光电检测技术的发展趋势主要表现在以下几个方面。

(1)高精度　检测精度向高精度方向发展,纳米、亚纳米精度的光电检测新技术是今后的研究热点。

(2)智能化　检测系统向智能化方向发展,如发展光电跟踪与光电扫描测量技术。

(3)数字化　检测结果向数字化和光电测量与控制一体化方向发展。

(4)多元化　光电检测系统的检测功能向综合性、多参数、多维测量等多元化方向发展,并向人们以前无法检测的领域发展,如微空间三维测量技术和大空间三维测量技术。

(5)微型化　光电检测仪器所用电子元件及电路向集成化方向发展,光电检测系统朝着小型、快速的微型光、机、电检测系统方向发展。

　　(6) 自动化　检测技术向自动化、非接触、快速和在线测量方向发展,检测状态向动态测量方向发展。

　　以上这些发展趋势是现代工业生产、国防建设等的需要,也是现代科学技术发展的需要。

2. 光电检测技术的应用前景

　　光电检测技术使人类能更有效地扩展自身的视觉能力,使视觉的长波段延伸到亚毫米波,短波段延伸到紫外线、X 射线,并可以在超快速度条件下检测诸如核反应、航空器发射等变化过程。光电检测技术由于具有别的检测技术无法替代的一系列优点,具有极其广阔的应用前景。

　　在工业领域,光电检测技术主要应用于生产过程的视觉检查、精密工作台的自动定位、各种性能参数的精密测试、图形检测与分析判断等。

　　光电检测技术在家居生活中的应用,主要表现为日常生活用品的智能化,如红外测距传感器、CCD 在数码相机、数码摄像机中的应用,光敏电阻在自动感应灯亮度检测中的应用,热敏电阻、光电开关在空调、冰箱、电饭煲中的应用等。

　　光电检测技术在医疗卫生方面的应用,主要表现为热敏电阻在接触式数字体温计中的应用、红外传感器在非接触式数字体温计中的应用、压力传感器在电子血压计中的应用等。

　　在国防和军事领域,光电检测技术主要应用于夜视瞄准系统的非冷却红外传感、激光制导、热定向、飞行物自动跟踪、卫星红外线检测等。

　　在航天领域,光电检测技术主要应用于参数检测,如加速度、温度、压力、振动、流量、应变等的检测。

　　可以看出,随着光电检测技术的发展及现代化进程的不断推进,光电检测技术的应用领域也将越来越广。

1.2　半导体物理基础

　　按照电阻率的不同,可以将材料分为三类:导体(如银、铜、铝、铁等)、绝缘体(如塑料、陶瓷、橡皮、石英玻璃等)和半导体(如硅、锗等)。三者之间虽然在电阻率的区分上无绝对明确的界限,但在性质上却有很大差别。由于半导体具有许多特殊的性质,因而在电子工业与光电工业等领域占有极其重要的地位,例如,大部分光辐射探测器都是采用半导体材料制成的。

　　半导体材料大多数是晶体材料。晶体可分为单晶体和多晶体。在一块材料中原子全部有规则地呈周期性排列,这种晶体称为单晶体。如果只在很小范围内原子有规则地排列,形成小晶粒,而晶粒之间还有无规则排列的晶粒界,这种材料称为多晶体。

1.2.1　能带理论基础

　　为了解释固体材料的不同导电特性,人们从电子能级的角度引入了能带理论,它是半导体物理的理论基础。应用能带理论可以解释发生在半导体中的各种物理现象和各种半导体器件的工作原理。

1. 电子的共有化运动

　　物质是由原子组成的。原子以一定的周期重复排列所构成的物体称为晶体。在晶体中,电子的运动状态与孤立原子中的电子状态有所不同。在孤立原子中,原子核外的电子按照一定的壳层排列,每一壳层容纳一定数量的电子。电子在壳层上的分布遵守泡利不相容原理和能量最低原理,并具有确定的分立能量值,也就是电子按能级分布。

　　当原子结合成晶体时,由于原子之间的距离很近,不同原子之间的电子轨道(量子态)将发生不同程度的交叠,而晶体中两个相邻原子的最外层电子的轨道重叠最多。这些轨道的交叠使电子可以从一个原子转移到另一个原子上去。结果,原来隶属于某一原子的电子,不再为此原子所私有,而是可以在整个晶体中运动,为整个晶体所共有,这种现象称为电子的共有化(见图1-2)。晶体中原子内层和外层电子的轨道交叠程度很不相同,越外层电子的交叠程度越大,且原子核对它的束缚越小。因此,只有最外层电子的共有化特征才是显著的。

　　电子共有化会使得本来处于同一能量状态的电子出现微小的能量差异。例如,组成晶体的 N 个原子在某一能级上的电子本来都具有相同的能量,现在它们由于处于共有化状态而具有各自不尽相同的能量,因为它们在晶体中不仅仅受本身原子势场的作用,而且还受周围其他原子势场的作用。如果一块晶体中具有 N 个原子,那么这 N 个原子中每一个相同能级都将分裂成为 N 个新的能级,这 N 个能级之间的能量差异极小。这一能量区域中密集的能级通常称为能带。一般 N 值很大,这 N 个能级就形成了有一定宽度的能带。图1-3为能带的示意图,能带是描述晶体中电子状态的重要方法。

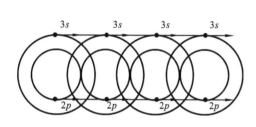

图 1-2　电子共有化运动示意

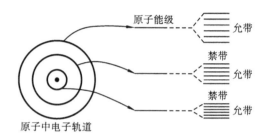

图 1-3　原子能级分裂成能带示意

2. 晶体中电子的能带

　　原子中每一电子所在能级在晶体中都分裂成能带。这些允许被电子占据的能带称为允带。允带之间的范围是不允许电子占据的,这一范围称为禁带。

　　如同在原子中一样,在晶体中电子的能量状态也遵守能量最低原理和泡利不相容原理。电子总是先占满内层能级所分裂的允带,然后再占据能量更高的外面一层允带。原子中最外层电子称为价电子。晶体最外层电子壳层分裂所形成的能带称为价带。价带可能被电子填满,也可能不被填满。被填满的能带称为满带。

　　根据泡利不相容原理,每个能级只能容纳自旋方向相反的两个电子,在外加电场上,这两个自旋相反的电子受力方向也相反,它们最多可以互换位置,不可能出现沿电场方向的净电流,所以满带电子不导电。同理,未被填满的价带就能导电。金属之所以有导电性就是因为其价带是不满的。

　　图1-4所示为绝缘体、半导体、导体的能带情况。一般情况下,绝缘体的禁带比较宽,价带被电子填满,而导带一般是空的。半导体的能带与绝缘体相似,在绝对零度时,也有被电子填满的价带和全空的导带,但其禁带比较窄。正因为如此,在一定的条件下,其价带的电子容易被激发到导带中去。半导体的许多重要特性就是由此引起的。而导体的能带情况有两种:一种是它的价带没有被电子填满,即最高能量的电子只能填充价带的下半部分,而上半部分空着;一种是它的价带与导带相重叠。

　　需要说明的是,以上关于能带形成的论述是十分粗糙且不严格的。能带和原子能级之间的对应关系,并不像图1-4所示那样单纯,也并不永远都是一个原子能级对应于一个能带。能

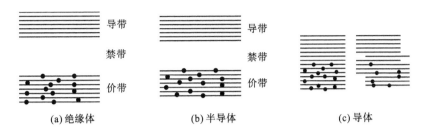

图 1-4 绝缘体、半导体、导体的能带情况

带图并不实际存在,而只是用来说明电子的能量分布情况。

3. 本征半导体和非本征半导体

半导体中的导带电子和价带空穴可在体内自由运动,二者统称为载流子。按照半导体中载流子的激发机理不同,可以将半导体分为本征半导体和非本征半导体。

1) 本征半导体

本征半导体是指没有杂质、没有缺陷的理想半导体,即设想半导体中不存在任何杂质原子,并且原子在空间的排列也遵循严格的周期性。

半导体材料中原子的化学结构多为共价键。例如,锗(Ge)或硅(Si)原子外层有 4 个价电子,它们与相邻原子组成共价键后形成原子外层有 8 个电子的稳定结构。在绝对零度时,半导体材料不导电。但是,共价键上电子所受束缚力较小,它会因为受到热激发而越过禁带,去占据禁带上面的能带。比价带能量更高的允带称为导带。从价带跃迁到导带后,在导带中的电子称为自由电子。它们能量很高,不附着于任何原子上,因此有可能在晶体中游动,在外加电场作用下形成电流。价带中的电子跃迁到导带后,价带中出现的空缺称为自由空穴。在外电场作用下,附近电子可以去填补空缺,相当于自由空穴发生定向移动形成自由空穴运动,从而形成电流。所以,在常温下半导体有导电性。

由上可知,与半导体导电特性有关的能带是导带和价带。本征半导体的能带结构如图 1-5(a)所示。在本征半导体中,电子获取热能后从价带跃迁到导带,导带中出现自由电子,价带中出现自由空穴,出现电子-空穴对导电载流子。本征半导体导电性能高低与材料的禁带宽度有关。禁带宽度越小,电子越容易跃迁到导带,因而导电性就越高。

锗的禁带宽度比硅的小,所以其导电性随温度的变化就比硅更显著。绝缘体因禁带宽度很大而无导电性。

2) 非本征半导体

在半导体中人为掺入少量杂质而形成的掺杂半导体,通常称为非本征半导体。杂质对半导体的导电性有很大的影响,非本征半导体的导电性能完全由掺杂情况决定。

如果在四价原子锗(Ge)组成的晶体中掺入五价原子砷(As),在晶格中某个锗原子被砷原子所替代。五价原子砷用 4 个价电子与周围的锗原子组成共价键,尚有 1 个电子多余,这个多余电子受原子的束缚力要比共价键上的电子所受束缚力小得多,它很容易被砷原子释放,跃迁到导带而形成自由电子。易释放电子的原子称为施主。施主束缚电子的能量状态称为施主能级,它位于禁带之中,比较靠近材料的导带底(能级能量用 E_c 表示)。施主能级能量 E_d 和导带底能级能量 E_c 之间的能量差为 ΔE_d,它称为施主电离能。这种由施主控制材料导电性的半导体称为 N 型半导体,其能带结构如图 1-5(b)所示。在 N 型半导体中,自由电子浓度高于自由空穴浓度。

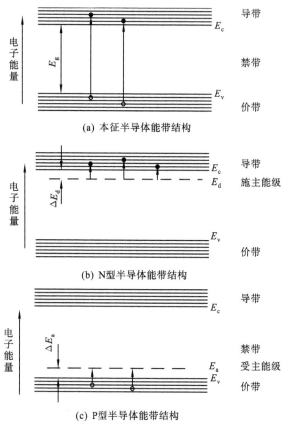

(a) 本征半导体能带结构

(b) N型半导体能带结构

(c) P型半导体能带结构

图 1-5　半导体的能带结构

同理,如果在四价锗晶体中掺入三价原子硼(B),将形成 P 型半导体。晶体中某锗原子被硼原子所替代,硼原子的 3 个价电子和周围锗原子的 4 个价电子组成共价键,形成 8 个电子的稳定结构还缺 1 个电子,于是它很容易从锗晶体中获取 1 个电子形成稳定结构。这样就使硼变成负离子而在锗晶体中出现自由空穴。容易获取电子的原子称为受主。受主获取电子的能量状态称为受主能级。受主能级能量用 E_a 表示。如图 1-5(c)所示,受主能级也处于禁带之中,比较靠近材料的价带顶(能级能量用 E_v 表示)附近。E_a 和 E_v 之差 ΔE_a 称为受主电离能。受主电离能愈小,价带中的电子愈容易跃迁到受主能级上去,在价带中的自由空穴浓度也愈高。在 P 型半导体中,自由空穴浓度高于自由电子浓度。

1.2.2　热平衡下的载流子

半导体的电学性质与材料的载流子浓度有关。所谓载流子浓度是指单位体积内的载流子数。在一定温度下,若没有其他的外界作用,半导体中的自由电子和空穴是由热激发产生的。电子从不断热振动的晶体中获得一定的能量,从价带跃迁到导带,形成自由电子,同时在价带中出现自由空穴。在热激发的同时,也有电子从导带跃迁到价带并向晶格放出能量,这就是电子-空穴对的复合。在一定温度下激发和复合两种过程形成平衡,称为热平衡,这时的载流子浓度即为某一稳定值。当温度改变后,原来的平衡状态就被破坏而建立起新的平衡状态,即达到另一个稳定值。由固体理论得知,热平衡时半导体中自由载流子浓度与两个参数有关:一是能带中能级的分布;二是在这些能级中每一个能级可能被电子占据的概率。

1. 能级密度

能级密度是指在导带和价带内单位体积、单位能量的能级数目，用 $N(E)$ 表示。由固体理论得知，在导带内的能级密度

$$N(E) = \frac{4\pi}{h^3} (2m_e^*)^{3/2} (E - E_c)^{1/2} \tag{1-1}$$

在价带内的能级密度

$$N(E) = \frac{4\pi}{h^3} (2m_p^*)^{3/2} (E_v - E)^{1/2} \tag{1-2}$$

式中：$N(E)$ 为在电子能量为 E 处的能级密度；m_e^* 为自由电子的有效质量；m_p^* 为自由空穴的有效质量；h 为普朗克常数；E_c 为导带底能量；E_v 为价带顶能量。

由式(1-1)、式(1-2)可知，当离导带底或价带顶愈远时，能级密度 $N(E)$ 愈大。

2. 费密能级能量和电子占据率

关于电子占据能级的规律，根据量子理论和泡利不相容原理，半导体中电子的能级分布服从费密统计分布规律。在热平衡条件下，能量为 E 的能级被电子占据的概率为

$$f_n(E) = \frac{1}{1 + \exp\dfrac{E - E_F}{kT}} \tag{1-3}$$

式中：E_F 为费密能级能量；k 为玻尔兹曼常数；T 为热力学温度。

E_F 是热平衡条件下的一个重要参数。可以说，E_F 可决定电子在能级上的分布。实际上，E_F 等于把一个任意能量的电子加入热系统后所引起的系统自由能的改变。

当 $T = 0$ K 时，由式(1-3)可以看出，若 $E < E_F$，则 $f_n(E) = 1$。这说明：在绝对零度时，凡是能量比 E_F 小的能级，被电子占据的概率均为 1。也就是说，电子全部占据费密能级以下的能级，而费密能级以上的能级是空的，不被电子占据。

当 $T > 0$ K 时，可以分为三种情况：

① 若 $E = E_F$，则 $f_n(E) = 0.5$，因此通常把电子占据率为 0.5 的能级定义为费密能级；

② 若 $E < E_F$，则 $f_n(E) > 0.5$，说明比费密能级能量低的能级被电子占据的概率大于 0.5；

③ 若 $E > E_F$，则 $f_n(E) < 0.5$，说明比费密能级能量高的能级被电子占据的概率小于 0.5。

比费密能级能量高得愈多的能级，被电子占据的概率愈小。此外，电子占据高能级的概率还随温度的升高而增加。

在价带中，如已知电子的占据概率，即可求出空穴的占据概率 $f_p(E)$。空穴的占据概率也就是不被电子占据的概率，即

$$f_p(E) = 1 - f_n(E) = \frac{1}{1 + \exp\dfrac{E_F - E}{kT}} \tag{1-4}$$

3. 平衡载流子浓度

在导体中，能级能量为 E 的电子浓度等于在该能级处的能级密度和被电子占据概率的乘积。即

$$n(E) = N(E) \cdot f_n(E)$$

在整个导带中总的电子浓度 n 应该是 $n(E)$ 在导带底以上所有能量状态上的积分。即

$$n = \int_{E_c}^{\infty} n(E) \, dE = \int_{E_c}^{\infty} N(E) \cdot f_n(E) \, dE$$

将式(1-1)及式(1-3)代入上式,得积分结果为

$$n = N_c \exp\left(-\frac{E_c - E_F}{kT}\right) \tag{1-5}$$

式中:N_c 为导带有效能级密度,$N_c = 2\left(\dfrac{2\pi m_e^* kT}{h^2}\right)^{3/2}$。

式(1-5)说明,自由电子浓度 n 与温度有关,在温度一定时 n 与 E_F 呈指数关系。

同样,在价带中能级能量为 E 的能级处空穴浓度为

$$p(E) = N(E) \cdot f_p(E)$$

整个价带中的空穴浓度 p 为

$$p = \int_{-\infty}^{E_v} N(E) \cdot f_p(E)\mathrm{d}E = N_v \exp\left(-\frac{E_F - E_v}{kT}\right) \tag{1-6}$$

式中:N_v 为价带有效能级密度,$N_v = 2\left(\dfrac{2\pi m_p^* kT}{h^2}\right)^{3/2}$。

式(1-6)说明,价带中的自由空穴浓度 p 也是温度的函数,也与费密能级的位置有关。

把式(1-5)和式(1-6)相乘,可得

$$n \cdot p = N_c N_v \exp\left(-\frac{E_c - E_F}{kT}\right) \cdot \exp\left(-\frac{E_F - E_v}{kT}\right) = N_c N_v \exp\left(-\frac{E_g}{kT}\right) \tag{1-7}$$

式中:E_g 为禁带宽度,$E_g = E_c - E_v$。由式(1-7)可得到如下结论:

① 在半导体中,平衡载流子的电子数和空穴数的乘积与 E_F 无关;

② 禁带宽度 E_g 愈小,n 和 p 的乘积愈大,半导体的导电性愈好;

③ 半导体中的载流子浓度随温度的增加而增大。

4. 本征半导体中的载流子浓度

在本征半导体中,自由电子浓度等于自由空穴浓度。即

$$n_i = p_i$$

由式(1-5)、式(1-6)得

$$N_c \exp\left(-\frac{E_c - E_F}{kT}\right) = N_v \exp\left(-\frac{E_F - E_v}{kT}\right)$$

于是,得到本征半导体的费密能级能量

$$E_{Fi} = \frac{1}{2}(E_c + E_v) + \frac{1}{2}kT\ln\frac{N_v}{N_c} = E_i + \frac{3}{4}kT\ln\left(\frac{m_p^*}{m_e^*}\right) \tag{1-8}$$

式中:E_i 为中间能级能量,中间能级处于禁带中间位置。对于硅、锗等半导体材料,$m_p^*/m_e^* = 0.5\sim1$;对于砷化镓,$m_p^*/m_e^* = 7.4$。式(1-8)右侧的第二项很小,可以忽略。由此可知,本征半导体的费密能级位于禁带中线处,大体上与中间能级重叠。

由式(1-7)得到本征半导体载流子浓度为

$$n_i = p_i = (N_c N_v)^{1/2} \exp\left(-\frac{E_g}{2kT}\right) \tag{1-9}$$

5. 掺杂半导体载流子浓度

N 型半导体中,施主原子的多余价电子易跃迁进入导带,使导带中的自由电子浓度高于本征半导体的电子浓度。室温下施主原子基本上都电离,此时导带中的电子浓度

$$n = N_d + p_i \approx N_d \tag{1-10}$$

式中:N_d 为 N 型半导体中掺入的施主原子浓度。

空穴的浓度为

$$p = \frac{n_i^2}{N_d} \tag{1-11}$$

将式(1-5)代入式(1-10),得 N 型半导体的费密能级密度为

$$N_d = N_c \exp\left(-\frac{E_c - E_{Fn}}{kT}\right) = n_i \exp\left(\frac{E_{Fa} - E_{Fi}}{kT}\right)$$

式中:n_i 为本征半导体载流子浓度。于是

$$E_{Fn} = E_{Fi} + kT \ln \frac{N_d}{n_i} \approx E_i + kT \ln \frac{N_d}{n_i} \tag{1-12}$$

由式(1-12)可知:N 型半导体中的费密能级位于禁带中央以上;掺杂浓度愈高,费密能级离禁带中央愈远,愈靠近导带底。

同样,在 P 型半导体中,由于受主原子易从价带中获得电子,因此价带中的自由空穴浓度将高于本征半导体中的自由空穴浓度。设掺入的受主浓度为 N_a,那么室温下价带中的空穴浓度 p 和电子浓度 n 分别为

$$p = N_a + n \approx N_a \tag{1-13}$$

$$n = \frac{n_i^2}{N_a} \tag{1-14}$$

将式(1-6)代入式(1-13),得到 P 型半导体的费密能级能量

$$E_{Fp} = E_i - kT \ln \frac{N_a}{n_i} \tag{1-15}$$

由式(1-15)可知:P 型半导体的费密能级位于禁带中央位置以下;掺杂浓度愈高,费密能级离禁带中央愈远,愈靠近价带顶。

图 1-6 所示为本征半导体和掺杂半导体中的费密能级位置。

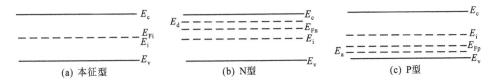

图 1-6　半导体中的费密能级位置

1.2.3　非平衡载流子

大多数半导体器件通过外部注入载流子或用光激发方式而使载流子浓度超过热平衡时的浓度。这些超出部分的载流子通常称为非平衡载流子或过剩载流子。

1. 材料的光吸收效应

物体受光照射时,一部分光被物体反射,一部分光被物体吸收,其余的光透过物体。那些被物体所吸收的光会改变物体的一些性能。

1) 本征吸收

半导体材料可吸收光子能量并将其转换成电能,这是光电器件的工作基础。半导体材料吸收光的原因在于光与处在各种状态的电子、晶格原子和杂质原子的相互作用。其中最主要的光吸收是在光子的作用下,电子由价带跃迁到导带而引起的,这种吸收称为本征吸收,图1-7为本征吸收的能带示意图。电子从半导体价带跃迁到导带是一种本征激发,所以本征光吸收

也就是本征激发所对应的光吸收。激发使得自由电子与空穴的浓度都有增加。由于价带顶和导带底之间存在一定的禁带宽度 E_g，因此，只有当入射光子的能量大于该材料的禁带宽度时，即 $h\nu \geqslant E_g$ 时，才可能发生本征激发。因而，对某一半导体而言，本征吸收存在着一个相应于禁带宽度的长波限 λ_0。当光波长超过 λ_0，也就是频率更低时，就不能引起本征吸收。λ_0 的表达式为

$$\lambda_0 = \frac{ch}{E_g} = \frac{1.24}{E_g} \quad (\mu m) \tag{1-16}$$

式中：c 为光在真空中的传播速度；h 为普朗克常量；E_g 为禁带宽度（eV）。

本征吸收是很强的吸收，其吸收系数可达 10^5 cm^{-1} 数量级。因此，实际的光吸收发生在材料表面约等于 10^{-6} cm 的薄层内。这说明与光吸收有关的现象，往往要受到材料表面状态的影响。

2）杂质吸收

在光照下，掺有杂质的半导体内中性施主的束缚电子可以吸收光子而跃迁到导带。同样，中性受主的束缚空穴亦可以吸收光子而跃迁到价带。这种吸收称为杂质吸收，图 1-8 为杂质吸收的能带示意图。施主释放束缚的电子到导带，受主释放束缚空穴到价带，相应过程中所需能量称为电离能 ΔE_d（或 ΔE_a）。即杂质吸收光的长波限

$$\lambda_{0d} = \frac{hc}{\Delta E_d} = \frac{1.24}{\Delta E_d} \quad (\mu m)$$

或

$$\lambda_{0a} = \frac{hc}{\Delta E_a} = \frac{1.24}{\Delta E_a} \quad (\mu m)$$

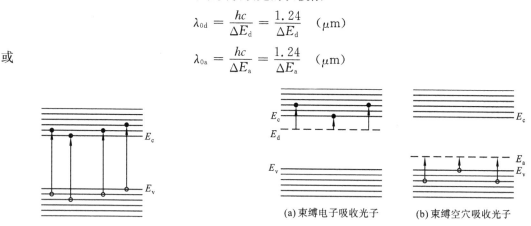

图 1-7　本征吸收能带示意

（a）束缚电子吸收光子　（b）束缚空穴吸收光子

图 1-8　杂质吸收能带示意

由于杂质的电离能 ΔE_d、ΔE_a 一般比禁带宽度 E_g 小得多，所以杂质吸收的光谱在本征吸收的长波限 λ_0 以外。

3）其他吸收

其他形式的光吸收还有激子吸收、自由载流子吸收、晶格吸收等。这些吸收很大程度上是将能量转换成热能，从而增加了热激发载流子浓度。

引起光电导现象的主要是本征吸收和杂质吸收。

2. 非平衡载流子浓度

半导体在热平衡状态下，其载流子的浓度有一个恒定的数值。这时，半导体内部由于热激发而不断地产生电子和空穴，同时，电子和空穴也不断相遇并消失，这称为电子和空穴的复合。当电子和空穴的产生率和复合率相等时，系统将保持相对平衡状态。但在外界因素的作用下，例如半导体接收光照，由于光的激发，电子和空穴的产生率大于复合率，这就可能在导带和价带增加载流子（电子和空穴）的数目。这种增加的电子和空穴称为非平衡载流子，增加的电子

和空穴的浓度分别用 Δn 和 Δp 表示。这样，在导带和价带中电子和空穴的浓度分别为

$$n = n_0 + \Delta n \tag{1-17}$$

$$p = p_0 + \Delta p \tag{1-18}$$

式中：n_0、p_0 分别表示光照前一定温度下热平衡载流子的浓度。

当半导体继续接收恒定光照时，电子和空穴的产生率保持在高水平，而复合率将随着非平衡载流子的增加而增大，直到复合率等于产生率，系统达到新的稳定状态为止，这时载流子浓度 n 与 p 保持不变。当光照停止时，产生率下降，系统的稳定状态遭到破坏，由于存在非平衡载流子，复合率超过产生率，载流子浓度减小。随着载流子浓度的减小，复合率也随之下降，直至复合率又等于产生率为止，载流子浓度保持光照前的数值 n_0 和 p_0 不变，系统恢复到平衡态。

1）描述复合的参数——寿命

非平衡载流子 Δn（或 Δp）的复合率一般可表示为

$$复合率 = \Delta n/\tau（或 \Delta p/\tau） \tag{1-19}$$

式中：τ 为常数，称为非平衡载流子的寿命。τ 的物理意义有如下三点。

① 寿命 τ 的数值反映非平衡载流子复合的快慢。从式(1-19)可看出：寿命 τ 越长，复合率越小；寿命 τ 越短，复合率越大。

② τ 就是非平衡载流子浓度衰减到原来的 $1/e$ 所需的时间。在没有外界作用时，非平衡载流子浓度的变化率等于复合率（这里只考虑 Δn，Δp 也有同样的形式），即

$$\mathrm{d}\Delta n/\mathrm{d}t = -\Delta n/\tau \tag{1-20}$$

式中：右边的负号表示复合作用使 Δn 随时间 t 减小。Δn 是时间 t 的函数。从式(1-20)解得

$$\Delta n(t) = \Delta n(0)\mathrm{e}^{-t/\tau} \tag{1-21}$$

式中：$\Delta n(0)$ 为 $t=0$ 时非平衡载流子的浓度。当 $t=\tau$ 时，非平衡载流子浓度衰减到原来的 $1/e$，即

$$\Delta n\,|_{t=\tau} = \Delta n(0)\mathrm{e}^{-t/\tau}\,|_{t=\tau} = \Delta n(0)/e \tag{1-22}$$

③ τ 是非平衡载流子的平均存在时间。非平衡载流子是逐步消失的，$\displaystyle\int_0^\infty \Delta n\mathrm{d}t$ 为所有非平衡载流子存在时间的总和，而非平衡载流子的总数就是 $t=0$ 时的载流子数目 $\Delta n(0)$。所以，载流子平均存在的时间为

$$\frac{\displaystyle\int_0^\infty \Delta n\mathrm{d}t}{\Delta n(0)} = \int_0^\infty \mathrm{e}^{-t/\tau}\mathrm{d}t = \tau \tag{1-23}$$

2）非平衡载流子的复合

非平衡载流子的复合大致可分为两种：直接复合和间接复合。

（1）直接复合　直接复合是指导带电子直接落在价带空穴的位置上，与空穴结合而失去其自由态的过程。通常，直接复合会辐射出光子来，这种光子的能量等于自由载流子复合时所放出的能量，其数值大致等于晶体禁带宽度。这种光辐射有时称为带边辐射。直接复合很重要，但是通常不在复合过程中起主要作用。

设 n 和 p 分别表示电子和空穴的浓度。每一个电子都有可能和空穴相遇而复合，它们的复合率和它们的浓度成正比。因此，单位体积内电子、空穴的复合率为

$$复合率 = \gamma n p \tag{1-24}$$

式中：γ 称为复合系数或复合概率。

在热平衡的状态下，复合率等于产生率，则式(1-24)中的 n 和 p 即为平衡态载流子浓度 n_0

和 p_0。

（2）间接复合　间接复合是指电子和空穴通过复合中心的复合。由于半导体中晶体结构的不完整性和杂质的存在,在禁带内存在一些深能级,这些能级能俘获自由电子与自由空穴,从而使它们复合,这种深能级称为复合中心。自由载流子通过复合中心复合时也往往会产生光辐射。通常,在自由载流子密度较小时,复合主要是通过复合中心进行的间接复合,而在自由载流子密度较大的情况下,则主要是直接复合。

根据间接复合发生位置的不同,间接复合又可分为体内复合和表面复合。材料表面因加工方式和形状不同而对表面复合有很大影响,如材料表面在研磨、抛光时会出现许多缺陷与损伤,从而产生大量复合中心,使表面载流子复合速度与体内复合速度大不相同。

1.2.4　载流子的运动

半导体中存在能够自由导电的电子和空穴,在外界因素作用下,半导体又会产生非平衡电子和空穴。这些载流子的运动形式有两种:扩散运动和漂移运动。它们都是定向运动,分别与扩散电流和漂移电流相联系。

1. 扩散运动

载流子由热运动造成的从高浓度处向低浓度处的迁移运动称为扩散运动。对于杂质均匀分布的半导体,其平衡载流子的浓度分布也是均匀的。因此,不会有平衡载流子的扩散,这时只考虑非平衡载流子的扩散。当然,对于杂质分布不均匀的半导体,需要同时考虑平衡载流子和非平衡载流子的扩散。

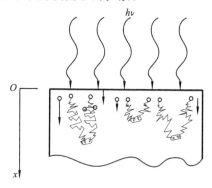

图 1-9　均匀半导体中载流子的扩散

下面介绍一维稳定扩散的情形。当光均匀地照射一块均匀的半导体时,如图 1-9 所示,假设光在表面很薄的一层内几乎全部被吸收,而非平衡载流子的产生也局限于这个薄层内。

由图 1-9 可见,在 $x=0$ 处,因光照而产生的非平衡载流子浓度为 $\Delta p(0)$ 或 $\Delta n(0)$,由于在 x 方向存在浓度梯度,光生载流子将沿 x 方向扩散,最后在半导体内复合而消失。只要入射光保持不变,在 $x=0$ 处 $\Delta p(0)$ 与 $\Delta n(0)$ 也将不变,扩散与复合就不断进行。显然,扩散电流与浓度梯度成正比,即

$$j_{\mathrm{n}} = - D_{\mathrm{n}} \frac{\mathrm{d}(\Delta n)}{\mathrm{d}x} \tag{1-25}$$

$$j_{\mathrm{p}} = - D_{\mathrm{p}} \frac{\mathrm{d}(\Delta n)}{\mathrm{d}x} \tag{1-26}$$

式中:j_{n}、j_{p} 分别为电子和空穴的扩散电流密度;D_{n}、D_{p} 分别为电子和空穴的扩散系数;负号表示扩散电流的方向与浓度梯度方向相反。

2. 漂移运动

载流子在电场的加速作用下,除热运动之外获得的附加运动称为漂移运动。

半导体中晶格原子和杂质离子在晶格点阵位置附近作扩散运动,而载流子则在晶格间作不规则的热运动,并在运动过程中不断与原子和杂质离子发生碰撞,从而改变其运动速度的大小和方向,这种现象称为散射。

　　由于外加电场的存在,载流子作定向的漂移运动。而由于有散射作用,作漂移运动的载流子在恒定的电场下具有稳定的平均漂移速度。在 N 型半导体内,漂移所引起的电流密度为

$$j = nqv \tag{1-27}$$

式中:j 为电流密度;n 为载流子密度;q 为电子电荷;v 为载流子的平均漂移速度。

　　欧姆定律的微分形式为

$$j = \sigma \varepsilon \tag{1-28}$$

式中:σ 为电导率;ε 为电场强度。由此可知,有一定值的电场强度,就有一定值的电流密度,因而也就有一定值的平均漂移速度。实际上,载流子密度一般不因电场的存在而改变,只有在特殊情况下,电场强到能改变载流子所处能级或使载流子加速到产生碰撞而电离时,才会引起载流子密度的变化。因此,电场强度与平均漂移速度有如下关系:

$$v = \mu \varepsilon \tag{1-29}$$

式中:μ 为迁移率,它表示载流子在单位电场下所取得的漂移速度($\mathrm{cm^2/(s \cdot V)}$)。显然,电导率 σ 与迁移率有如下关系:

$$\sigma = nq\mu \tag{1-30}$$

　　在电场强度 ε 的作用下,载流子所得到的加速度 a 为

$$a = q\varepsilon/m^* \tag{1-31}$$

式中:m^* 为载流子的有效质量;q 为载流子所带的电荷。载流子在漂移运动中,因为散射作用,在每次碰撞之后漂移速度就下降为零。如果两次碰撞之间的平均自由时间为 τ_f,则 τ_f 以后载流子的平均漂移速度 v 为

$$v = a\tau_\mathrm{f} = \frac{q\varepsilon}{m^*}\tau_\mathrm{f} \tag{1-32}$$

将式(1-32)与式(1-29)比较,可得

$$\mu = \frac{q\tau_\mathrm{f}}{m^*}$$

　　由此看出,迁移率与载流子的有效质量与平均自由时间 τ_f 有关。而电子的有效质量 m_n^* 比空穴的有效质量 m_p^* 小,所以电子的迁移率 μ_n 比空穴的迁移率 μ_p 大。

3. 扩散运动和漂移运动同时存在

　　在扩散运动和漂移运动同时存在的情况下,载流子的扩散系数与迁移率之间有爱因斯坦关系:

$$\frac{D_\mathrm{n}}{\mu_\mathrm{n}} = \frac{D_\mathrm{p}}{\mu_\mathrm{p}} = \frac{kT}{q} \tag{1-33}$$

　　爱因斯坦关系虽然是在平衡情况下得到的,但也适用于非平衡的情况。由式(1-33)可以看出,同一种载流子的扩散系数与迁移率之间存在正比关系,其比例系数是 kT/q。它与温度有关,室温下此系数为 $0.026\ \mathrm{V}$。因此,很容易由载流子的迁移率来推算扩散系数。

　　需要说明的是,虽然电子与空穴均沿 x 轴方向扩散,但由于它们的扩散系数不同,因此,它们引起的扩散电流不能相互抵消。在无外回路的情况下,这会引起电荷的积累,沿 x 轴方向产生一个电势差,形成电场,从而阻碍载流子的进一步扩散,直至扩散电流与由此电场产生的漂移电流平衡为止。由于电子的扩散比空穴快,形成的电场方向也将沿 x 轴方向递减。这种电势差是丹倍于 1931 年在氧化亚铜中发现的,一般称为丹倍电势。

　　从以上的分析还可知道,在电场作用下,任何载流子(多数载流子与少数载流子)均要作漂

移运动。一般情况下,少数载流子远少于多数载流子,因此漂移电流主要是多数载流子的贡献。然而,在扩散情况下,只有光照所产生的少数载流子存在很大的浓度梯度,所以对扩散电流的贡献主要来自于少数载流子。

1.3　光电检测器件的基本物理效应

光电检测器件对各种物理量的检测是建立在基本物理效应的基础上的。这些效应实现了能量的转换,把光辐射的能量转换成了其他形式的能量,光辐射所带有的被检测信息也转换成了其他形式能量(如电、热等)的信息。对这些信息(如电信息、热信息等)进行检测,也就实现了对光辐射的检测。

对光辐射的检测,使用最广泛的方法是通过光电转换把光信号变成电信号,继而用已十分成熟的电子技术对电信号进行测量和处理。各种光电转换的物理基础是光电效应。也有一些物质在吸收光辐射的能量后,主要发生温度变化,产生物质的热效应。

1.3.1　光电效应

当光照射到物体上时,可使物体发射电子或电导率发生变化,或产生光电动势等,这种因光照而引起物体电学特性的改变统称为光电效应。尽管光电效应的发现距今已有一百多年,但只是在近三十多年来才变得日益重要。

光电效应可分为两种:外光电效应和内光电效应。

1. 外光电效应

在光照下,物体向表面以外的空间发射电子(即光电子)的现象称为外光电效应,也称光发射效应。能产生光电发射效应的物体称为光电发射体,在光电管中又称为光阴极。外光电效应多发生于金属和金属氧化物中。

著名的爱因斯坦方程描述了该效应的物理原理和产生条件。爱因斯坦方程为

$$E_k = h\nu - E_\varphi \tag{1-34}$$

式中:E_k 为电子离开发射体表面时的动能,$E_k = \frac{1}{2} m\upsilon^2$,其中 m 为电子质量,υ 为电子离开时的速度;$h\nu$ 为光子能量,其中 h 为普朗克常量,ν 为入射光的频率;E_φ 为光电发射体材料的逸出功,$E_\varphi = E_0 - E_F$,其中 E_0 为体外自由电子的最小能量,即真空中静止电子的能量,E_F 为费密能级能量。

式(1-34)表明,当发射体内的电子所吸收的光子能量 $h\nu$ 大于发射体材料的逸出功 E_φ 时,电子就能以一定的速度从发射体表面逸出。即外光电效应发生的条件为

$$\nu \geqslant \frac{E_\varphi}{h} = \nu_c \tag{1-35}$$

式中:ν_c 为产生外光电效应的入射光波的截止频率。

用波长 λ 表示时有

$$\lambda \leqslant \frac{hc}{E_\varphi} = \lambda_c \tag{1-36}$$

式中:λ_c 为产生外光电效应的入射光波的截止波长。

式(1-35)、式(1-36)中大于和小于符号表示电子逸出表面的速度大于 0,等号则表示电子

以零速度逸出,即静止在发射体表面上。将 $h=6.6\times10^{-34}$ J·s $=4.13\times10^{-15}$ eV·s、$c=3\times10^{14}$ μm/s 代入式(1-36),可以得到

$$\lambda_c = \frac{1.24}{E_\varphi} \quad (\mu m) \tag{1-37}$$

或

$$\lambda_c = \frac{1\,240}{E_\varphi} \quad (nm) \tag{1-38}$$

可见,E_φ 小的发射体才能对波长较长的光辐射产生外光电效应。

金属的光电发射过程可以归纳为以下三个步骤:

① 金属吸收光子后体内的电子被激发到高能态;

② 被激发的电子向表面运动,在运动过程中因碰撞而损失部分能量;

③ 电子克服表面势垒逸出金属表面。

2. 内光电效应

物质受到光照后所产生的光电子只在物质内部运动而不会逸出物质外部的现象称为内光电效应。这种效应多发生于半导体内。内光电效应又可分为光电导效应和光生伏特效应。

1) 光电导效应

某些物质吸收光子的能量时产生本征吸收或杂质吸收,从而电导率发生改变的现象,称为物质的光电导效应。利用具有光电导效应的材料可以制成电导率随入射光度量变化的器件,称为光电导器件或光敏电阻,光电导效应即发生在某些半导体材料中。金属材料不会发生光电导效应。

金属之所以能导电,是由于金属原子形成晶体时产生了大量的自由电子。自由电子浓度 n 是个常量,不受外界因素影响。半导体和金属的导电机制完全不同,在温度为 0 K 时,导电载流子浓度为 0。在温度为 0 K 以上时,由于热激发而不断产生热生载流子(电子和空穴),在扩散过程中它们又因复合而消失。在热平衡下,单位时间内热生载流子产生的数目正好等于因复合而消失的热生载流子的数目。因此,在导带和满带中保持热平衡的电子和空穴的浓度分别为 n 和 p,它们的平均寿命分别用 τ_n 和 τ_p 表示。对于任何半导体材料,总有下式成立:

$$np = n_i^2 \tag{1-39}$$

式中:n_i 为相应温度下本征半导体中的本征热生载流子浓度。这说明,N 型或 P 型半导体中的电子和空穴浓度一种增大、另一种减小,但不会减小到 0。

在外电场作用下,载流子产生漂移运动,漂移速度 v 和电场强度 E 之比定义为载流子迁移率 μ,即有

$$\mu_n = \frac{v_n}{E} = \frac{v_n l}{U} \quad (cm^2/V \cdot s) \tag{1-40}$$

$$\mu_p = \frac{v_p}{E} = \frac{v_p l}{U} \quad (cm^2/V \cdot s) \tag{1-41}$$

式中:U 为端电压;l 为沿电场方向半导体的长度。载流子的漂移运动效果用半导体的电导率 σ 来描述,其定义为

$$\sigma = en\mu_n + ep\mu_p \quad (\Omega \cdot cm)^{-1} \tag{1-42}$$

式中:e 为电子电荷量。如果半导体的截面积为 A,则其电导(亦称为热平衡暗电导)为

$$G = \sigma \frac{A}{l} \tag{1-43}$$

所以半导体的电阻 R_d（亦称暗电阻）为

$$R_d = \frac{l}{\sigma A} = \rho \frac{l}{A} \tag{1-44}$$

式中:ρ 为半导体的电阻率（$\Omega \cdot cm$）,$\rho = 1/\sigma$。

当光照射在外加电压的半导体上时,如果光波长 λ 满足如下条件,那么光子将在其中激发出新的载流子（电子和空穴）：

$$\lambda \leqslant \lambda_c = \frac{1.24}{E_g} \quad (\mu m) \quad （本征） \tag{1-45}$$

或

$$\lambda \leqslant \lambda_c = \frac{1.24}{E_i} \quad (\mu m) \quad （杂质） \tag{1-46}$$

式中:E_g 为禁带宽度（eV）;E_i 为杂质能带宽度（eV）。

这就使得半导体中的载流子浓度在原来的平衡值之上增加了 Δn 和 Δp。这个新增加的部分在半导体物理中称为非平衡载流子,光电子学中称之为光生载流子。显然,Δn 和 Δp 将使半导体的电导增加一个量 ΔG,称为光电导。相应于本征和杂质半导体的光电导分别称为本征光电导和杂质光电导。

对于本征半导体,如果光辐射每秒产生的电子-空穴对数为 N,则

$$\Delta n = \frac{N}{Al}\tau_n \tag{1-47}$$

$$\Delta p = \frac{N}{Al}\tau_p \tag{1-48}$$

式中:Al 为半导体总体积,其中 A 为截面积,l 为长度;τ_n、τ_p 分别为电子和空穴的平衡寿命。于是由式(1-43)有

$$\Delta G = \Delta \sigma \frac{A}{l} = e(\Delta n \mu_n + \Delta p \mu_p) \frac{A}{l} = \frac{eN}{l^2}(\mu_n \tau_n + \mu_p \tau_p)$$

式中:eN 为光辐射每秒激发的电荷量。

ΔG 的增量还将使外回路电流产生增量 Δi,即

$$\Delta i = U \Delta G = \frac{eNU}{l^2}(\mu_n \tau_n + \mu_p \tau_p) \tag{1-49}$$

式中:U 为外电压。从式(1-49)可见,电流增量 Δi 不等于每秒激发的电荷量 eN。于是,可定义光电导体的电流增益如下:

$$M = \frac{\Delta i}{eN} = \frac{U}{l^2}(\mu_n \tau_n + \mu_p \tau_p) \tag{1-50}$$

以 N 型半导体为例,可以清楚地看出 M 的物理意义。将式(1-50)写为

$$M = \frac{U}{l^2}\mu_n \tau_n \tag{1-51}$$

将式(1-40)代入式(1-51),有

$$M = \frac{v_n}{l}\tau_n = \frac{\tau_n}{t_n} \tag{1-52}$$

式中:t_n 为电子在外电场作用下渡越半导体长度 l 所需的时间,称为渡越时间。可见,对于 N 型半导体,如果渡越时间 t_n 小于电子平均寿命 τ_n,则 $M > 1$,即有电流增益。

2）光生伏特效应

光生伏特效应（简称光伏效应）与光电导效应同属于内光电效应,但两者的导电机理不同。

光伏效应是少数载流子导电的光电效应,而光电导效应是多数载流子导电的光电效应,这就使得光生伏特器件在许多性能上与光电导器件有很大的差别。光生伏特器件具有暗电流小、噪声低、响应速度快、光电特性的线性度好、受温度的影响小等特点,是光电导器件无法比拟的,而光电导器件对微弱辐射的检测能力和宽光谱响应范围又是光生伏特器件达不到的。

　　实现光伏效应需要有内部电势垒。当照射光激发出电子-空穴对时,电势垒的内建电场将把电子-空穴对分开,从而在势垒两侧形成电荷堆积,产生光伏效应。这个内部电势垒可以是PN 结、PIN 结、肖特基势垒结、异质结等。这里仅讨论最基本的 PN 结的光伏效应。

　　PN 结的基本特征是它的电学不对称性,在结区有一个从 N 区指向 P 区的内建电场 E_i 存在,如图 1-10(a)所示。在热平衡状态下,多数载流子(N 区的电子和 P 区的空穴)与少数载流子(N 区的空穴和 P 区的电子)的作用由于内建电场的漂移而互相抵消,没有净电流通过 PN 结。这时可发现 PN 结两端没有电压,称为零偏状态。如果 PN 结正向偏置(P 区接正极,N 区接负极),则有较大正向电流流过 PN 结。如果 PN 结反向偏置(P 区接负,N 区接正),则有很小的反向电流通过 PN 结,这个电流在反向击穿前几乎不变,称为反向饱和电流 I_{S0}。PN 结的伏安特性如图 1-10(b)所示。图 1-10(c)所示为 PN 结电阻随偏置电压的变化曲线。PN 结的伏安特性可表示为

$$i_d = I_{S0}(e^{\frac{eu}{kT}} - 1) \tag{1-53}$$

式中:i_d 为暗电流(无光照时的电流);I_{S0} 为反向饱和电流;e 为电子电荷量;u 为偏置电压(正向偏置为正,反向偏置为负);k 为玻尔兹曼常数;T 为热力学温度。

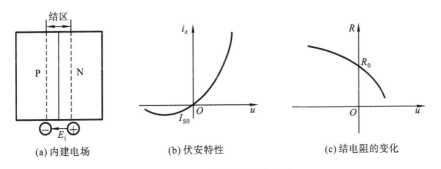

(a) 内建电场　　　　　　　(b) 伏安特性　　　　　　　(c) 结电阻的变化

图 1-10　PN 结及其伏安特性

　　在零偏情况下,PN 结的电阻 R_0 为

$$R_0 = \left.\frac{du}{di}\right|_{u=0} = \frac{kT}{eI_{S0}} \tag{1-54}$$

此时 $i=0$,所以 PN 结的开路电压为 0。

　　在零偏条件下,如果入射光的波长 λ 满足条件

$$\lambda \leqslant \frac{1.24}{E_i} \quad (\mu m) \tag{1-55}$$

这时,无论光照射 N 区还是 P 区,都会激发出光生电子-空穴对。如图 1-11(a)所示,当光照射 P 区时,由于 P 区的多数载流子是空穴,光照前热平衡空穴浓度本来就比较大,因此光生空穴对 P 区空穴浓度影响很小。相反,光生电子对 P 区的电子浓度影响很大,从 P 区表面(吸收光能多、光生电子多)向区内自然形成电子扩散趋势。如果 P 区的厚度小于电子扩散长度,那么大部分光生电子都能扩散进 PN 结,一进入 PN 结,就被内电场扫向 N 区。这样,光生电子-空穴对就被内电场分离开来,空穴留在 P 区,电子通过扩散流向 N 区。这时 PN 结正、负极之间

会出现开路电压 u_0。这种现象称为光生伏特效应(光伏效应)。如果接通 PN 结,则有电流 i_0 通过,称为短路光电流,如图 1-10(b)所示。显然

$$u_0 = R_0 i_0 \tag{1-56}$$

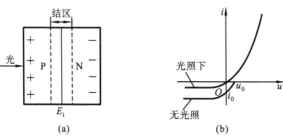

图 1-11　光生伏特效应

在光伏效应中,与光照相联系的是少数载流子的行为。因为少数载流子的寿命通常很短,所以,以光伏效应为基础的检测器件比以光电导效应为基础的检测器件有更快的响应速度。

具有光伏效应的半导体材料有很多,如硅、锗、砷化镓(GaAs)等半导体材料,利用这些材料能够制造出具有各种特点的光生伏特器件。其中硅光生伏特器件具有制造工艺简单、成本低等特点,是目前应用最广泛的光生伏特器件。

1.3.2　光热效应

某些物质在受到光照射后,由于温度变化而使自身性质发生变化的现象称为光热效应。在光电效应中,光子的能量直接变为光电子的能量,而在光热效应中,光能量与晶格相互作用,使其振动加剧,造成温度的升高。根据光与不同材料、不同结构的光热器件相互作用所引起的物质有关特性变化的情况,可以将光引起的热效应分为三种类型:辐射热计效应、温差电效应及热释电效应。

光热效应和光电效应完全不同。探测器件吸收光辐射能量后,并不直接引起内部电子状态的改变,而是把吸收的光能转变为晶格的热运动能量,引起探测器件温度上升,温度上升又使探测器件的电学性质或其他物理性质发生变化。所以,光热效应与单电子能量 $h\nu$ 的大小没有直接关系。原则上,光热效应对光波频率没有选择性,只是在红外波段上,材料的光吸收率高,光热效应也就更强烈,所以光热效应广泛用于红外线辐射探测。因为温度升高是热积累的作用,所以光热效应的响应速度一般比较慢,而且容易受环境温度变化的影响。

值得注意的是,热释电效应与材料的温度变化率有关,比其他光热效应的响应速度要快得多,因此,已获得日益广泛的应用。

1. 辐射热计效应

入射光的照射使材料受热,电阻率发生变化的现象称为辐射热计效应。与光电导效应不同,这里的电阻率的变化是由温度变化引起的。阻值的变化与温度变化的关系为

$$\Delta R = \alpha_T R \Delta T \tag{1-57}$$

式中:α_T 为电阻温度系数;R 为元件电阻;ΔT 为温度变化。当温度变化足够小时,有

$$\alpha_T = \frac{1}{R} \frac{dR}{dT} \tag{1-58}$$

对于金属材料,电阻与 T 成正比,即 $R = BT$(B 是常数,典型值为 3 000 K),则式(1-58)变为

$$\alpha_{\mathrm{T}} = \frac{B}{T} \tag{1-59}$$

即电阻温度系数与温度成反比。半导体材料的电阻与温度的关系具有指数形式,即

$$R = R_0 \mathrm{e}^{B\left(\frac{1}{T}-\frac{1}{T_0}\right)} \tag{1-60}$$

代入式(1-58),得到

$$\alpha_{\mathrm{T}} = -\frac{B}{T^2} \tag{1-61}$$

式(1-61)表明:温度越高,半导体材料的电阻温度系数越小。

2. 温差电效应

当两种不同的配偶材料(可以是金属或半导体)两端并联熔接时,如果两个接头的温度不同,并联回路中就产生电动势,称为温差电动势,回路中就有电流流通。如果把冷端分开并与一个电流表连接,那么当光照射到熔接端(称为电偶接头)时,熔接端(电偶接头)吸收光能使其温度升高,电流表就有相应的电流读数,电流的数值间接反映了光照能量大小。这就是用热电偶来探测光能的原理。实际中为了提高测量灵敏度,常将若干个热电偶串联起来使用,称为热电堆,它在激光能量计中获得了应用。

3. 热释电效应

电介质内部没有自由载流子,没有导电能力。但是,它也是由带电的粒子(电子、原子核)构成的,在外加电场的情况下,带电粒子也要受到电场力的作用,因而其运动会发生变化。例如,加上一电压后,正电荷一般总是趋向阴极,而负电荷总是趋向阳极,虽然其移动距离很小,但其结果是使电介质的一个表面带正电,另一个表面带负电(见图 1-12),通常称这种现象为"电极化"。从电压加上去的瞬间到电极化状态建立起来为止的这一段时间内,电介质内部的电荷的运动相当于电荷顺着电场力方向的运动,所形成的电流就称为"位移电流",该电流在电极化完成时即消失。

对于一般的电介质,在电场去除后极化状态即消失,带电粒子又恢复原来状态。而有一类称为"铁电体"的电介质,在外加电场去除后仍能保持极化状态,这种现象称为"自发极化"。图 1-13 所示为电介质的极化曲线。从图 1-13(a)可知,一般的电介质的极化曲线通过中心,而图 1-13(b)所示的铁电体电介质的极化曲线在电场去除后仍能保持一定的极化强度。

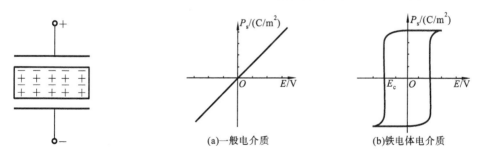

(a)一般电介质	(b)铁电体电介质
图 1-12　电极化现象	**图 1-13　电介质的极化曲线**

铁电体的自发极化强度 P_{s}(单位面积上的电荷量)随温度变化的关系曲线如图 1-14 所示。随着温度的升高,极化强度降低,当温度升高到一定值,自发极化突然消失,这个温度称为"居里温度"或"居里点"。在居里点以下,极化强度 P_{s} 为温度 T 的函数。利用这一关系制造的热检测器件称为热释电器件。

当红外辐射照射到已经极化的铁电体薄片上时,薄片温度升高,表面电荷减少,相当于热

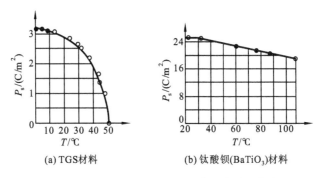

图 1-14　自发极化强度随温度变化的关系曲线

"释放"了部分电荷。释放的电荷可用放大器转换成电压输出。如果辐射持续作用,表面电荷将达到新的平衡,不再释放电荷,也不再有电压信号输出。因此,热释电器件不同于其他光电器件,在恒定辐射作用的情况下其输出的信号电压为零,只有在交变辐射的作用下才会有信号输出。

无外加电场的作用而具有电矩,且在温度发生变化时电矩的极性发生变化的介质,称为热电介质。外加电场能改变这种介质的自发极化矢量的方向,即在外加电场的作用下,无规则排列的自发极化矢量趋于同一方向,形成所谓的单畴极化。当外加电场去除后仍能保持单畴极化特性的热电介质,又称为铁电体或热电-铁电体。热释电器件就是用这种热电-铁电体制成的。

产生热释电效应的原因是:没有外电场时,热电晶体具有非中心对称的晶体结构。在自然状态下,极性晶体内的分子在某个方向上的正、负电荷中心不重合,即电矩不为零,形成电偶极子。当相邻晶胞的电偶极子平行排列时,晶体将表现出宏观的电极化方向。在交变的外电场作用下还会出现如图 1-13(b)所示的电滞回线。图中的 E_c 称为矫顽电场,即在该外电场作用下无极性晶体的电极化强度为零。

对于经过单畴极化的热释电晶体,在垂直于极化方向的表面上,将由表面层的电偶极子构成相应的静电束缚电荷。因为自发极化强度是单位体积内的电矩矢量之和,所以面束缚电荷密度 σ 与自发极化强度 P_s 之间的关系可由下式确定:

$$P_s = \frac{\sum \sigma \Delta S \Delta d}{Sd} = \sigma \tag{1-62}$$

式中:S、d 分别为晶体的表面积和厚度。

式(1-62)表明:热释电晶体的表面束缚面电荷密度 σ 在数值上等于它的自发极化强度 P_s。但在温度恒定时,这些面束缚电荷被来自于晶体内部或外部空气中的异性自由电荷所中和,因此观察不到它的自发极化现象,如图 1-15(a)所示。内部自由电荷中和表面束缚电荷的时间常数为

$$\tau = \varepsilon \rho \tag{1-63}$$

式中:ε、ρ 分别为晶体的介电常数和电阻率。大多数热释电晶体材料的 τ 值一般在 1 s～1 000 s 之间,即热释电晶体表面上的束缚电荷可以保持 1 s～1 000 s 的时间。因此,只要使热释电晶体的温度在面束缚电荷被中和掉之前因吸收辐射而发生变化,晶体的自发极化强度 P_s 就会随温度 T 的变化而变化,相应束缚电荷面密度 σ 也随之变化,如图 1-15(b)所示。这一过程的平均作用时间很短,约为 10^{-12} s。

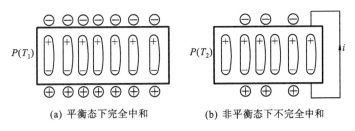

(a) 平衡态下完全中和　　　　　　(b) 非平衡态下不完全中和

图 1-15　热释电晶体的内部电偶极子和外部自由电荷的补偿情况

1.3.3　光电转换定律

对光电检测器件来说,其输入是光辐射量,输出是光电流量。把光辐射量转换为光电流量的过程称为光电转换。光通量(即光功率)$P(t)$可以理解为光子流量;光子能量$h\nu$是光能量E的基本单元;光电流是光生电荷Q的时变量;电荷e是光生电荷的基本单元。为此,有

$$P(t) = \frac{\mathrm{d}E}{\mathrm{d}t} = h\nu\,\frac{\mathrm{d}n_1}{\mathrm{d}t} \tag{1-64}$$

$$i(t) = \frac{\mathrm{d}Q}{\mathrm{d}t} = e\,\frac{\mathrm{d}n_2}{\mathrm{d}t} \tag{1-65}$$

式中:n_1、n_2分别为光子数和电子数。式中所有变量都应理解为统计平均量。i正比于P,即

$$i(t) = DP(t) \tag{1-66}$$

式中:D为光电检测器件的光电转换因子。把式(1-64)和式(1-65)代入上式,有

$$D = \frac{e}{h\nu}\eta \tag{1-67}$$

式中

$$\eta = \frac{\mathrm{d}n_2}{\mathrm{d}t}\bigg/\frac{\mathrm{d}n_1}{\mathrm{d}t} \tag{1-68}$$

称为光电检测器件的量子效率,它表示光电检测器件激发的电子数和吸收的光子数之比。把式(1-67)代入式(1-66),得

$$i(t) = \frac{e\eta}{h\nu}P(t) \tag{1-69}$$

这就是基本的光电转换定律。由此可知:

① 光电检测器件对入射功率有响应,响应量是光电流。因此,一个光子探测器可视为一个电流源;

② 因为光功率P正比于光电场的平方,故常把光电检测器件称为平方律探测器,或者说,光电检测器件本质上是一个非线性器件。

1.4　辐射度量与光度量的基础知识

辐射度学是研究电磁辐射能测量的一门科学。在光辐射能的测量中,为了既符合物理学对电磁辐射度量的规定,又符合人的视觉特性,建立了两套参量和单位:辐射度量与光度量。辐射度量是用能量单位描述光辐射能的客观物理量。

光度学是研究光度测量的一门科学。光度量是指光辐射能被平均人眼接收所引起的视觉刺激大小的度量。也就是说:光度量是具有标准人眼视觉特性的人眼所接收到的辐射量的度

量。因此,辐射度量和光度量都是用来定量地描述辐射能的,两者在研究方法和概念上基本相同,它们的基本物理量也是一一对应的。然而,辐射度量是辐射能本身的客观度量,是纯粹的物理量,适用于整个电磁波段,而光度量则还包括了生理学和心理学等方面的概念在内,具有一定的主观性,且仅适用于可见光。

1. 辐射度的基本物理量

1）辐射能 Q_e

辐射能是一种以辐射的形式发射、传播或接收的能量,单位为 J(焦耳)。当辐射能被其他物质吸收时,可以转变为其他形式的能量,如热能、电能等。

2）辐射通量 Φ_e

辐射通量又称辐射功率(P_e),是以辐射形式发射、传播或接收的功率,单位为 W(瓦),1 W ＝1 J/s(焦耳每秒)。它也是辐射能随时间的变化率,即

$$\Phi_e = \frac{\mathrm{d}Q_e}{\mathrm{d}t} \tag{1-70}$$

3）辐射强度 I_e

如图 1-16 所示,辐射强度定义为在给定方向上的单位立体角内,离开点辐射源(或辐射源面元)的辐射通量,即

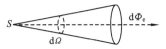

图 1-16　点辐射源的辐射强度

$$I_e = \frac{\mathrm{d}\Phi_e}{\mathrm{d}\Omega} \tag{1-71}$$

辐射强度的单位为 W/sr(瓦每球面度)。

若点辐射源是各向同性的,即其辐射强度在所有方向上都相同,则该辐射源在有限立体角 Ω 内发射的辐射通量为

$$\Phi_e = I_e\Omega \tag{1-72}$$

在空间所有方向($\Omega＝4\pi$)上发射的辐射通量为

$$\Phi_e = 4\pi I_e \tag{1-73}$$

一般辐射源多为各向异性的辐射源,其辐射强度随方向的变化而变化,可用极坐标下的辐射强度来表示,即 $I_e＝I_e(\varphi,\theta)$,如图 1-17 所示。这样,点辐射源在整个空间发射的辐射通量为

$$\Phi_e = \int I_e(\varphi,\theta)\mathrm{d}\Omega = \int_0^{2\pi}\mathrm{d}\varphi\int_0^{\pi}I_e(\varphi,\theta)\sin\theta\mathrm{d}\theta \tag{1-74}$$

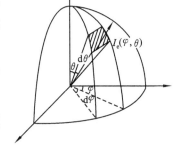

图 1-17　某一方向上的发光强度

4）辐射出射度 M_e

辐射出射度是指面辐射源表面单位面积上发射的辐射通量,即

$$M_e = \frac{\mathrm{d}\Phi_e}{\mathrm{d}S} \tag{1-75}$$

辐射出射度单位为 W/m²(瓦每平方米)。

5）辐射照度 E_e

辐射照度为接收面上单位面积所照射的辐射通量,即

$$E_e = \frac{\mathrm{d}\Phi_e}{\mathrm{d}S} \tag{1-76}$$

辐射照度的单位为 W/m²(瓦每平方米)。

辐射出射度 M_e 与辐射照度 E_e 的表达式和单位完全相同,但前者描述的是面辐射源向外发射的辐射特性,而后者描述的则是辐射接收面所接收的辐射特性。

6)辐射亮度 L_e

如图 1-18 所示,辐射亮度定义为辐射源表面一点处的面元在给定方向上的辐射强度与该面元在垂直于该方向的平面上的正投影面积之比,即

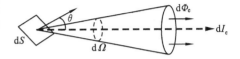

$$L_e = \frac{dI_e}{dS\cos\theta} = \frac{d^2\Phi_e}{d\Omega dS\cos\theta} \qquad (1-77)$$

图 1-18　辐射源的辐射亮度

辐射亮度的单位为 $W/(sr \cdot m^2)$(瓦每球面度平方米)。

一般辐射源表面各处的辐射亮度与该面源各方向上的辐射亮度都是不相同的,此时辐射源的辐射亮度的一般表达式为

$$L_e(\varphi,\theta) = \frac{d^2\Phi_e(\varphi,\theta)}{d\Omega dS\cos\theta} \qquad (1-78)$$

7)光谱辐射量

实际上,辐射源所发射的能量往往由很多波长的单色辐射所组成。为了研究各种波长的辐射能量,还须对单一波长的光辐射作出相应的规定。前面介绍的几个重要辐射量,都有与其相对应的光谱辐射量。光谱辐射量又称辐射量的光谱密度,是辐射量随波长的变化率。

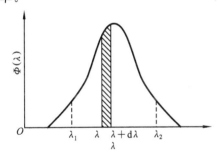

图 1-19　光谱辐射通量与波长的关系

光谱辐射通量 $\Phi_e(\lambda)$ 为辐射源发出的光在波长 λ 处的单位波长间隔内的辐射通量。辐射通量与波长的关系曲线如图 1-19 所示,其关系式为

$$\Phi_e(\lambda) = \frac{d\Phi_e}{d\lambda} \qquad (1-79)$$

光谱辐射通量的单位为 $W/\mu m$(瓦每微米)或 W/nm(瓦每纳米)。

其他辐射量也有类似的关系:

光谱辐射强度

$$I_e(\lambda) = \frac{dI_e}{d\lambda} \qquad (1-80)$$

光谱辐射照度

$$E_e(\lambda) = \frac{dE_e}{d\lambda} \qquad (1-81)$$

光谱辐射出射度

$$M_e(\lambda) = \frac{dM_e}{d\lambda} \qquad (1-82)$$

光谱辐射亮度

$$L_e(\lambda) = \frac{dL_e}{d\lambda} \qquad (1-83)$$

辐射源的总辐射通量是

$$\Phi_e = \int_0^\infty \Phi_e(\lambda)d\lambda \qquad (1-84)$$

其他辐射量也有类似的关系,用一般的函数表示为

$$X_e = \int_0^\infty X_e(\lambda) \, d\lambda$$

2. 光度的基本物理量

1）光谱光视效率

人眼的视网膜上有大量的光敏细胞,按其形状可分为杆状细胞和锥状细胞。这两种细胞在视觉特性上有着不同的性能和作用,给人的视觉感受也是不一样的。杆状细胞的感光灵敏度很高,在低照度时,人主要靠它分辨明暗,但它对彩色不敏感。锥状细胞感光灵敏度较低,在微弱的光线下不起作用,但在光线较为明亮时既能感知各种明暗层次又能辨别出光的颜色。

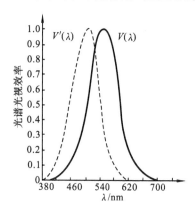

图 1-20　光谱光视效率曲线

视神经对各种不同波长光的感光灵敏度不同,对绿光最灵敏,对红、蓝光灵敏度较低。另外,由于受视觉生理和心理作用,不同的人对各种波长光的感光灵敏度也有差别。国际照明委员会(CIE)根据对许多人的大量观察结果,确定了人眼对各种波长光的平均相对灵敏度,称为"标准光度观察者"光谱光视效率,或称视见函数,如图 1-20 所示。图中实线是亮度大于 3 cd/m² 时的明视觉光谱光视效率,用 $V(\lambda)$ 表示,此时的视觉主要由锥状细胞的刺激所引起;$V(\lambda)$ 的最大值在 555 nm 处。图中虚线是亮度小于 0.001 cd/m² 时的暗视觉光谱光视效率,用 $V'(\lambda)$ 表示,此时的视觉主要由杆状细胞的刺激所引起;$V'(\lambda)$ 的最大值在 507 nm 处。

2）光度的基本物理量

光度量和辐射度量的定义、定义方程是一一对应的。为避免混淆,在辐射度量符号上加下标"e",而在光度量符号上加下标"V"。表 1-1 给出了基本光度量的名称、符号、定义和单位。

表 1-1　基本光度量

量 的 名 称	符 号	定 义	单 位 符 号	单 位 名 称
光量	Q_V		lm · s	流明秒
光通量（光功率）	Φ_V	$\Phi_V = \dfrac{dQ_V}{dt}$	lm	流明
光出射度	M_V	$M_V = \dfrac{d\Phi_V}{dS}$	lm/m²	流明每平方米
发光强度	I_V	$I_V = \dfrac{d\Phi_V}{d\Omega}$	cd	坎德拉
（光）亮度	L_V	$L_V = \dfrac{dI_V}{dS\cos\theta} = \dfrac{d^2\Phi_V}{d\Omega dS\cos\theta}$	cd/m²	坎德拉每平方米
（光）照度	E_V	$E_V = \dfrac{d\Phi_V}{dS}$	lx	勒克斯
光视效能	K	$K = \Phi_V / \Phi_e$	lm/W	流明每瓦

人眼对等量的不同波长的可见光辐射能所产生的光感觉是不同的。光谱辐射通量为 $\Phi_e(\lambda)$ 的可见光辐射所产生的视觉刺激值,即光通量

$$\Phi_V(\lambda) = K_m \cdot V(\lambda) \cdot \Phi_e(\lambda) \tag{1-85}$$

式中:$V(\lambda)$ 为光谱光视效率,当 $\lambda = 555$ nm 时,$V(\lambda) = 1$;K_m 为明视觉最大光谱光视效能,它表示人眼对波长为 555 nm 的光辐射产生光感觉的效能。K_m 等于 683 lm/W,也就是说,对于

555 nm 的单色光,当辐射通量为 1 W 时,其光通量为 683 lm。

含有不同光谱辐射通量的一个辐射量所产生的总光通量为

$$\Phi_V = K_m \int_{380}^{780} V(\lambda)\Phi_e(\lambda)\mathrm{d}\lambda \tag{1-86}$$

同理,其他光度量与辐射量也有类似的关系。用一般的函数表示光度量与辐射量之间的关系为

$$X_V = K_m \int_{380}^{780} V(\lambda)X_e(\lambda)\mathrm{d}\lambda \tag{1-87}$$

光度量中最基本的单位是发光强度的单位——坎德拉(cd),它是国际单位制中七个基本单位之一。其定义是:发出频率为 540×10^{12} Hz(对应于空气中 555 nm 的波长)的单色辐射,在给定方向上的辐射强度为(1/683) W/sr 时,在该方向上的发光强度为 1 cd。

光通量的单位是流明(lm),它是发光强度为 1 cd 的均匀点光源在单位立体角(1 sr)内发出的光通量。

光照度的单位是勒克斯(lx),它相当于 1 lm 的光通量均匀地照射在 1 m² 面积上所产生的光照度。

思考题与习题

1. 光电检测技术有何特点? 光电检测系统的基本组成是怎样的?

2. 什么是能带、允带、禁带、满带、价带和导带? 绝缘体、半导体、导体的能带情况有何不同?

3. 已知本征硅材料的禁带宽度 $E_g = 1.2$ eV,求其本征吸收长波限。

4. 用于红外光电子发射的半导体材料,其光子能量至少必须是多少? 为什么?

5. 载流子的运动形式有哪两种? 它们有什么不同?

6. 什么是外光电效应和内光电效应? 它们有哪些应用?

7. 简述光电转换定律的基本内容。

8. 辐射度量的单位与光度量的单位有什么区别和联系?

第 2 章　光电检测器件

光电检测器件又称光电探测器、光探测器、光电器件,是通过物质的光电效应将光信号转变成电信号的一类器件,已在国防、空间技术、工农业、科学研究中得到了广泛的应用。

2.1　光电检测器件的分类

根据光电检测器件对辐射的作用形式的不同(也就是工作机理的不同),可将其分为热电检测器件和光子检测器件两大类。

热电检测器件目前常用的有热释电器件、热敏电阻、热电偶和热电堆等。它们的特点如下。

(1)响应波长无选择性。对从可见光到远红外的各种波长的辐射,热电检测器件都表现出同样的敏感。

(2)响应慢。热电检测器件吸收辐射后再产生信号所需的时间长,一般在几毫秒以上。

光子检测器件应用广泛,通常所说的光电检测器件指的就是光子检测器件。这种器件可分两大类:一类是电真空或光电发射型检测器件,如光电管和光电倍增管;另一类是固体或半导体光电检测器件,如光导型(光敏电阻)和光伏型(光电池与光电二、三极管等)检测器件。它们的特点如下。

(1)响应波长有选择性,因这些器件都存在某一截止波长 λ_0,超过此波长则器件无响应。

(2)响应速度快,一般为几纳秒到几百微秒。

2.2　光电检测器件的特性参数

光电检测器件的技术参数对光电检测系统的性能有很大影响。

2.2.1　光电检测器件的噪声

1. 噪声的概念

光电检测器件是基于光电效应而工作的,它们能够在一定功率的光照下输出一定的光电流或光电压信号。光电检测器件输出的光电信号并不是平坦的,其幅值总是在平均值上下随机地起伏,这种随机的、瞬间的幅度不能预先知道的起伏称为噪声。光电流或光电压的大小实际上反映的是在一定时间间隔内的平均值,即光电流或光电压的直流信号值

$$I = i_{平均} = \frac{1}{T}\int_0^T i(t)\,\mathrm{d}t \tag{2-1}$$

由于噪声值的大小是在平均值附近随机起伏的,其长时间的平均值为零,所以一般用均方噪声来表示噪声值的大小:

$$\overline{i_n^2} = \overline{\Delta i^2(t)} = \frac{1}{T}\int_0^T [i(t) - i_{平均}]^2\,\mathrm{d}t \tag{2-2}$$

噪声电流的均方值 $\overline{i_n^2}$ 和噪声电压的均方值 $\overline{u_n^2}$ 代表了单位电阻上所产生的功率,它们是实际可测得的,是确定的正值。当光电探测器中存在多个噪声源时,只要这些噪声是相互独立的,其噪声功率就可以进行相加,即有

$$\overline{i_{n\Sigma}^2} = \overline{i_{n1}^2} + \overline{i_{n2}^2} + \cdots + \overline{i_{nk}^2} \tag{2-3}$$

通常把噪声功率这个随机的时间函数进行傅里叶频谱分析,得到噪声功率随频率的变化关系,这就是噪声的功率谱 $S(f)$。$S(f)$ 的数值为频率为 f 的噪声在 1 Ω 电阻上所产生的功率,即

$$S(f) = \overline{i_n^2(f)} \tag{2-4}$$

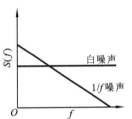

根据噪声的功率谱与频率的关系,常见的有两种典型情况(见图 2-1):一种是功率谱大小与频率无关的噪声,通常称为白噪声;另一种是功率谱与 $1/f$ 成正比的噪声,称为 $1/f$ 噪声。

一般光电测量系统的噪声可分成三类。

① 光子噪声,包括信号辐射产生的噪声和背景辐射产生的噪声。

② 探测器噪声,包括热噪声、散粒噪声、产生-复合噪声、$1/f$ 噪声、温度噪声。

图 2-1 白噪声和 $1/f$ 噪声

③ 信号放大及处理电路产生的噪声。

2. 光电检测器件中常见的几种噪声

下面为光电检测器件中常见的几种噪声。

1) 热噪声

热噪声为载流子无规则的热运动造成的噪声。热噪声存在于任何导体和半导体中。因为导体和半导体中的载流子在一定温度下作无规则的热运动,载流子的热运动方向可以沿任何方向,同时,载流子在作热运动时将频繁地与原子碰撞而改变运动方向,载流子在两次碰撞之间的自由运动过程中表现出电流,但由于它们的路程长短是不一定的,碰撞后的方向也是任意的,所以,在没有外加电压时,从导体中某一截面看,往左和往右两个方向上都有一定数量的载流子穿过截面,其长时间的平均值是相同的,导体中不出现净电流。但是每一瞬间两个方向上穿过某截面的载流子数目是在平均值上下有起伏的。这种载流子热运动引起的电流起伏或电压起伏称为热噪声(又称 Johnson 噪声)。热噪声均方电流 $\overline{i_n^2}$ 和热噪声均方电压 $\overline{u_n^2}$ 分别由以下两式决定:

$$\overline{i_n^2} = \frac{4kT\Delta f}{R} \tag{2-5}$$

$$\overline{u_n^2} = 4kT\Delta f R \tag{2-6}$$

式中:k 为玻尔兹曼常数;T 为温度(K);R 为器件电阻值;Δf 为所取的通带宽度(频率范围)。

由式(2-5)、式(2-6)可见,热噪声与温度成正比,而与频率无关。在温度一定时,热噪声只与电阻和带宽有关,故热噪声又称电阻噪声,也属于白噪声。因此,所取的带宽愈大,噪声功率也愈大。当然并不是带宽无限增大,噪声功率也会无限增大。在常温下,式(2-5)、式(2-6)适合于 10^{12} Hz 频率以下范围。频率再高时,该公式就要修正,噪声的功率谱随频率的增加急剧减小。目前的电子技术难以处理这样高的频率,因此可不予考虑。

2) 散粒噪声

散粒噪声所呈现的起伏就像射出的散粒无规则地落在靶上所呈现出的一样(每一瞬间到

达靶上的值有多大是完全独立的事件),这种随机起伏所形成的噪声称为散粒噪声。例如,在光电管中光电子从阴极表面的随机逸出、PN结中载流子随机通过结区的运动,都是散粒噪声源。此外,入射到光电检测器件表面的光子数是随机起伏的,经某些器件光电转换后也表现为散粒噪声。散粒噪声的表达式为

$$\overline{i_n^2} = 2eI\Delta f \tag{2-7}$$

式中:e 为电子电荷;I 为器件输出平均电流;Δf 为所取的带宽。

由式(2-7)可见,散粒噪声也是与频率无关、与带宽有关的白噪声。

3)产生-复合噪声

在半导体中,在一定温度下,或者在一定的光照下,载流子不断地产生-复合。在平衡状态时,载流子产生和复合的平均数是一定的,但其瞬间载流子的产生数和复合数是有起伏的,载流子浓度的起伏引起半导体的电导率起伏。在外加电压下,电导率的起伏使输出电流中带有产生-复合噪声。产生-复合噪声电流的均方值为

$$\overline{i_n^2} = \frac{4I^2\tau\Delta f}{N_0[1+(2\pi f\tau)^2]} \tag{2-8}$$

式中:I 为总的平均电流;N_0 为总的自由载流子数;τ 为载流子寿命;f 为噪声的频率。对于光电导器件,光子噪声表现为产生-复合噪声。

4)$1/f$ 噪声

几乎在所有探测器中都存在这种噪声。它主要出现在大约 1 kHz 以下的低频范围内,而且与光辐射的调制频率 f 成反比,故称为低频噪声或 $1/f$ 噪声。探测器表面的工艺状态(缺陷或不均匀)对这种噪声的影响很大,所以有时也称为表面噪声或过剩噪声。$1/f$噪声电流的均方值近似表示为

$$\overline{i_n^2} = \frac{cI^a}{f^\beta}\Delta f \tag{2-9}$$

式中:α 接近于 2;β 在 0.8~1.5 之间;c 为比例常数。α、β、c 值均由实验测得。在半导体器件中,$1/f$ 噪声与器件表面状态有关,它在半导体光电器件和晶体管中都存在。在碳质电阻中与工艺有关。多数器件的 $1/f$ 噪声在 200 Hz~300 Hz 以上已衰减至很低水平,所以可忽略不计。

5)温度噪声

在热噪声中,不是由于辐射信号的变化,而是由于器件本身吸收和传导等的热交换引起的温度起伏称为温度噪声。温度起伏的均方值为

$$\overline{t_n^2} = \frac{4kT^2\Delta f}{G_t[1+(2\pi f\tau_t)^2]} \tag{2-10}$$

式中:G_t 为器件的热导;τ_t 为器件的热时间常数,$\tau_t = C_t/G_t$,其中 C_t 为器件的热容;T 为环境温度(K)。

在低频时,$(2\pi f\tau_t)^2 \ll 1$,则式(2-10)可简化为

$$\overline{t_n^2} = \frac{4kT^2\Delta f}{G_t} \tag{2-11}$$

低频温度噪声也具有白噪声的性质。

3. 噪声源的功率谱分布

在实际的光辐射探测器中,由于光电转换机理的不同,上述各种噪声的作用大小亦各不相同。上述各种噪声源的功率谱分布可用图 2-2 表示。由图可见:在频率很低时,$1/f$ 噪声起主

导作用;当频率达到中间频率范围时,产生-复合噪声比较显著;当频率较高时,只有白噪声占主导地位,其他噪声的影响很小。

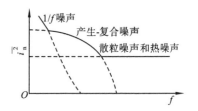

上述各噪声表达式中的 Δf 是等效噪声带宽,简称为噪声带宽。若光电系统中的放大器或网络的功率增益为 $A(f)$,功率增益的最大值为 A_m,则噪声带宽为

图 2-2　光电探测器噪声功率谱综合示意图

$$\Delta f = \frac{1}{A_m} \int_0^\infty A(f)\mathrm{d}f \qquad (2\text{-}12)$$

从而可求得通频带内的噪声。

2.2.2　光电检测器件的特性参数

为了评价各种光电检测器件性能的优劣,比较不同光电检测器件之间的差异,从而达到根据需要合理选择和正确使用光电检测器件的目的,就需要了解光电检测器件的各种特性参数。

1. 响应度

响应度(或称灵敏度)是光电检测器件输出信号与输入辐射功率之间的关系的度量,它描述的是光电检测器件的光-电转换效能。响应度定义为光电检测器的输出电压 U_o 或输出电流 I_o 与入射光功率 P(或通量 Φ)之比,即

$$\left.\begin{array}{l} S_V = \dfrac{U_o}{P_i} \\[2mm] S_I = \dfrac{I_o}{P_i} \end{array}\right\} \qquad (2\text{-}13)$$

式中:S_V 和 S_I 分别称为电压响应度和电流响应度。由于光电检测器件的响应度随入射光的波长而变化,因此又有光谱响应度和积分响应度。

1)光谱响应度

光谱响应度 $S(\lambda)$ 是光电检测器件的输出电压或输出电流与入射到检测器上的单色辐通量(光通量)之比,即

$$\left.\begin{array}{ll} S_V(\lambda) = \dfrac{U_o}{\Phi(\lambda)} & (\mathrm{V/W}) \\[2mm] S_I(\lambda) = \dfrac{I_o}{\Phi(\lambda)} & (\mathrm{A/W}) \end{array}\right\} \qquad (2\text{-}14)$$

式中:$S_V(\lambda)$、$S_I(\lambda)$ 为光谱响应度;$\Phi(\lambda)$ 为入射的单色辐通量或光通量。

光谱响应度反映了入射的单色辐通量或光通量所产生的检测器件的输出电压(或电流)的大小,其值愈大,说明检测器件愈灵敏。

2)积分响应度

积分响应度表示检测器件对各种波长的辐射光连续辐射通量的反应灵敏程度。

对包含有各种波长的辐射光源,总光通量为

$$\Phi = \int_0^\infty \Phi_\lambda \mathrm{d}\lambda \qquad (2\text{-}15)$$

光电检测器件输出的电流或电压与入射光通量之比称为积分响应度。由于光电检测器件输出的光电流是由不同波长的光辐射引起的,所以输出光电流应为

$$I_o = \int_{\lambda_1}^{\lambda_0} S_\lambda \Phi_\lambda \mathrm{d}\lambda \qquad (2\text{-}16)$$

式中:λ_0、λ_1分别为光电检测器件的长波限和短波限。

由式(2-15)、式(2-16),可得积分响应度为

$$S = \frac{\int_{\lambda_1}^{\lambda_0} S_\lambda \Phi_\lambda \, d\lambda}{\int_0^\infty \Phi_\lambda \, d\lambda} \tag{2-17}$$

由于采用不同的辐射源,甚至具有不同色温的同一辐射源所发出的光谱分布也不同,因此提供数据时应指明所采用的辐射源及其色温。

2. 响应时间

响应时间是描述光电检测器对入射辐射响应快慢的一个参数。在入射辐射到达光电检测器件后或入射辐射被遮断后,光电检测器件的输出上升到稳定值或下降到照射前的值所需时间称为响应时间。为衡量其长短,常用时间常数 τ 来表示。当用一个辐射脉冲照射光电检测器件时,光电检测器件的输出由于器件的惰性而有延迟,通常把输出值从原值的 10% 上升到 90% 峰值处所需的时间称为检测器的上升时间(用 t_r 表示),而把输出值从原值的 90% 下降到 10% 处所需的时间称为下降时间(用 t_f 表示),如图2-3所示。

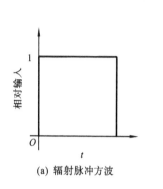
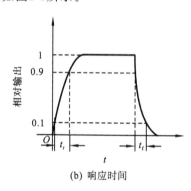

(a) 辐射脉冲方波　　　　　　(b) 响应时间

图 2-3　辐射脉冲和响应时间

3. 频率响应

光电检测器件信号的产生和消失存在一个滞后过程,所以,入射辐射的频率对光电检测器件的响应会有较大影响。光电检测器件的响应随入射辐射的调制频率而变化的特性称为频率响应。光电检测器件的响应度与入射调制频率的关系表达式为

$$S(f) = \frac{S_0}{\sqrt{1 + (2\pi f \tau)^2}} \tag{2-18}$$

式中:$S(f)$ 为频率为 f 时的响应度;S_0 为频率为零(静态)时的响应度;τ 为时间常数,$\tau = RC$。

当 $\dfrac{S(f)}{S_0} = \dfrac{\sqrt{2}}{2} = 0.707$ 时,可得放大器的上限截止频率(见图 2-4)为

$$f_\perp = \frac{1}{2\pi\tau} = \frac{1}{2\pi RC} \tag{2-19}$$

显然,时间常数决定了光电检测器件频率响应的带宽。

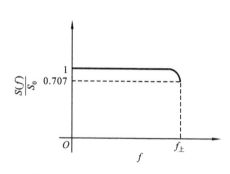

图 2-4　光电检测器件的频率响应

4. 信噪比

信噪比(SNR)是判断噪声大小的参数。它是在负载电阻 R_L 上产生的信号功率与噪声功率之比,即

$$\text{SNR} = \frac{P_S}{P_N} = \frac{I_S^2 R_L}{I_N^2 R_L} = \frac{I_S^2}{I_N^2} \tag{2-20}$$

若用分贝(dB)表示,则为

$$(\text{SNR})_{dB} = 10\lg\frac{I_S^2}{I_N^2} = 20\lg\frac{I_S}{I_N} \tag{2-21}$$

利用 SNR 评价两种光电器件的性能时,必须在信号辐射功率相同的情况下才能进行比较。对于单个光电器件,其 SNR 的大小与入射信号辐射功率及接收面积有关;如果入射辐射强,接收面积大,SNR 就大,但性能不一定就好。因此,用 SNR 来评价光电器件有一定的局限性。

5. 线性度

线性度是描述光电检测器件的输出信号与输入信号保持线性关系的程度,即光电检测器件中的实际响应曲线接近拟合直线的程度。如果在某一规定的范围内光电检测器件的响应度是常数,则这一范围为线性区。

光电检测器件线性区的大小与检测器件后面的电子线路有很大关系。因此,要获得所需要的线性区,必须设计相应的后续电子线路。线性区的下限通常由光电器件的暗电流和噪声等因素决定,而上限则由饱和效应或过载决定。光电检测器件的线性区还随偏置、辐射调制及调制频率等条件的变化而变化。

线性度通常用非线性误差 δ 来度量:

$$\delta = \frac{\Delta_{\max}}{I_2 - I_1} \tag{2-22}$$

式中:$\Delta_{\max}$ 为实际响应曲线与拟合直线之间的最大偏差;I_1、I_2 分别为线性区中的最小和最大响应值。

6. 工作温度

光电检测器件在不同工作温度时其工作性能会有所变化,例如,HgCdTe(碲镉汞)检测器在低温(77 K)工作时有比较高的信噪比,而锗掺铜光电导器件在 4 K 左右时有较高的信噪比,但如果工作温度升高,它们的性能会逐渐变差,以至无法使用。对于热电检测器件,工作温度变化会使响应度和热噪声发生变化。所以,光电检测器件的工作温度就是最佳工作状态时的温度,它是光电检测器件的一个重要性能参数。

7. 量子效率

响应度 S 是从宏观角度来描述光电检测器件的光电、光谱以及频率特性,而量子效率 η 则是对同一个问题的微观-宏观描述。量子效率表示光电检测器件中激发的电子数与吸收的光子数之比。量子效率的表达式为

$$\eta = \frac{h\nu}{e} S_I \tag{2-23}$$

式中:$h\nu$ 为光子能量,其中 h 为普朗克常量,ν 为光子的频率;S_I 为电流响应度。

光谱量子效率

$$\eta_\lambda = \frac{hc}{e\lambda} S_I(\lambda) \tag{2-24}$$

式中：c 为材料中的光速；$S_I(\lambda)$ 为光谱响应度。可见，量子效率与光谱响应度成正比，与波长成反比。

8. 噪声等效功率

噪声等效功率（NEP）实际上就是光电检测器件的最小可探测功率 $P_{\min}$。它定义为信号功率与噪声功率之比为 1（即 SNR＝1）时，入射到光电检测器件上的辐射通量（单位为瓦）。即

$$\text{NEP} = \frac{\Phi_e}{\text{SNR}} \tag{2-25}$$

显然，NEP 越小，表明探测器探测微弱信号的能力越强。所以 NEP 是描述光电探测器探测能力的参数。一般，一个良好的光电检测器件的 NEP 约为 10^{-11} W。

9. 归一化探测度

NEP 越小，光电检测器件的探测能力越强，这不符合人们觉得"越大越好"的判断习惯，于是取 NEP 的倒数并定义为探测度 D，即

$$D = 1/\text{NEP} \tag{2-26}$$

这样，D 值大的光电检测器件，其探测能力就高。为了在不同带宽内对测得的不同光敏面积的光电检测器件进行比较，使用了归一化探测度这一参数。其表达式为

$$D^* = \frac{\sqrt{A \cdot \Delta f}}{\text{NEP}} = D\sqrt{A \cdot \Delta f} \tag{2-27}$$

式中：A 为光敏面积；Δf 为测量带宽。D^* 的单位是 cm·Hz$^{1/2}$/W。光电检测器件的 D^* 值越大，其探测能力越好。考虑到光谱的响应特性，一般给出 D^* 值时应注明响应波长 λ、光辐射调制频率 f 及测量带宽 Δf。

2.3　光电导器件

利用具有光电导效应的材料制成的电导率随入射光度量变化的器件称为光电导器件，又称为光敏电阻。光照越强，光敏电阻的阻值越小。

光敏电阻具有体积小、坚固耐用、价格低廉、光谱响应范围宽等优点，广泛应用于微弱辐射信号的探测领域。

2.3.1　光敏电阻的结构及特性

1. 光敏电阻的材料与电极结构

1）光敏电阻的基本原理

图 2-5(a)所示为光敏电阻的工作原理。在均匀的、具有光电导效应的半导体材料的两端加上电极，便构成光敏电阻。在光敏电阻的两端加上适当的偏置电压 U_{bb} 后，便有电流 I_p 流过。改变照射到光敏电阻上的光度量（如照度），流过光敏电阻的电流 I_p 将发生变化，说明光敏电阻的阻值随照度而变化。光敏电阻的符号如图 2-5(b)所示。

根据半导体材料的分类，光敏电阻有两种类型：本征型半导体光敏电阻和杂质型半导体光敏电阻。由于本征型半导体光敏电阻的长波限要短于杂质型半导体光敏电阻的长波限，因此，本征型半导体光敏电阻常用于可见光波段辐射的探测，而杂质型半导体光敏电阻常用于红外波段甚至远红外波段辐射的探测。

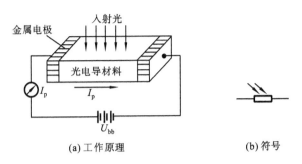

(a) 工作原理　　　　　　　　　　(b) 符号

图 2-5　光敏电阻的工作原理及符号

2）光敏电阻的基本结构

光敏电阻的光电导灵敏度 S_g 在微弱辐射作用的情况下与光敏电阻两电极间距离 l 的 2 次方成反比，而在强辐射作用的情况下则与光敏电阻两电极间距离 l 的 3/2 次方成反比。可见，S_g 与两电极间距离 l 有关。因此，为了提高光敏电阻的光电导灵敏度 S_g，要尽可能地缩短光敏电阻两电极间的距离 l。这就是光敏电阻结构设计的基本原则。

根据光敏电阻的设计原则，常见的有如图 2-6 所示的三种基本结构的光敏电阻。图 2-6 (a) 所示光敏面为梳形结构。两个梳形电极之间为光敏电阻材料，由于两个梳形电极靠得很近，电极间距很小，光敏电阻的灵敏度很高。图 2-6(b) 所示为光敏面为蛇形的光敏电阻，光电导材料制成蛇形，光电导材料的两侧为金属导电材料，其上设置有电极。显然，这种光敏电阻的电极间距（蛇形光电导材料的宽度）也很小，光敏电阻的灵敏度较高。图 2-6(c) 所示为刻线式结构的光敏电阻侧向图，在制备好的光敏电阻衬底上刻出狭窄的光敏材料条，再蒸镀金属电极，构成刻线式结构的光敏电阻。

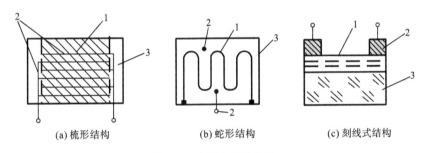

(a) 梳形结构　　　　　(b) 蛇形结构　　　　　(c) 刻线式结构

图 2-6　光敏电阻的结构

1—光电导材料；2—电极；3—衬底材料

2. 光敏电阻的基本特性

光敏电阻为多数载流子——电子导电的光电敏感器件，其特性与其他光电器件的差别表现在它的基本特性参数上。光敏电阻的基本特性参数包括光电特性、伏安特性、温度特性、时间响应与噪声特性等。

1）光电特性

光敏电阻在无光照室温条件下，由于热激发产生载流子而具有一定的电导，该电导为暗电导，其倒数为暗电阻。一般的暗电导值都很小，即暗电阻值都很大。当有光照射在光敏电阻上时，它的电导将变得很大，这时的电导称为光电导。电导随光照量变化越大的光敏电阻，其灵敏度越高，这个特性称为光敏电阻的光电特性。

当辐射由弱到强时，光敏电阻的光电特性可由在恒定电压下流过光敏电阻的电流 I_p 与作

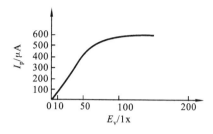

图 2-7　CdS 光敏电阻的光照特性曲线

用到光敏电阻上的入射照度 E_v 的关系曲线来描述。图 2-7 所示为 CdS(硫化镉)光敏电阻的光照特性曲线。由图可见,曲线是由线性渐变到非线性的。

在恒定电压 U 的作用下,流过光敏电阻的光电流为

$$I_p = g_p U = U S_g E_v \tag{2-28}$$

式中: S_g 为光电导灵敏度; E_v 为照度。显然,当照度很低时,曲线近似为线性;随着照度的增高,线性关系变坏,当照度变得很高时,曲线近似为抛物线。为此,光敏电阻的光电特性可用一个随光度量变化的指数因子——光电转换因子 γ 来描述。将式(2-28)改写为

$$I_p = g_p U = U S_g E_v^\gamma \tag{2-29}$$

在弱辐射作用的情况下, $\gamma = 1$;随着入射辐射的增强, γ 值减小;当入射辐射很强时, γ 值降低到 0.5。

在实际使用时,常常将光敏电阻的光电特性曲线画成如图 2-8 所示的特性曲线。在图 2-8(a)所示的线性直角坐标系中,光敏电阻的阻值 R 与入射照度 E_v 在光照很低时随光照度的增加而迅速降低,表现为线性关系,而当照度增加到一定值时,阻值的变化缓慢,逐渐趋于饱和。但是,在图 2-8(b)所示的对数坐标系中,光敏电阻的阻值 R 在某段照度 E_v 范围内的光电特性表现为线性,即式(2-29)中的 γ 保持不变,因此, γ 值为对数坐标系下特性曲线的斜率,即

$$\gamma = \frac{\lg R_1 - \lg R_2}{\lg E_2 - \lg E_1} \tag{2-30}$$

式中: R_1 、 R_2 分别为照度为 E_1 和 E_2 时光敏电阻的阻值。显然,光敏电阻的 γ 值反映了在照度范围变化不大或照度的绝对值较大甚至光敏电阻接近饱和情况下的阻值和照度的关系。因此,给出光敏电阻的 γ 值时必须说明其照度范围,否则没有任何意义。

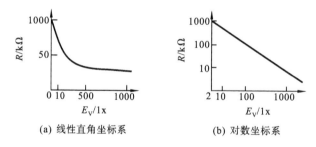

(a) 线性直角坐标系　　　　　　　(b) 对数坐标系

图 2-8　光敏电阻的光电特性曲线

2) 伏安特性

光敏电阻的本质是电阻,符合欧姆定律,因此它具有与普通电阻相似的伏安特性,但是它的电阻是随入射光照度变化而变化的。利用图 2-5 所示的电路可以测出在不同光照下加在光敏电阻两端的电压 U 与通过它的电流 I_p 的线性关系,并称其为光敏电阻的伏安特性。图 2-9 所示为典型 CdS 光敏电阻的伏安特性曲线,图中虚线为额定功耗线。使用时,应不使电阻的实际功耗超过额定值。在设计负载电阻时,应不使负载线与额定功耗线相交。

3) 温度特性

光敏电阻的温度特性与光电导材料有着密切的关系,不同材料的光敏电阻有着不同的温度特性。图 2-10 所示为典型 CdS(虚线)与 CdSe(实线)光敏电阻在不同照度下的温度特性曲

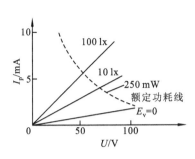

图 2-9　光敏电阻的伏安特性曲线

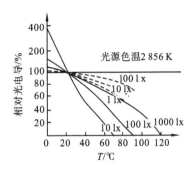

图 2-10　光敏电阻的温度特性

线。以室温(25 ℃)下的相对光电导为100%,观测光敏电阻的相对光电导随温度的变化关系,可以看出光敏电阻的相对光电导随温度的升高而下降,光电响应特性随温度的变化较大。因此,在温度变化大的情况下,应采取制冷措施。降低或控制光敏电阻的工作温度是提高光敏电阻工作稳定性的有效办法,对于长波长红外辐射的探测领域这一点尤其重要。

4) 时间响应

光敏电阻的时间响应(又称惯性)比其他光电器件要差(惯性要大)一些,频率响应要低一些,而且具有特殊性。用一个理想的方波脉冲辐射照射光敏电阻时,光生电子要有产生的过程,光生电导要经过一定的时间才能达到稳定。停止辐射时,复合光生载流子也需要时间,表现出光敏电阻具有较大的惯性。

图 2-11 所示为光敏电阻响应速度的测定电路及其波形。光敏电阻的响应时间用电流上升时间 t_r 和衰减时间 t_f 来表示。一般来说,上升时间 t_r 定义为光敏电阻被辐射照射后其光电流上升到稳态值的 63% 所需要的时间,衰减时间 t_f 定义为辐射停止后光敏电阻的光电流下降到稳态值的 37% 所需要的时间。CdS 光敏电阻的响应时间为几十毫秒到几秒,CdSe 光敏电阻的响应时间为 10^{-3} s~10^{-2} s,PbS(硫化铅)光敏电阻的响应时间约为 10^{-4} s。

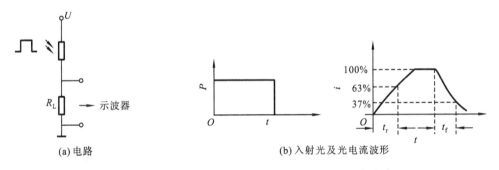

(a)电路　　　　　　　　　　　(b)入射光及光电流波形

图 2-11　光敏电阻响应速度测定电路及入射光与光电流波形

光敏电阻的响应时间与入射光的照度、所加电压、负载电阻及照度变化前电阻所经历的时间(称为前历时间)等因素有关。一般来说:照度越大,响应时间越短;负载电阻越大,t_r 越短,t_f 越长;暗处放置时间越长,响应时间也相应越长。在实际应用中,提高使用照度、降低所加电压、施加适当偏置光照、使光敏电阻不是从完全暗状态开始受光照,都可以使光敏电阻的时间响应特性得到一定改善。

5) 频率特性

光敏电阻的时间常数较大,所以其上限频率较低。图 2-12 所示为几种典型的光敏电阻的

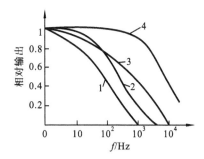

图 2-12　光敏电阻的频率特性曲线
1—Se(硒);2—TiS(硫化铊);3—CdS;4—PbS

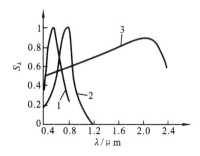

图 2-13　三种典型光敏电阻的光谱响应曲线
1—CdS;2—CdSe;3—PbS

频率特性曲线。可以看出,PbS 光敏电阻的频率特性稍微好些,工作频率可以达到几千赫兹。

6) 光谱响应特性

光敏电阻对各种光响应的灵敏度随入射光的波长变化而变化的特性称为光谱响应特性。光敏电阻的光谱响应主要与光敏材料的禁带宽度、杂质电离能、材料掺杂比与掺杂浓度等因素有关。图 2-13 所示为三种典型光敏电阻的光谱响应特性曲线。CdS 光敏电阻的光谱响应很接近于人眼的视觉响应;CdSe 光敏电阻的光谱响应较 CdS 光敏电阻的光谱响应范围宽;PbS 光敏电阻的光谱响应范围最宽,为 $0.4~\mu m \sim 2.8~\mu m$。

利用半导体的掺杂以及用两种半导体材料按一定比例混合并烧结形成固溶体的技术,可使光敏电阻的光谱响应范围及峰值响应波长获得一定程度的改善,从而满足某种特殊需要。

7) 噪声特性

光敏电阻的主要噪声有热噪声、产生-复合噪声和低频噪声。

(1) 热噪声　光敏电阻内载流子作热运动而产生的噪声为热噪声。热噪声均方电流的表达式为

$$I_{NJ}^2(f) = \frac{4kT\Delta f}{R_d(1 + \omega^2 \tau_0^2)} \tag{2-31}$$

式中:k 为玻尔兹曼常数;τ_0 为载流子的平均寿命;ω 为信号角频率,$\omega = 2\pi f$;R_d 为光敏电阻的阻值。在低频情况下,当 $\omega\tau_0 \ll 1$ 时,热噪声均方电流 $I_{NJ}^2(f)$ 可简化为

$$I_{NJ}^2(f) = \frac{4kT\Delta f}{R_d} \tag{2-32}$$

当 $\omega\tau_0 \gg 1$ 时,式(2-31)可简化为

$$I_{NJ}^2(f) = \frac{kT\Delta f}{\pi^2 f^2 \tau_0^2 R_d} \tag{2-33}$$

显然,此时热噪声电流是调制频率 f 的函数,随频率的升高而减小。另外,它与光敏电阻的阻值成反比,随着阻值的升高而降低。

(2) 产生-复合噪声　光敏电阻的产生-复合噪声与其平均电流 $\bar{I}$ 有关,产生-复合噪声均方电流的表达式为

$$I_{ngr}^2 = 4q\bar{I} \frac{(\tau_0/\tau_1)\Delta f}{1 + \omega^2 \tau_0^2} \tag{2-34}$$

式中:τ_1 为载流子跨越电极所需要的漂移时间。当 $\omega\tau_0 \ll 1$ 时,产生-复合噪声电流可简化为

$$I_{ngr}^2 = 4q\bar{I}\Delta f \frac{\tau_0}{\tau_1} \tag{2-35}$$

（3）低频噪声（电流噪声）　光敏电阻在偏置电压作用下产生光电流，由于光敏层内微粒不均匀，或体内存在杂质，因此会产生微火花放电现象。这种微火花放电引起的电爆脉冲是低频噪声的来源。

低频噪声均方电流的经验公式为

$$I_{nf}^2 = \frac{c_1 I^2 \Delta f}{bdl f^b} \tag{2-36}$$

式中：c_1 为与材料有关的常数；I 为流过光敏电阻的电流；f 为光的调制频率；b 为接近于 1 的系数；Δf 为调制频率的带宽。低频噪声与调制频率成反比，频率越低，噪声越大，故称低频噪声。

光敏电阻总的噪声均方根值为

$$I_N = \sqrt{I_{NJ}^2 + I_{ngr}^2 + I_{nf}^2} \tag{2-37}$$

对于不同的器件，三种噪声的影响不同：在几百赫兹以内以电流噪声为主；随着频率的升高，产生-复合噪声会变得显著；频率很高时，以热噪声为主。

3. 光敏电阻的特点

光敏电阻与其他半导体光电器件相比有以下特点：

① 光谱响应范围相当宽，根据光电导材料的不同，有的在可见光区灵敏，有的灵敏阈可达红外区或远红外区；

② 工作电流大，可达数毫安；

③ 所测的光电强度范围宽，既可测弱光，也可测强光；

④ 灵敏度高，通过对材料、工艺和电极结构的适当选择和设计，光电增益可以大于 1；

⑤ 无极性之分，使用方便。

光敏电阻的不足之处是：在强光照射下的光电线性度较差，光电弛豫过程较长，频率特性较差。因此，其应用受到一定的限制。

2.3.2　几种典型的光敏电阻

每一种半导体或绝缘体都有一定的光电导效应，但只有其中一部分材料经过特殊处理，掺进适当杂质时，才有明显的光电导效应。现在使用的光电导材料有 Si、Ge、II～VI 族和 III～V 族化合物等，以及一些有机物。光敏电阻种类繁多，按光谱响应范围分，有对紫外光敏感的光敏电阻，有对可见光敏感或对红外光敏感的光敏电阻等。在对可见光敏感的光敏电阻中，主要品种有硫化镉（CdS）、硒化镉（CdSe）、硫化铅（PbS）、锑化铟（InSb）及其混合材料等。

1. CdS 光敏电阻和 CdSe 光敏电阻

CdS 光敏电阻和 CdSe 光敏电阻是两种低造价的可见光辐射探测器，它们的主要特点是可靠性高和寿命长，因而广泛应用于自动化产品和摄影机中的光计量。这两种光敏电阻的光电导增益比较高（$10^3 \sim 10^4$），但响应时间比较长（约 50 ms）。

CdS 光敏电阻是最常见的光敏电阻，它的光谱响应特性最接近人眼光谱光视效率 $V(\lambda)$，在可见光波段范围内的灵敏度最高，因此被广泛应用于灯光的自动控制、照相机的自动测光等。CdS 光敏电阻常采用蒸镀、烧结或黏结的方法制备，在制备过程中，把 CdS 和 CdSe 按一定的比例制配成 Cd(S,Se) 光敏电阻材料；或者在 CdS 中掺入微量杂质 Cu（铜）和 Cl（氯），使它既具有本征光电导器件的响应特性，又具有杂质光电导器件的响应特性，可使 CdS 光敏电阻的光谱响应向红外光谱区延长，峰值响应波长也变长。

CdS 光敏电阻的峰值响应波长为 $0.52~\mu m$，CdSe 光敏电阻为 $0.72~\mu m$，通过调整 S 和 Se 的比例，可将 Cd(S,Se) 光敏电阻的峰值响应波长大致控制在 $0.52~\mu m \sim 0.72~\mu m$ 的范围内。

2. PbS 光敏电阻

PbS 光敏电阻是近红外波段最灵敏的光导电器件。PbS 光敏电阻常用真空蒸镀或化学沉积的方法制备，光电导体是厚度为微米数量级的多晶薄膜或单晶硅薄膜。由于 PbS 光敏电阻在 $2~\mu m$ 附近的红外辐射的探测灵敏度很高，因此，它常用于火灾探测。

PbS 光敏电阻的光谱响应及比探测率等特性与工作温度有关，随着工作温度的降低其峰值响应波长和长波限将向长波方向延伸，且比探测率将增加。例如，室温下 PbS 光敏电阻的光谱响应范围为 $1~\mu m \sim 3.5~\mu m$，峰值波长为 $2.4~\mu m$，峰值比探测率 D^* 高达 $1 \times 10^{11}~cm \cdot Hz^{1/2}/W$。当温度降低至 195 K 时，光谱响应范围为 $1~\mu m \sim 4~\mu m$，峰值响应波长移到 $2.8~\mu m$，峰值比探测率 D^* 也增高到 $2 \times 10^{11}~cm \cdot Hz^{1/2}/W$。

3. InSb 光敏电阻

InSb 光敏电阻为 $3~\mu m \sim 5~\mu m$ 光谱范围内的主要探测器件之一。InSb 材料不仅适用于制造单元探测器件，也适宜制造阵列红外探测器件。

InSb 光敏电阻虽然也能在室温下工作，但噪声较大。在 77 K 下，噪声性能大大改善，峰值响应波长为 $5~\mu m$。它和 PbS 探测器显著的不同在于其内阻低（大约为 50 Ω），而响应时间短（大约为 50 ns），因而适用于快速红外信号探测。

4. $Hg_{1-x}Cd_xTe$ 系列光电导探测器件

$Hg_{1-x}Cd_xTe$（碲镉汞）系列光电导探测器件是目前所有红外探测器中性能最优良、最具发展前途的探测器件，尤其是对于 $4~\mu m \sim 8~\mu m$ 大气窗口波段辐射的探测更为重要。

$Hg_{1-x}Cd_xTe$ 系列光电导体是由 HgTe（碲化汞）和 CdTe（碲化镉）两种材料的晶体混合制造的，其中 x 表示 Cd 元素含量的组分。在制造混合晶体时选用不同的 Cd 组分 x，可以得到不同的禁带宽度 E_g，从而制造出不同波长响应范围的 $Hg_{1-x}Cd_xTe$ 探测器件。通常 Cd 组分 x 的变化范围为 $0.18 \sim 0.4$，长波限的变化范围为 $1~\mu m \sim 30~\mu m$。

2.3.3 光敏电阻的转换电路

光敏电阻的阻值或电导随着入射辐射量的变化而变化，因此，可以用光敏电阻将光学信息转换为电学信息。但是，电阻（或电导）值的变化信息不能直接被人们所接收，必须将电阻（或电导）值的变化转换为电流或电压输出信号，因此就需要光敏电阻的偏置电路或转换电路。

1. 基本偏置电路

最简单的光敏电阻偏置电路如图 2-14 所示。

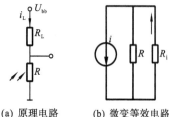

(a) 原理电路　　(b) 微变等效电路

图 2-14　简单光敏电阻偏置电路

设在照度 E_V 下，光敏电阻的阻值为 R，电导为 g，光电导灵敏度为 S_g，偏置电压为 U_{bb}，则流过偏置电阻 R_L 的电流为

$$I_L = \frac{U_{bb}}{R + R_L} \qquad (2\text{-}38)$$

若用微变量表示，则式 (2-38) 变为

$$dI_L = -\frac{U_{bb}}{(R + R_L)^2}dR$$

由式(2-28)可知,$g_p = \dfrac{1}{R} = S_g E_V$,故 $dR = -R^2 S_g dE_V$,因此

$$dI_L = \frac{U_{bb} R^2 S_g}{(R + R_L)^2} dE_V \tag{2-39}$$

用微变量表示变化量,设 $i_L = dI_L$,$e_V = dE_V$,则式(2-39)变为

$$i_L = \frac{U_{bb} R^2 S_g}{(R + R_L)^2} e_V \tag{2-40}$$

加在光敏电阻 R 上的电压

$$U_R = \frac{R}{R + R_L} U_{bb}$$

因此,光电流的微变量为

$$i = U_R S_g e_V = \frac{U_{bb} R}{R + R_L} S_g e_V \tag{2-41}$$

由式(2-40)、式(2-41)可得

$$i_L = \frac{R}{R + R_L} i \tag{2-42}$$

由式(2-42)可以得到如图 2-14(b)所示的光电流的微变等效电路。

偏置电阻 R_L 两端的输出电压为

$$u_L = R_L i_L = \frac{R R_L}{R + R_L} i = \frac{U_{bb} R^2 R_L S_g}{(R + R_L)^2} e_V \tag{2-43}$$

从式(2-43)可以看出,当电路参数确定后,输出电压信号与弱辐射入射辐射通量(照度 e_V)呈线性关系。

2. 恒流偏置电路

在简单偏置电路中,当 $R_L \gg R$ 时,流过光敏电阻的电流基本不变,此时的偏置电路称为恒流偏置电路。然而,光敏电阻自身的阻值已经很高,若再满足恒流偏置条件,就难以满足电路输出阻抗的要求,为此,可引入如图 2-15 所示的晶体管恒流偏置电路。

电路中的稳压管 VD_W 用于稳定晶体三极管的基极电压,即 $U_B = U_W$,流过晶体三极管发射极的电流为

$$I_e = \frac{U_W - U_{be}}{R_e} \tag{2-44}$$

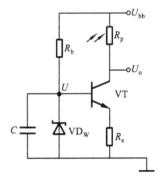

图 2-15 恒流偏置电路

式中:U_W 为稳压二极管的稳压值;U_{be} 为三极管发射结电压,在三极管处于放大状态时基本为恒定值;R_e 为固定电阻。因此,发射极的电流 I_e 为恒定电流。三极管在放大状态下集电极电流与发射极电流近似相等,所以通过光敏电阻的电流为恒定值。

在晶体管恒流偏置电路中,输出电压为

$$U_o = U_{bb} - I_c R_p \tag{2-45}$$

对式(2-45)求微分得

$$dU_o = -I_c dR_p \tag{2-46}$$

将 $dR_p = -S_g R_p^2 dE_V$ 和 $I_c \approx I_e = \dfrac{U_W - U_{be}}{R_e}$ 代入式(2-46),得

$$\mathrm{d}U_\mathrm{o} = \frac{U_\mathrm{w} - U_\mathrm{be}}{R_\mathrm{e}} R_\mathrm{p}^2 S_\mathrm{g} \mathrm{d}E_\mathrm{V} \tag{2-47}$$

$$u_\mathrm{o} \approx \frac{U_\mathrm{w}}{R_\mathrm{e}} R_\mathrm{p}^2 S_\mathrm{g} e_\mathrm{V} \tag{2-48}$$

显然,恒流偏置电路的电压灵敏度为

$$S_\mathrm{V} = \frac{U_\mathrm{w}}{R_\mathrm{e}} R_\mathrm{p}^2 S_\mathrm{g} \tag{2-49}$$

可见,恒流偏置电路的电压灵敏度与光敏电阻阻值的平方成正比,也与光电导灵敏度成正比。

3. 恒压偏置电路

在如图 2-14 所示的简单偏置电路中,若 $R_\mathrm{L} \ll R$,加在光敏电阻上的电压近似为电源电压

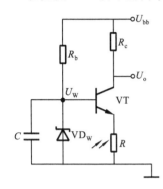

图 2-16　恒压偏置电路

U_bb,它是不随入射辐射量变化的恒定电压,此时的偏置电路称为恒压偏置电路。显然,简单偏置电路很难构成恒压偏置电路,而利用晶体三极管则很容易构成光敏电阻的恒压偏置电路。图 2-16 所示为典型的光敏电阻恒压偏置电路。图中,处于放大工作状态的三极管 VT 的基极电压被稳压二极管 VD_w 稳定在稳定值 U_w,而三极管发射极的电位 $U_\mathrm{e} = U_\mathrm{w} - U_\mathrm{be}$,处于放大状态的三极管的 U_be 近似为 0.7 V,因此,当 $U_\mathrm{w} \gg U_\mathrm{be}$ 时,$U_\mathrm{e} \approx U_\mathrm{w}$,即加在光敏电阻 R 上的电压为恒定电压 U_w。

光敏电阻在恒压偏置电路的情况下,其输出电流 I_p 与处于放大状态的三极管发射极电流 I_e 近似相等。因此,恒压偏置电路的输出电压为

$$U_\mathrm{o} = U_\mathrm{bb} - I_\mathrm{c} R_\mathrm{c} \tag{2-50}$$

对式(2-50)取微分,可得到输出电压的变化量为

$$\mathrm{d}U_\mathrm{o} = -R_\mathrm{c}\mathrm{d}I_\mathrm{c} = -R_\mathrm{c}\mathrm{d}I_\mathrm{e} = -R_\mathrm{c}U_\mathrm{w}\mathrm{d}g_\mathrm{p} = -R_\mathrm{c}S_\mathrm{g}U_\mathrm{w}\mathrm{d}\Phi \tag{2-51}$$

式(2-51)说明,恒压偏置电路的输出信号电压与光敏电阻的阻值 R 无关。这一特性在采用光敏电阻的测量仪器中很有用:在更换光敏电阻时,只要使光敏电阻的光电导灵敏度 S_g 保持不变,即可保持输出信号电压不变。

2.3.4　光敏电阻的应用

由于光敏电阻为无极性的电阻器件,因此,可直接在交流电路中作为光电传感器完成各种光电控制。但是,在实践中光敏电阻的主要应用还是在直流电路中用于光电探测与控制。

图 2-17 为灯光亮度自动控制器原理框图。该控制器主要由环境光照检测电桥、放大器 A、积分器、比较器、过零检测器、锯齿波形成电路、双向晶闸管 V 等组成。过零检测器对 50 Hz 市电电压的每次过零点进行检测,并控制锯齿波形成电路,使其产生与市电同步的锯齿波电压,该电压加在比较器的同相输入端。另外,由光敏电阻与其他电阻组成的电桥将环境光照的变化转换成直流电压的变化,该电压经放大并由积分电路积分后加到比较器的反相输入端,其数值随环境光照的变化而缓慢地成正比例变化。

两个电压经过比较后,便可从比较器输出端输出随环境光照强度变化而脉冲宽度发生变化的控制信号。该控制信号的频率与市电频率同步,其脉冲宽度反比于环境光照,利用这个控

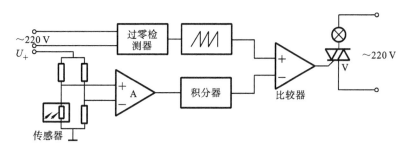

图 2-17　灯光亮度自动控制器原理框图

制信号触发双向晶闸管,改变其导通角,便可使灯光的亮度随环境光照作相反的变化,从而达到自动控制环境光照、使其保持不变的目的。

2.4　光　电　池

光电池又称光伏电池,它可利用光伏效应将太阳光能直接转换成电能。根据制作材料的不同,光电池可分为多种类型,如硒光电池、氧化亚铜光电池、硫化镉光电池、锗光电池、砷化镓光电池、硅光电池等。目前应用最广的是硅光电池,因为硅光电池价格低,光电转换效率高,光谱响应宽,寿命长,稳定性好,频率特性好,且能耐高能辐射。

2.4.1　硅光电池的基本结构和工作原理

1. 硅光电池的基本结构

硅光电池采用两种半导体材料制成,这两种材料形成 PN 结,靠 PN 结的光伏效应产生电动势。硅光电池的基本结构如图 2-18 所示。在纯度很高、厚度很薄(0.4 mm)的 N 型硅片上,采用高温扩散法把硼扩散到硅片表面极薄一层内形成 P 型层,位于较深处的 N 型层保持不变,在硼所扩散到的最深处形成 PN 结。从 P 型层和 N 型层分别引出正电极和负电极。P 型层表面涂有一层二氧化硅防反射膜,目的是防止表面反射光,以提高转换效率。硅光电池形状可为圆形、方形、长方形,也有半圆形的。

硅光电池可以使用 N 型硅片,在其表面扩散 P 型杂质(如硼)形成 PN 结,也可以使用 P 型硅片,在其表面扩散 N 型杂质(如硒)形成 PN 结。前者的受光面为 P 型层,如国产的 2CR 型硅光电池,常用于地面上的光电探测器;后者的受光面为 N 型层,如国产的 2DR 型硅光电池,由于其具有较强的抗辐射性,适合空间应用,如航天器上使用的太阳能电池即为该种类型。

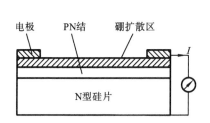

图 2-18　硅光电池的基本结构

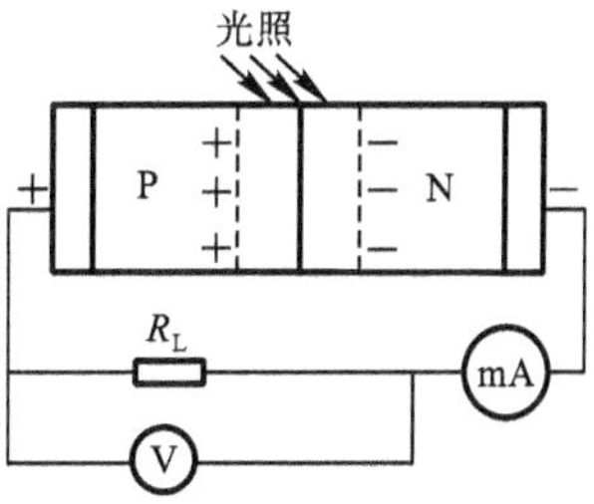

图 2-19　硅光电池的工作原理

2. 硅光电池的工作原理

硅光电池的工作原理如图 2-19 所示。PN 结两边存在着载流子浓度的突变,这导致电子从 N 区向 P 区、空穴从 P 区向 N 区的扩散运动。扩散结果是在 PN 结附近产生空间电荷聚集区，从而形成一个由 N 区指向 P 区的内部电场。当有光照射到 PN 结上时，如果光子的能量大于半导体材料的禁带宽度，就会激发出电子-空穴对。这样，在内部电场的作用下，电子被拉向 N 区，而空穴被拉向 P 区。结果 P 区空穴数目增加因而带正电，N 区电子数目增加因而带负电，在 PN 结两端便产生了光生电动势，这就是硅光电池的电动势。若硅光电池接有负载，电路中就有电流产生。

单体硅光电池在阳光照射下，其电动势为 $0.5\text{ V} \sim 0.6\text{ V}$，最佳负荷状态工作电压为 $0.4\text{ V} \sim 0.5\text{ V}$，根据需要可将多个硅光电池串、并联使用。

2.4.2 硅光电池的特性参数

1. 输出伏安特性

光电池的输出电压-电流特性（即伏安特性）在无光照时与普通半导体二极管相同。有光照时，沿电流轴方向平移，如图 2-20 所示。其中曲线与电压轴的交点为开路电压 U_∞，与电流轴的交点为短路电流 I_{sc}。

在把光电池当做检测器件使用时，通常采用电流源形式。当外接负载电阻为 R_L 时，光电池的输出电压为 U，输出电流为 I，其等效电路如图 2-21 所示。图中 I_p 是光电池的等效恒流源，R_d 为等效串联电阻。

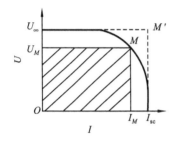

图 2-20　光电池的输出电压-电流特性

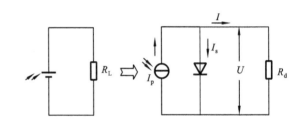

图 2-21　光电池的等效电路

由图 2-21 所示光电池的等效电路图，可得到光电池的伏安特性曲线方程为

$$I = I_p - I_s\left[\text{e}^{\frac{q}{kT}(U - IR_d)} - 1\right] \tag{2-52}$$

式中：q 为电子电荷量；k 为玻尔兹曼常数；T 为绝对温度；I_s 为光电池等效二极管反向饱和电流。

由于等效串联电阻 R_d 的值很小，故可忽略其上的电压 IR_d，于是式(2-52)变为

$$I = I_p - I_s(\text{e}^{\frac{qU}{kT}} - 1) \tag{2-53}$$

1) 开路电压与入射光强度的关系

当输出电流 $I = 0$ 时，输出电压即为开路电压。将 $I = 0$ 代入式(2-53)，可得

$$U_\infty = \frac{kT}{q}\ln\left(\frac{I_p}{I_s} + 1\right) \tag{2-54}$$

光电池的等效恒流源 I_p 是光电池的光电灵敏度 $S(\text{mA/mW})$ 与入射光功率 $P(\text{mW})$ 的乘积，并且有 $I_p \gg I_s$，因此，式(2-54)可进一步表示为

$$U_\infty = \frac{kT}{q}\ln\left(\frac{I_p}{I_s} + 1\right) \approx \frac{kT}{q}\ln\frac{I_p}{I_s} = \frac{kT}{q}\ln\frac{SP}{I_s} \tag{2-55}$$

因此，对于给定的硅光电池，其开路电压随入射光强度的变化而变化。具体规律为：硅光

电池的开路电压与入射光强度的对数成正比,即开路电压随入射光强度增大而增大,但入射光强度越大,开路电压增大得越缓慢。开路电压一般为 450 mV～600 mV。当无光照时,开路电压为零。

2) 短路电流与入射光强度的关系

当外接负载 $R_L = 0$ 时,其上电压 $U = 0$,此时的输出电流为短路电流 I_{sc}。将 $U = 0$ 代入式 (2-53),可得

$$I_{sc} = I_p = SP \tag{2-56}$$

因此,对于给定的硅光电池,其短路电流与入射光强度成正比。这是因为入射光强度越大,光子越多,从而由光子激发的电子-空穴对越多,短路电流也就越大。短路电流一般为 16 mA～30 mA。

3) 光功率

当硅光电池两端连接负载 R_L 而使电路闭合时,如果入射光强度一定,则电路中的电流 I 和路端电压 U 均随负载电阻 R_L 的改变而改变,具体可见硅光电池的伏安特性曲线(见图 2-20)。电流 I 和路端电压 U 的乘积为负载电阻的功率,有 $P_L = UI$。由图 2-20 可知,曲线上任一点坐标 (I, U) 即为负载电阻上的电流和电压,它与坐标原点构成的矩形的面积即为负载电阻的功率 P_L。若曲线上有一点 M,它所对应的 I_M、U_M 构成的矩形面积在所有矩形中最大,则说明此时负载电阻产生了最大功率 P_M,这个负载电阻称为最佳负载电阻,用 R_M 表示。因此,通过研究硅光电池在一定入射光强度下的输出特性,可以找出它在该入射光强度下的最佳负载电阻。硅光电流在连接最佳负载电阻时的工作状态为最佳状态,此时其输出功率最大。

硅光电池在一定入射光强度下的开路电压 U_∞ 和短路电流 I_{sc} 是一定的。而 I_M、U_M 分别为硅光电池在该入射光强度下输出功率最大时的电流和电压。定义曲线因子 FF,其表达式为

$$FF = \frac{U_M I_M}{U_\infty I_{sc}} \tag{2-57}$$

曲线因子 FF 表示硅光电池在该入射光强度下的最大输出效率。从图 2-20 来看,曲线因子 FF 的大小等于过 M 点的矩形面积($U_M I_M$)与过 M' 点的矩形面积($U_\infty I_{sc}$)之比。输出伏安特性曲线越接近于矩形,则 M 点与 M' 点就越接近于重合,曲线因子 FF 的值就越接近于 1,硅光电池的最大输出效率就越大。

2. 光谱特性

任何光电器件都不可能对整个频域上的光都产生响应。光电池响应光谱范围的长波阈由材料的禁带宽度决定,短波阈受材料表面反射损失的限制,其峰值波长和材料、制造工艺及环境温度有关。例如,P 型硅片上的 N 型扩散层做得越薄,峰值波长就越向着短波方向移动。硅光电池的光谱响应范围为 0.4 μm～1.1 μm,峰值波长为 0.8 μm～0.9 μm。硒光电池的光谱响应范围为 0.34 μm～0.75 μm,峰值波长为 0.54 μm 左右。

3. 温度特性

光电池的温度特性是指电池的开路电压 U_∞ 和短路电流 I_{sc} 会随温度变化,即光电池具有温度漂移特性。随着光电池温度的升高,硅光电池的光谱响应向长波方向移动,开路电压会下降,短路电流略有上升。例如,国产硅光电池 CR 系列,温度每升高 1 ℃,U_∞ 下降 2 mV～3 mV,I_{sc} 上升约 78 μA。因此,在使用硅光电池进行测量时应采取必要的补偿措施。

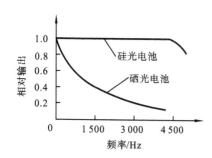

图 2-22　光电池的频率特性

4. 频率特性

光电池的频率特性是指交变光的交变频率与光电池输出电流的关系，如图 2-22 所示。光电池的响应时间由 PN 结电容和负载电阻 R_L 的乘积决定，一般在 10^{-6} s～10^{-5} s 之间。

2.4.3　光电池的应用

光电池主要有两方面的用途：一是作为光电检测器件，广泛用于近红外辐射探测、光电读出、光电耦合、激光准直、光电开关制作等，此时要求光电池照度特性的线性度好；二是作为电源使用，它以太阳能电池的形式为人造卫星、野外灯塔、微波站等提供电源，此时要求光电池价格低廉，输出功率大。

将光电池用做光电检测器件时，要求其输出电压、电流之间具有较好的线性。根据其伏安特性，负载电阻越小，光电池工作越接近短路状态，线性就较好。但是将它用做电源时，则应选择最优负载电阻，使其输出功率最大。

将光电池用做光电检测器件时，可以采用如图 2-23 所示的检测电路，其中图 2-23(a)所示为基本电路，图 2-23(b)所示为等效电路。光电池和负载输出可分别等效于信号电压源 $U_s = I_p R_s$ 和源内阻 R_s，则运算放大器的输出电压 U_o 可表示为

$$\frac{U_o}{U_s} = \frac{U_o}{I_p R_s} = -\frac{R_F}{R_s} \tag{2-58}$$

于是，有

$$U_o = -R_F I_p \tag{2-59}$$

式(2-59)是利用光电池进行光电检测的基本运算公式。由式(2-59)可知，输出电压与光电流 I_p 呈线性关系，也就是与入射光强度呈线性关系。

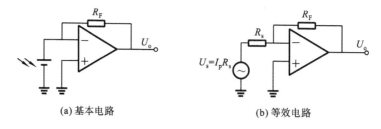

(a) 基本电路   (b) 等效电路

图 2-23　光电池用做光电检测器件的电路

2.5　光电二极管和光电三极管

2.5.1　光电二极管

光电二极管和光电池一样，都是利用光伏效应工作的器件。与光电池不同的是，光电二极管工作时要加上反向偏压。光电二极管接收光照之后，产生与入射光强度成正比的光生电流，再把光信号转换成电信号以达到探测目的。光电二极管除普通光电二极管外，还有雪崩光电二极管。根据结构不同，光电二极管又可分为 PN 结光电二极管和 PIN 结光电二极管。

1. 普通光电二极管

1）光电二极管的基本工作原理

普通光电二极管由 PN 结构成，当入射光照到 PN 结上时，形成光生电流 I_p，I_p 与入射光强度成正比。光电二极管的伏安特性可表示为

$$I = I_d(e^{\frac{qU}{nkT}} - 1) - I_p \tag{2-60}$$

式中：q 为电子电荷量；k 为玻尔兹曼常数；T 为绝对温度；I_d 为光电二极管的暗电流；n 为与器件有关的常数，其值为 $1 \sim 2$；U 为二极管两端的电压。

由于光电二极管工作在反向偏压下，$e^{\frac{qU}{nkT}}$ 很小，可以忽略不计，此时光电二极管的伏安特性可简化为

$$I = -(I_d + I_p) \tag{2-61}$$

此时，二极管的输出电流与光生电流及光强度呈线性关系。

光电二极管的响应速度取决于光电二极管的 PN 结的结电容 C 和载流子通过耗尽层的时间 τ。耗尽层的厚度对 C 和 τ 的影响效果相反，耗尽层增厚，C 减小，但 τ 增加。普通二极管对灵敏度要求较高，一般 PN 结的面积较大，C 是影响响应速度的主要因素。对速度要求较高的光电二极管，τ 是影响响应速度的主要因素。耗尽层越薄，τ 越小，光电二极管的响应速度就越快。

常用的光电二极管为硅光电二极管。硅光电二极管的响应波长范围为 $0.4~\mu m \sim 1.1~\mu m$，峰值波长为 $0.8~\mu m \sim 0.9~\mu m$，当耗尽层厚度为 $5~\mu m$ 时，响应速度可达 0.1 ns。另外还有一些能响应红外光波段的光电二极管，如锗光电二极管，其响应波长范围为 $0.6~\mu m \sim 1.8~\mu m$，峰值波长为 $1.5~\mu m$，以及锑化铟（InSb）、砷化铟（InAs）、碲化铅（SbTe）、碲镉汞（HgCdTe）、碲锡铅（PbSnTe）光电二极管等。

2）测量电路

硅光电二极管探测器的基本电路及其等效电路如图 2-24 所示，其中 C_j 是结电容，R_L 是负载电阻。跟光电池类似，它也可视为一个具有高内阻的恒流源电路。一般来说，其结电阻 $R_j > 10^7~\Omega$，串联电阻 $R_s < 100~\Omega$。

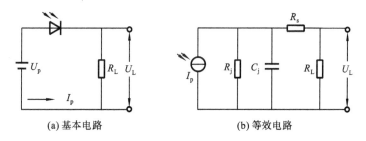

(a) 基本电路　　　　　　　　　　(b) 等效电路

图 2-24　硅光电二极管的基本电路和等效电路

当有光照时，由于 $R_j > R_s$，负载电阻上的输出电压为

$$U_L = I_p\left(\frac{R_j R_L}{R_j + R_L}\right) \approx I_p R_L \tag{2-62}$$

式中：I_p 为光电流。由于硅光电二极管的反偏电压 U_p 总是大于 $I_p R_L$，故在任何辐射强度下，硅光电二极管都不会饱和，因而只处于线性工作状态。

当光电二极管接收交变的光信号时，负载上的电压亦随交变频率而变化。当调制频率很高时，输出电压有所下降。光电二极管的频率响应可由下式表达：

$$\omega_c = \frac{1}{R_L C_j} = \frac{1}{\tau_c} \tag{2-63}$$

一般结电容 C_j 很小,因此主要需要选择合适的负载电阻 R_L。选择 R_L 时必须考虑到二极管的噪声。硅光电二极管的内阻热噪声可以忽略,仅考虑负载电阻热噪声及散粒噪声即可。所以,对 R_L 的选择一要考虑频率响应,二要考虑噪声。

2. 雪崩光电二极管

与普通光电二极管不同,雪崩光电二极管可以实现内部电流的倍增放大。它的反向偏置电压可以达到几百伏。其处于反向偏置的 PN 结具有很强的电场,当光照射到 PN 结上时,将产生光生载流子,光生载流子在这个强大电场的作用下加速运动,碰撞其他原子而产生大量新的二次电子-空穴对;这些二次电子-空穴对在运动过程中获得足够大的动能,又碰撞出大量新的二次电子-空穴对。这个过程犹如雪崩一样迅速积累大量电子和空穴,从而形成强大的电流,产生倍增效应。雪崩光电二极管的信噪比和暗电流比光电倍增管大,其增益一般在 $10^2 \sim 10^4$,只有硅管的放大倍数可达 10^4,而锗管的一般为 200 左右。

图 2-25 是雪崩光电二极管的倍增电流、噪声与外加偏置电压的关系曲线。由图可知:在偏置电压较低的 A 点以左,不发生雪崩过程;随着偏压的升高,倍增电流也逐渐增加,从 B 点到 C 点增加迅速,该区域属于雪崩倍增区;经过 C 点后,偏压进一步增大,将发生雪崩击穿,同时噪声也显著增加。因此,最佳的偏压工作区是 C 点以左的区域,若超过 C 点则容易发生雪崩击穿而烧毁二极管。

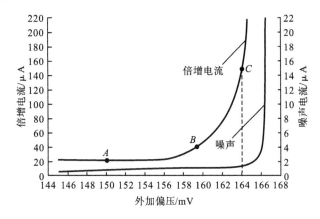

图 2-25　雪崩光电二极管的倍增电流、噪声与外加偏置电压的关系

雪崩光电二极管具有电流增益大、灵敏度高、频率响应快、不需要后续庞大的放大电路等特点,因此它在微弱辐射信号的检测方面应用较广。其缺点是工艺要求高,稳定性差,受温度影响大。

3. PIN 光电二极管

PIN 光电二极管是常用的光电检测器件,其典型结构如图 2-26 所示。P 区和 N 区杂质浓度很高,中间被一个称为 I 层的区域分开。I 层为本征半导体,其杂质浓度很低,电阻率相对较高。

I 层的作用如下所述。

(1) 由于 I 层处于高阻状态,外加反向偏置电压大部分降落在 I 层,使耗尽层加宽,增大了光电转换的有效工作区域,提高了器件的灵敏度。

(2) I 层的存在使击穿电压不再受基体材料的限制,用低电阻率的基材仍可取得高的反向

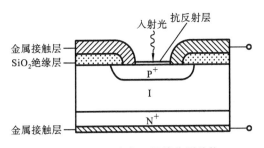

图 2-26　PIN 光电二极管典型结构

击穿电压,而器件的串联电阻和时间常数则可大大减小。

(3) I 层的存在使器件的光电转换过程主要发生在 I 层及距离 I 层在一个扩散长度以内的区域内。I 层的强电场区可对少数载流子起加速作用,即使适当加宽 I 层,也几乎不影响少数载流子的渡越时间。

(4) 由于 I 层使得耗尽层宽度增加,相比于普通光电二极管,PIN 结光电二极管的结电容更小,从而可提高器件的响应速度。

PIN 光电二极管具有较高的灵敏度和响应速度,频带宽,可达 10 GHz,线性输出范围宽,对红外波长也有较好的响应。但是,由于 I 层的存在,二极管的输出电流小,一般为零点几微安至数微安。

2.5.2　光电三极管

光电三极管相当于在晶体三极管的基极和集电极间并联一个光电二极管,因而它的内增益大,可输出较大电流。目前使用较多的是 NPN 型和 PNP 型的两种平面硅光电三极管。

1. 光电三极管的工作原理

光电三极管的等效电路如图 2-27 所示。这种结构等效于一个光电二极管加上一个晶体放大管。使用时光电三极管的发射极接电源负极,集电极接电源正极。

光电三极管不受光时,相当于普通三极管处在基极开路的状态。当它受光时,它分两个步骤进行工作:一是光电转换,在集电极-基极区内进行;二是光电流放大。集电结(基-集结)反向偏置,基极电流 $I_b=0$,因而集电极电流 I_c 很小。此时 I_c 为光电三极管的暗电流。当

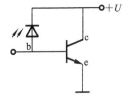

图 2-27　光电三极管的等效电路

光子入射到集电结时,就会被吸收而产生电子-空穴对,处于反向偏置状态的集电结内建电场使电子漂移到集电极,空穴漂移到基极,形成光生电压,基极电位升高,就如同普通三极管的发射结(基-发结)加上了正向偏置电压,$I_b \neq 0$。当基极没有引线时,集电极电流 I_c 等于发射极电流 I_e,那么有

$$I_c = I_e = (1+\beta)I_b \tag{2-64}$$

式中:β 为电流放大倍数。基极电流 I_b 的大小与光照强度有关,光照越强,I_b 越大,I_c 也就越大。

NPN 型光电三极管和 PNP 型光电三极管的工作原理基本相同,只是 NPN 型光电三极管在使用过程中发射极接电源负极、集电极接电源正极,而 PNP 型工作时集电极接电源负极、发射极接电源正极。

2. 光电三极管的特性

1）光照特性与光照灵敏度

光电三极管的输出光电流 I_c 与入射光照度 E_v 的关系如图 2-28 所示。光电三极管的线性度比光电二极管要差，光电流和灵敏度比光电二极管大几十倍，但由于电流放大倍数 β 的非线性，其在弱光下灵敏度较低，在强光下会出现饱和现象，这对弱信号的检测非常不利。

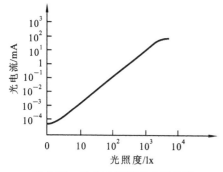

图 2-28　光电三极管的光照特性

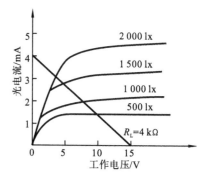

图 2-29　光电三极管的伏安特性

2）伏安特性

光电三极管的伏安特性曲线如图 2-29 所示。其特点在于零偏置时没有电流输出（光电二极管在零偏置时有电流输出）。虽然光电三极管与光电二极管一样能产生光生电动势，但光电三极管的集电结在无反向偏压时没有放大作用，所以没有电流输出（或仅有很小的漏电流）。另外，光电三极管还具有两个明显特点：一是随入射光照度的增加，光电流 I_c 趋向饱和；二是在工作电压较低时，输出光电流与入射光照度具有非线性关系。这都是因为电流放大倍数 β 与工作电压有关。因此，光电三极管必须加上较高的工作电压，以尽可能减小电压对输出光电流与入射光照度线性关系的影响。光电三极管常用于电压较高或入射光照度较大的场合，作为控制系统的开关元件使用。

3）频率特性

光电三极管在开关状态下工作，其频率响应与结的结构、负载及时间常数有关。频率响应用上升时间及下降时间来表示。光照度越小（I_c 越小），上升及下降时间就越大；负载电阻越大，上升及下降时间也越大。因此，从频率响应方面考虑，常常在其外电路上采用高增益、低输入阻抗的运算放大器，以改善其动态性能。

4）温度特性

由于电流放大系数 β 随温度升高而变大，光电三极管的光电流也随温度的上升而变大，其变化较光电二极管快。根据这一特性，小信号下温度升高时反向电流急剧上升，从而导致检测器件性能的极大下降，甚至失效。这也说明光电三极管不适合小信号工作状态。

5）光谱响应

与光电池、光电二极管等光电器件一样，光电三极管的光谱响应取决于材料的禁带宽度、器件几何结构和制作工艺。光电三极管的光谱响应曲线如图 2-30 所示，它的峰值在

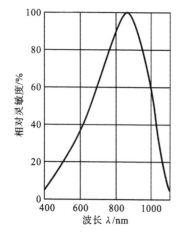

图 2-30　光电三极管的
光谱响应特性

800 nm～900 nm 之间。

2.5.3 光电二极管和光电三极管的应用

光电二极管和光电三极管是常用的光电检测器件,其应用范围非常广泛。

光电二极管由于体积小、响应快、可靠性高,而且在可见光与近红外波段内有较高的量子效率,因而在各种工业控制,例如火警探测、光电控制等场合获得广泛应用。光电二极管和光电池都是结型光伏效应器件,但光电二极管工作时需加反向偏置电压,且更适用于高频响应场合。

随着数字通信技术的迅速发展以及光隔离器和固体继电器等自动控制部件在机械工业中应用的不断扩大,特别是微处理器在各个领域中的应用推广和产品性能的逐步提高,光电三极管的应用市场将日益扩大。今后,光电三极管将向高速化、高性能、小体积、轻重量的方向发展。

在使用光电二极管和光电三极管时还需要注意以下几个方面。

1. 热稳定性及温度补偿

由于硅光电二极管的反向饱和电流随温度升高并呈指数规律上升,且长波长产生的光电流随温度升高而增加,而三极管放大系数随着温度的变化会发生很大变化,因此造成了光电二极管和三极管的温度稳定性问题。具体应用时,需要对此加以分析。例如,检测恒定弱光时要特别注意反向饱和电流,应选用反向饱和电流小的光电二极管,而检测强光时,则不需考虑反向饱和电流的影响。若采用电容耦合方式输出调制光,也不用考虑反向饱和电流,只要选择放大系数随温度变化很小的光电三极管。

对光电二极管和光电三极管的温度效应进行补偿时,一般只能解决反向饱和电流的问题。可采用热敏电阻进行补偿,其电路如图 2-31 所示。最好的补偿反向电流的方法是使用对管,其典型电路如图 2-32 所示。由于两管具有大致相同的暗电流温度特性,故当温度升高时,光电管所增加的暗电流几乎可以被补偿管增加的暗电流抵消,使输出基本保持不变。

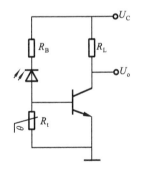

图 2-31 热敏电阻温度补偿电路

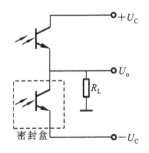

图 2-32 对管温度补偿电路

2. 视角及光路

光入射到光电二极管和光电三极管上首先需通过一个窗口,这就涉及视角的问题。视角是指光电管管芯透过窗口所能接收到光的最大张角。不同类型的光电管,其视角大小相差很大。例如,直径为 5 mm 的玻璃凸镜金属外壳光电管的视角大约为 ±10°,平面石英窗口光电管的视角约为 ±35°,而塑料封装的上述尺寸光电管的视角比同类型的视角稍大些。因此,为使光电管接收到尽可能多的光,必须考虑光源及光路的设置。例如在检测微弱光时,可在光路上加一凸透镜,调整光源、透镜和探测器件之间的位置,以获得最佳检测效果。当直接以透镜作为光电管的入射窗时,要把透镜的焦点与光电管的 PN 结感光灵敏点对准。另外,要保证入射光源的频率变化中心处于检测器件光电特性的线性范围内,以确保获得良好的线性输出。

3. 光信号匹配

光电管的特性必须和光信号的调制形式、信号频率及波形相匹配,以保证得到没有频率失真的输出波形和良好的时间响应。相应的解决办法主要是选择响应时间短或上限频率高的光电管,但在电路上也要注意匹配好动态参数。

2.6　光电倍增管

光电倍增管(photomultiplier tube,PMT)是一种建立在光电效应、二次电子发射效应和电子光学理论基础上,能够把微弱入射光转换成光电子,并具有倍增效应的真空光电发射器件。

2.6.1　光电倍增管的结构与工作原理

1. 光电倍增管的结构

光电倍增管由光电阴极、电子光学输入系统(光电阴极到第一个倍增极 D_1 之间的系统)、二次发射倍增系统及阳极等构成。

1) 入射窗、光电阴极与电子光学系统结构

光电倍增管按其倍增极形式的不同,通常有端窗式和侧窗式两种形式。端窗式光电倍增管倍增极的结构如图 2-33(a)～(c)所示,光通过管壳的端面入射到端面内侧光电阴极面上。侧窗式光电倍增管倍增极的结构如图 2-33(d)所示,光通过玻璃管壳的侧面入射到安装在管壳内的光电阴极面上。一般,光电阴极可根据设计需要采用不同的光电发射材料制成。端窗式光电倍增管通常采用半透明材料的光电阴极,光电阴极材料沉积在入射窗内侧面。一般半透明光电阴极的灵敏度均匀性比反射式阴极要好,而且阴极面可以做成从几十平方毫米到几百平方厘米面积大小各异的光敏面。为使阴极面上各处的灵敏度均匀、受光均匀,阴极面常做

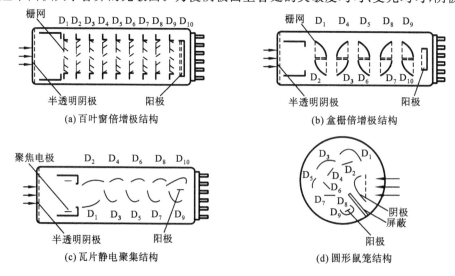

(a) 百叶窗倍增极结构　　　　　　　　　(b) 盒栅倍增极结构

(c) 瓦片静电聚集结构　　　　　　　　　(d) 圆形鼠笼结构

图 2-33　光电倍增管倍增极的结构

成半球形状。另外,球面形状的阴极面所发射出的电子经过电子光学系统汇聚到第一倍增极的时间散差最小,因此光电子能有效地被第一倍增极收集。侧窗式光电倍增管的阴极为独立的,且为反射型的,光子入射到光电阴极面上产生的光电子在聚焦电场的作用下汇聚到第一倍增极,因此它的收集率接近 100%。

典型的电子光学系统的结构如图 2-34 所示。系统形成的电场能很好地把来自光电阴极的光电子会聚成束并通过膜孔打到第一倍增极上,收集率可达 85% 以上,渡越时间的离散性 Δt 约为 10 ns。

此外,窗口玻璃的不同,将直接影响光电倍增管光谱响应的短波限。例如,同为光电阴极材料锑铯(Cs_3Sb)光电倍增管,石英玻璃窗口的光谱响应要比普通光学玻璃窗口的光谱响应范围宽,尤其对紫外波段的光谱响应影响更大。

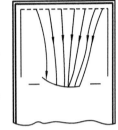

图 2-34　电子光学
系统结构

2)　倍增极与阳极结构

光电倍增管按倍增极结构可分为聚集型与非聚集型两种。在聚集型结构的光电倍增管中,由前一倍增极来的电子被加速后会聚在下一倍增极上,在两个倍增极之间可能发生电子束交叉。如图 2-33(c)所示的瓦片静电聚焦与图 2-33(d)所示的圆形鼠笼两种结构均为聚集型结构。非聚集型结构光电倍增管形成的电场只能使电子加速,电子轨迹是平行的,如图 2-33(a)所示的百叶窗型与图 2-33(b)所示的盒栅型两种结构即为非聚集型的。

倍增极即二次电子发射极,它能将以一定动能入射的电子(或称光电子)的电子数目增大 δ 倍,显然,$\delta > 1$。δ 称为二次电子发射系数,即一个入射电子所产生的二次电子的平均数。若一次倍增极电子数增加 δ 倍,有 n 个倍增极,则阳极收集的电子数就是原来的 δ^n 倍。

倍增极发射二次电子的过程与光电发射的过程相似,所不同的是倍增极发射的电子由高动能电子的激发所产生,而不是光子激发所致。因此,一般光电发射性能好的材料也具有二次电子发射功能。

常用的倍增极材料有锑化铯(CsSb)、氧化的银镁合金(AgMgO[Cs])、铜-铍合金(铍的含量为 2%)、负电子亲和势材料 GaP:Cs(用铯激活 GaP 形成)等。其中,负电子亲和势材料在电压为 1 000 V 时,其倍增系数一般大于 50,甚至高达 200。值得指出的是,不同的光电倍增管由于材料、结构和电场设计不同,其倍增系数也不同。

光电倍增管目前一般采用栅网状阳极,其结构如图 2-35 所示。

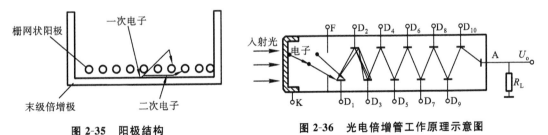

图 2-35　阳极结构

图 2-36　光电倍增管工作原理示意图

2. 光电倍增管的工作原理

光电倍增管是光电子发射型光电检测器,其工作原理如图 2-36 所示,其中 K 是光电阴极,F 是电子限束器电极(相当于孔径光阑),D 是倍增极,A 是阳极(或称收集极)。阳极与阴极之间的总电压可达千伏以上,分级电压在百伏左右。

光电倍增管的工作过程如下:当光子入射到光电阴极 K 上时,只要光子能量高于光电发射阈值,光电阴极就会产生电子发射。发射到真空中的电子在电场和电子光学系统的作用下,经电子限束器电极 F 会聚并加速运动到第一倍增极 D_1 上,第一倍增极发射出的电子在高动能电子的作用下,将发射比入射电子数目更多的二次电子(即倍增发射电子)。第一倍增极发射出的电子在第一与第二倍增极之间电场的作用下高速运动到第二倍增极。同样,在第二倍增极上产生电子倍增。依此类推,经过 n 级倍增极倍增后,电子数倍增 n 次。最后,所有的电子被阳极收集,形成阳极电流 I_A。I_A 将在负载电阻 R_L 上产生电压降,从而形成电压 U_0。随着光信号的变化,在倍增极不变的条件下,阳极电流也随着光信号而变化,从而达到把小的光信号转换成较大的电信号的目的。

2.6.2　光电倍增管的基本特性参数

1. 光谱响应度

光电倍增管的光谱响应曲线与光电阴极的光谱响应曲线相同,主要取决于光电阴极材料的性质。光电倍增管的阴极电流光谱响应度为

$$S_K(\lambda) = \frac{I_K(\lambda)}{P_i(\lambda)} = \frac{\lambda\eta(\lambda)}{hc}q \tag{2-65}$$

式中:$I_K(\lambda)$ 为入射光波长为 λ 时的阴极电流;$\eta(\lambda)$ 为波长为 λ 的入射光的量子效率;$P_i(\lambda)$ 为波长为 λ 的入射光的功率。

光电倍增管的阳极电流光谱响应度为

$$S_A(\lambda) = GS_K(\lambda) \tag{2-66}$$

式中:G 为光电倍增管的放大倍数(增益)。积分光谱响应度是以标准光光源(色温为 2 856 K 的自然灯)为入射光时的光电倍增管响应度。阴极积分电流响应度为

$$S_K = \frac{\displaystyle\int_{\lambda_1}^{\lambda_0} P_i(\lambda)S_K(\lambda)\mathrm{d}\lambda}{\displaystyle\int_0^\infty P_i(\lambda)\mathrm{d}\lambda} \tag{2-67}$$

阳极积分电流响应度为

$$S_A = GS_K \tag{2-68}$$

2. 放大倍数(电流增益)

在一定的工作电压下,光电倍增管的阳极电流和阴极电流之比称为光电倍增管的放大倍数 M 或电流增益 G。即

$$M(\text{或 } G) = \frac{I_A}{I_K} \tag{2-69}$$

式中:I_A 为阳极电流;I_K 为阴极电流。放大倍数也可按一定工作电压下的阳极响应度和阴极响应度的比值来确定。

图 2-37 所示为某光电倍增管阳极灵敏度和放大倍数随工作电压而变化的关系曲线。

3. 暗电流

光电倍增管的暗电流是指加有电源但无光照时光电倍增管的输出电流。

1) 引起暗电流的因素

引起暗电流的因素有如下几种。

(1) 光电阴极和第一倍增极的热电子发射　在室温下,即使无光照也会有部分电子逸出表面,并经倍增放大到达阳极成为暗电流。这是光电倍增管的主要暗电流。

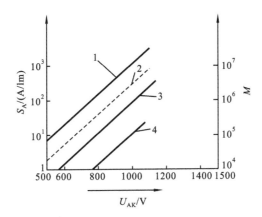

图 2-37　光电倍增管阳极灵敏度和放大倍数随工作电压而变化的关系曲线
1—最大灵敏度；2—典型放大倍数；3—典型灵敏度；4—最小灵敏度

（2）极间漏电流　光电倍增管各极绝缘强度不够或极间灰尘放电会引起漏电流。

（3）离子和光的反馈作用　由于抽真空技术的限制，管内总会存在一些残余气体，它们被运动电子碰撞电离，这种电离的电子经放大将形成暗电流。并且，这些离子打在管壁上产生荧光再反射至阴极造成光反馈，也可形成暗电流。

（4）场致发射　场致发射是一种自持放电，且只有当电极上的尖端、棱角、粗糙边缘处在高电压下（一般电场强度达 10^5 V/cm 或极间电压 $U_D \geqslant 200$ V）时才发生。

（5）放射性同位素和宇宙射线的影响　光电倍增管的光窗材料[40]K（钾 40）衰变产生一种发光的 β 粒子、宇宙射线中的 μ 介子穿过光窗而形成的光子，它们射到光电阴极上，都可产生暗电流。通常，可采用无钾的石英窗来减弱这种暗电流。

2）减弱暗电流的方法

减弱暗电流的方法主要是选好光电倍增管的极间电压。有了合适的极间电压，就可避开光反馈、场致发射及宇宙射线等造成的不稳定状态的影响。此外，还可采取下述方法：

① 在阳极回路中加上与暗电流相反的直流成分来补偿；

② 在倍增输出电路中加一选频或锁相放大环节来滤掉暗电流；

③ 利用冷却法减少热电子发射。

4. 伏安特性

光电倍增管的伏安特性又称阳极特性或输出特性，即在一定光照下，阳极电流 I_A 与最后一级倍增极 D_n 和阳极 A 之间的电压 U_{AD_n} 的关系（见图 2-38），其中 $E_3 > E_2 > E_1$。由图可见：

照度 E（或入射辐射通量 Φ_K）越大，阳极电流越大，且饱和电压也越大；曲线饱和区的水平部分相当长，直到 U_{AD_n} 相当大时，曲线才略为下降。这说明光电倍增管具有工作范围宽和线性好的特点。

5. 时间特性和频率响应

由于光电倍增管是光电发射型器件，而光电发射的延迟时间 $\leqslant 3 \times 10^{-13}$ s，所以光电倍增管的时间常数非常小，具有很高的频率响应（即 $f_上$ 高）。虽然目前快速光电倍增管的响应时间已达 0.23 ns，但输出的光电子还是有一定的渡越时间，而且如果在

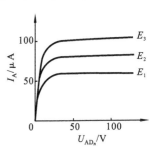

图 2-38　光电倍增管的阳极伏安特性

结构上没有补偿,从光电阴极边缘发射的光电子与从中央发射的光电子到达阳极的时间会有差别,这个时间差称为渡越时间。一般聚集型结构光电倍增管的渡越时间小。

对输出脉冲波形的时间特性一般用下列两个主要参数表示:一是脉冲上升时间 t_r,即输出脉冲幅度为 1 时输出电流从满幅度的 10% 上升到 90% 时所需的时间;二是脉冲响应宽度(或半宽度),即电流脉冲的半幅值或对应于脉冲前、后沿满幅度的 50% 的两点之间的时间宽度。

光电倍增管的时间特性决定了器件的频率响应。当输入正弦光信号,光电倍增管的负载电阻为 50 Ω 时,其上限频率 $f_上$ 可用以下经验公式算出:

$$f_上 = \frac{0.35}{t_r}\bigg|_{R_L=50\ \Omega} \tag{2-70}$$

6. 噪声

光电倍增管的噪声主要有散粒噪声和负载电阻的热噪声。光电倍增管的散粒噪声的表达式为

$$\overline{I}_{NSh}^2 = 2qI_{DK}\Delta fM^2\frac{\delta}{\delta-1} \tag{2-71}$$

式中:δ 为二次电子发射系数;M 为光电倍增管的放大倍数;I_{DK} 为阴极的平均电流。当 $\delta\gg1$ 时,$\delta/(\delta-1)\approx1$,则式(2-71)可简化为

$$\overline{I}_{NSh}^2 = 2qI_{DK}\Delta fM^2 \tag{2-72}$$

而负载电阻的热噪声为

$$\overline{I}_{NT}^2 = 4kT\Delta f/R_L \tag{2-73}$$

一般来说,选择光电倍增管总是使热噪声远小于器件固有的散粒噪声,即 $4kT\Delta f/R_L\ll 2qI_{DK}\Delta fM^2$。由此可得出 R_L 的选择原则(或范围),即

$$R_L \gg \frac{4kT\Delta f}{2qI_{DK}\Delta fM^2} = \frac{2kT}{qI_{DK}M^2} \tag{2-74}$$

当 $I_{DK}=10^{-10}$ A,$M=10^5$ 时,可计算出在室温下 $R_L\gg0.05$ Ω。一般情况下 R_L 都比 0.05 Ω 大很多倍,所以,对光电倍增管主要考虑散粒噪声,而不考虑热噪声。

2.6.3　光电倍增管的应用

光电倍增管可用来测量辐射光谱在狭窄波长范围内的辐射功率。它在生产过程的控制、元素的鉴定、化学成分分析和冶金学分析仪器中都有广泛的应用。以上分析仪器适用的光谱范围比较宽,如可见光分光光度计适用的波长范围为 380 nm～800 nm,紫外可见光分光光度计适用的波长范围为 185 nm～800 nm,因此,需采用宽光谱范围的光电倍增管。为了能更好地与分光光度计的长方形狭缝匹配,通常使用侧窗式结构的光电倍增管。在光谱辐射功率测量中,还要求光电倍增管稳定性好、线性范围宽。

现在以光谱辐射仪为例,介绍光电倍增管在光谱测量系统中的应用。光谱辐射仪原理如图 2-39 所示。它主要用于光源、荧光粉或其他辐射源的发射光谱测量。测量光源时,将反光镜 M₀ 移开,光源的发射光通过光纤进入测量系统,经光栅单色仪分光后,出射光谱由光电倍增管接收,光电倍增管输出的光电流经放大器放大、模/数转换后进入计算机。计算机输出信号驱动步进电动机,使单色仪对光源进行光谱扫描,光电倍增管逐一接收各波长的光谱信号。仪器通过对标准光源(已知光谱功率分布)和被测光源的比较测量,获得被测光源的光谱功率分布。测量荧光样品时,将反光镜 M₀ 置入光路,紫外灯发射的激光经过紫外滤光片照到荧光

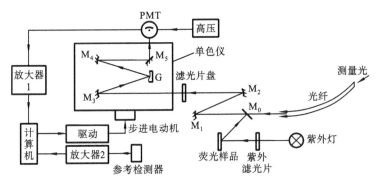

图 2-39　光谱辐射仪原理

样品上,激发的荧光经反光镜 M_0 进入测量系统。

2.7　光电检测器件的性能比较与应用选择

2.7.1　光信号的类型

在应用光电检测器件的测量仪器和系统中,光电器件接收的光信号有以下几种。

(1) 通断光信号　光信号的通断是指由被测对象导致的投射到光电器件上的光信号的截断或通过,如光电开关、光电报警器等接收到的即是通断光信号。这时的光电器件不考虑线性,但要考虑灵敏度。

(2) 按一定频率变化的光信号　这种光信号是有一定频率的,必须使所选器件的上限截止频率(最好是最佳工作频率)大于输入信号的频率,这样才能测出输入信号的变化。

(3) 幅度变化的光信号　当被测对象对光的反射率、透过率发生变化或被测对象本身的光辐射强度变化时,光信号幅度大小亦随之改变。为准确测出光信号幅度大小的变化,必须选用线性好、响应快的器件,如光电倍增管、光电二极管等。

(4) 有色度差异的光信号　当被测对象本身光辐射的色温存在差异或表面颜色变化时,必须选择具有合适的光谱特性的光电器件。

2.7.2　各种光电检测器件的性能比较

典型的光电检测器件中:在动态特性(即频率响应与时间响应)方面,以光电倍增管和光电二极管(尤其是 PIN 管与雪崩管)为最好;在光电特性(即线性)方面,以光电倍增管、光电二极管和光电池为最好;在灵敏度方面,则以光电倍增管、雪崩光电二极管、光敏电阻和光电三极管为最好(需要指出的是,灵敏度高不一定输出电流大);输出电流大的器件有大面积光电池、光敏电阻、雪崩光电二极管与光电三极管;外加电压最低的是光电二极管、光电三极管,光电池不需外加电源;光电倍增管与光电二极管暗电流最小,光电池不加电源时无暗电流,加反向偏压后暗电流比光电二极管大;在长期工作后的稳定性方面,以光电二极管和光电池为最好,其次是光电三极管;在光谱响应方面,以光电倍增管和硒化镉光敏电阻为最宽。

2.7.3　光电检测器件的应用选择

在应用光电检测器件时要注意使用要点,合理选择各种参数。在使用要求不太严格的情况下,可以采用任何一种光电检测器件。不过在某些特殊情况下,选用某种与之相适应的器件会更合适些。例如:当需要比较大的光敏面积时,可优先考虑选用真空光电管,因其光谱响应范围比较宽,如在分光光度计中应用真空光电管;当被测辐射等级很低(信号微弱)、响应速度较高时,采用光电倍增管最合适,因其放大倍数可达 10^7 以上,这样高的增益可使其信号超过输出和放大线路内的噪声分量,使得对检测器的限制只剩下阴极电流中的统计变化,如在天文、光谱学、激光测距和闪烁计数等方面广泛应用光电倍增管。

目前,固体光电检测器件用途非常广。硫化镉光敏电阻因成本低而在光亮度控制,如照相自动曝光、路灯光线控制等中采用;光电池是固体光电器件中具有最大光敏面积的器件,它除用于检测器件外,还可用于太阳能变换器;硅光电二极管体积小、响应快、可靠性高,而且在可见光与近红外波段内有较高的量子效率,因而在各种工业控制中获得应用;硅雪崩光电二极管由于增益高、响应快、噪声小,因而在激光测距与光纤通信中普遍采用。

为了提高传输效率,无畸变地转换光电信号,光电检测器件不仅要和被测信号、光学系统相匹配,而且还要和后续的电子线路在特性和工作参数上相匹配,使每个相互连接的器件都处于最佳的工作状态。光电检测器件的应用选择要点如下所述。

(1)光电检测器件必须和辐射信号源及光学系统在光谱特性上匹配。如果测量的光波处在紫外波段,则选光电倍增管或专门的紫外光电半导体器件;如果信号是可见光,则可选光电倍增管、光敏电阻与硅光电器件;如果是红外信号,则选光敏电阻;对于近红外信号,则可选硅光电器件或光电倍增管。

(2)光电检测器件的光电转换特性必须和入射辐射能量相匹配。首先要注意的是器件的感光面要和照射光匹配好。如果光源照射到器件的有效位置发生变化,则器件的光电灵敏度将发生变化。例如,光电池具有较大的光敏面,一般用于杂散光或没有达到聚焦状态的光束的接收。光敏电阻是一个可变电阻,在有光照的位置,其电阻就降低,因此设计时必须使光线照在两电极间的全部电阻体上,以便有效地利用全部光敏面。光电二极管和光电三极管的光敏面只是结附近的一个极小的面积,故一般把透镜作为光的入射窗,并把透镜的焦点与感光的灵敏点对准。光电池的光电流因照射光的晃动而产生的波动比其他器件要小些。一般要使光入射通量的变化中心处于检测器件光电特性的线性范围内,以确保获得良好的线性检测特性。对于微弱的光信号,器件必须有合适的灵敏度,以确保具有一定的信噪比以及输出足够强的电信号。

(3)光电检测器件参数的选择必须和光信号的调制形式、信号频率及波形匹配,以便得到没有频率失真的输出波形和良好的时间响应。这时主要应选择响应时间短或上限截止频率高的器件,但在电路上要注意匹配好动态参数。

(4)光电检测器件必须和输入电路在电特性上良好地匹配,以保证有足够大的转换系数、较宽的线性范围、较高的信噪比及快速的动态响应等。

(5)为使器件具有长期工作的可靠性,必须注意选择器件的规格和使用的环境条件。一般要求在长时间的连续使用中,能保证器件在低于最大限额状态下正常工作。当工作条件超过最大限额时,器件的特性急剧劣化,特别是超过电流容限值后,其损坏往往是永久性的。使用时的环境温度也要考虑,若其超过温度的容限值,一般将引起器件特性的缓慢劣化。总之,只有让器件在额定条件下使用,才能保证器件稳定、可靠工作。

思考题与习题

1. 光电检测器件中常见的噪声有哪几种？

2. 光敏电阻结构设计的基本原则是什么？由此原则可以得到什么结论？

3. 设某 CdS 光敏电阻的最大功耗为 30 mW，光电导的灵敏度 $S_g = 0.5 \times 10^{-6}$ S/lx，暗电导 $g_0 = 0$。试求当 CdS 光敏电阻上的偏置电压为 20 V 时的极限照度。

4. 已知某光敏电阻在 500 lx 光照下的阻值为 550 Ω，而在 700 lx 光照下的阻值为 450 Ω。试求该光敏电阻在 550 lx 和 600 lx 光照下的阻值。

5. 什么是光生伏特效应？哪些光电器件是利用光生伏特效应工作的？

6. 光电二极管和光电三极管有何区别？它们在使用时需要注意哪些问题？

7. 光电倍增管的工作原理是怎样的？光电倍增管中的倍增极有哪几种结构？每一种的主要特点是什么？

8. 应用时应该怎样选择光电检测器件？

第3章 发光与耦合器件

物体向外发射出可见光的现象称为发光。在光电技术领域,发光还包括红外线、紫外线等不可见波段的辐射。发光分为两种:由物体温度高于热力学温度零度而产生的物体热辐射和物体在特定环境下受外界能量激发而产生的辐射。前者称为热辐射,后者称为激发辐射。激发辐射的光源称为冷光源。按激发的方式又可将激发辐射分为光敏发光、化学发光、摩擦发光、阴极射线致发光、电致发光等。

3.1 发光二极管

发光二极管(light emitting diode,LED)是一种固态 PN 结器件,属冷光源。它是直接把电能转换成光能的器件,没有热交换的过程。由于它的发光面小,故可视为点光源。LED 具有如下特点:

① 工作电压低(1.5 V~2 V),耗电少(电流为 10 mA 时即可在室内得到适当的亮度);

② 可通过调节电流(或电压)来对发光亮度进行调节,且响应速度快,并可直流驱动;

③ 比普通光源的单色性好;

④ 发光亮度和发光效率均较高;

⑤ 容易与集成电路配合使用;

⑥ 体积小、重量轻、抗冲击、耐振动、寿命长。

3.1.1 LED 的分类

1. 按发光颜色分类

LED 按发光颜色分,有红色、橙色、绿色(又细分为黄绿、标准绿和纯绿)、蓝色等。另外,有的 LED 中包含两种或三种颜色的芯片。

根据 LED 出光处掺或不掺散射剂、有色还是无色,上述各种颜色的 LED 还可分成有色透明、无色透明、有色散射和无色散射四种类型。散射型 LED 可以作指示灯用。

2. 按出光面特征分类

LED 按出光面特征分,有圆形灯、方形灯、矩形灯、面发光管、侧向管、表面安装用微型管等。

圆形灯按直径分为 $\phi2$ mm、$\phi4.4$ mm、$\phi5$ mm、$\phi8$ mm、$\phi10$ mm 及 $\phi20$ mm 等规格的。国外通常把 $\phi3$ mm 的 LED 记作 T-1,把 $\phi5$ mm 的记作 T-1(3/4),把 $\phi4.4$ mm 的记作 T-1 (1/4)。由半值角的大小可以估计圆形灯发光强度角分布情况。

圆形灯按发光强度角分布来分有三类。

(1)高指向型 高指向型圆形灯一般采用尖头环氧树脂封装,或是带金属反射腔封装,且不加散射剂。其半值角为 5°~20°或更小,具有很高的指向性,可作局部照明光源用,或与光电探测器联用以组成自动检测系统。

(2)标准型 标准型圆形灯通常作指示灯用,其半值角为 20°~45°。

(3)散射型 散射型圆形灯是视角较大的指示灯,其半值角为 45°~90°或更大,所加散射剂的量较大。

3. 按结构分类

LED 按结构分,有全环氧树脂包封、金属底座环氧树脂封装、陶瓷底座环氧树脂封装及玻璃封装等类型。

4. 按发光强度和工作电流分类

LED 按发光强度和工作电流分,有普通亮度 LED(发光强度小于 10 mcd)、超高亮度 LED(发光强度大于 100 mcd)等。发光强度在 10 mcd～100 mcd 间的 LED 称为高亮度 LED。

一般 LED 的工作电流在十几毫安至几十毫安,而低电流 LED 的工作电流在 2 mA 以下(亮度与普通发光管相同)。LED 通过改变电流可以改变颜色,并可方便地通过化学修饰方法调整材料的能带结构和带隙,实现红、黄、绿、蓝、橙等多色发光。例如,小电流时发光颜色为红色的 LED,随着电流的增加,所发光的颜色可以依次变为橙色、黄色,最后为绿色。

3.1.2　LED 的工作原理

发光二极管实际上就是一个由 P 型和 N 型半导体组成的二极管。如图 3-1 所示,在 PN结附近,N 型材料中的多数载流子是电子,P 型材料中的多数载流子是空穴,PN 结上未加电压时构成一定的势垒,当加上正向偏压时,在外电场作用下,P 区的空穴和 N 区的电子就向对方扩散,构成少数载流子的注入,从而在 PN 结附近产生导带电子和价带空穴的复合。每一对电子和空穴复合都将释放出与材料性质有关的一定的复合能量,这个能量会以热能、光能或部分热能和部分光能的形式辐射出来。

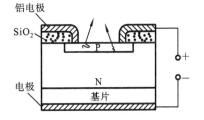

图 3-1　发光二极管原理结构

3.1.3　LED 的特性参数

1. 量子效率

辐射源效率表示输入和输出能量之间的数量关系。发光二极管一般用量子效率来表示。

二极管的发光是正向偏置的 PN 结中注入载流子的复合引起的,但是注入的载流子不一定都复合,而复合后也不一定都发光。注入的载流子一部分形成电子-空穴对而复合,也有一部分可能通过结区的隧道效应和其他的形式流走;复合的载流子一部分以光的形式放出能量,另一部分也可能将放出的能量变成晶格振动的热能或其他形式的能量,即发生所谓的无辐射复合。发光复合在整个过程中所占的比例就是量子效率,用符号 η_{qi} 表示,有

$$\eta_{qi} = \frac{N_r}{G} \tag{3-1}$$

式中:N_r 为产生的光子数;G 为注入的电子-空穴对数。在这里,产生的光子数并不能全部射出器件之外。作为一种发光器件,它能射出多少光子才是人们感兴趣的。表征器件这一性能的参数就是外量子效率,用 η_{qe} 表示为

$$\eta_{qe} = \frac{N_T}{G} \tag{3-2}$$

式中:N_T 为器件射出的光子数。

2. 光谱特性

发光二极管的发光光谱直接决定着它的发光颜色。根据半导体材料的不同,目前能制造

能发出红、绿、黄、橙、蓝、红外等光的发光二极管,如表 3-1 所示。

表 3-1　　几种发光二极管的特性

材　　料	禁带宽度/eV	峰值波长/nm	发 光 颜 色	外量子效率
GaP	2.24	565	绿光	10^{-3}
GaP	2.24	700	红光	3×10^{-2}
GaP	2.24	585	黄光	10^{-3}
$GaAs_{1-x}P_x$	1.84~1.94	620~680	红光	3×10^{-3}
GaN	3.5	440	蓝光	$10^{-4} \sim 10^{-3}$
$Ga_{1-x}Al_xAs$	1.8~1.92	640~700	红光	4×10^{-3}
GaAs:Si	1.44	910~1 020	红外光	0.1

由于二极管是自发辐射发光,没有谐振腔对波长的选择,所以谱线较宽,如图 3-2 所示。一般短波长 GaAlAs-GaAs LED 谱线宽度为 30 nm~50 nm,长波长 InGaAsP-InP LED 谱线宽度为 60 nm~120 nm。随着温度升高或驱动电流增大,谱线加宽,且峰值波长向长波长方向移动,短波长和长波长 LED 的移动速度分别为 0.2 nm/℃~0.3 nm/℃和 0.3 nm/℃~0.5 nm/℃。

3. 光束的空间分布

在垂直于发光面的面上,面发光 LED 辐射图呈朗伯分布,即 $P(\theta) = P_0 \cos\theta$,半功率点辐射角 $\theta = 120°$。对于边发光型 LED,$\theta_{\parallel} = 120°$,$\theta_{\perp} = 25° \sim 35°$。

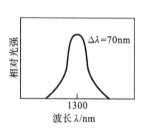

图 3-2　LED 光谱

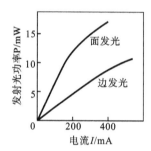

图 3-3　LED 的 P-I 曲线

4. 输出光功率特性

LED 的输出光功率特性如图 3-3 所示。驱动电流较小时,P-I 曲线的线性较好;电流过大时,由于 PN 结发热产生饱和现象,P-I 曲线的斜率减小。在通常情况下,LED 的工作电流为 (50~100) mA,输出光功率为几个毫瓦。

5. 响应时间

响应时间是表示 LED 反应速度的一个重要参数,尤其在脉冲驱动或电调制时显得十分重要。响应时间是指注入电流后 LED 启亮(上升)和熄灭(衰减)的时间。LED 的上升时间随着电流的增大近似地呈指数规律减小。直接跃迁的材料(如 $GaAs_{1-x}P_x$)的响应时间仅几个纳秒,而间接跃迁材料(如 GaP)的响应时间约为 100 ns。发光二极管可利用交流供电或脉冲供电以获得调制光或脉冲光,调制频率达几十兆赫兹。这种直接调制技术使 LED 在相位测距仪、能见度仪及短距离通信中获得应用。

6. 寿命

LED 的寿命一般是很长的,在电流密度小于 1 A/cm² 的情况下,寿命可达 10^6 h,即可连续工作 100 年。这是任何别的光源都无法与之竞争的。发光二极管的亮度随工作时间的增加而衰减,这就是老化。老化的快慢与电流密度 j 和老化时间常数 τ(约为 10^6 h·A/cm²)有关,其关系式为

$$L(t) = L_0 e^{-jt/\tau} \tag{3-3}$$

式中:L_0 为起始亮度;$L(t)$ 为点燃时间 t 后的亮度。

3.1.4　LED 的应用

随着科学技术的发展,电子设备的数字化和集成化越来越需要能显示较大信息量的显示器和全标度图标显示器。随着半导体材料的制备和工艺的发展,LED 已在指示和信息显示中占主导地位。

目前,LED 主要有以下几个方面的用途。

1. 用做指示灯

LED 正在成为指示灯的主要光源。LED 的寿命在数十万小时以上,为普通白炽灯的一百倍以上,而且有功耗小、发光响应速度快、亮度高、小型和耐振动等特点,在各种应用中占有明显优势。目前,各种商用制品中使用的 LED 灯有点、线及各种小平面等形式的,颜色有红色、黄色、橙色、绿色、蓝色等,各色 LED 都具有足够高的辉度,比白炽灯加彩色滤光器所发出的颜色更鲜艳。

2. 用于数字显示

利用 LED 进行数字显示,可采取点矩阵型和字段型两种方式。

点矩阵型数字显示时,使 LED 发光元件按矩阵排列,根据需要显示的数字只让相应的元件发光。为进行数字显示,通常需要 7 行 5 列的矩阵,共需 35 个元件。除数字之外,还可显示英文字符、罗马字符和日文假名等,其视认性也很好。

字段型数字显示时,在 LED 芯片的周围设置反射框,芯片上方或者装有光扩散用的扩散片,或者通过混有光扩散剂的环氧树脂,将芯片与其周围的结构模注塑在一起,由一个LED 即可构成长方形的均匀发光面。反射框所围的 LED 作为一个字段单位,其大小可以变化,由此可以构成任意尺寸的数字显示元件。字段型数字显示器多数为 7 字段型及 16 字段型的。

3. 用于平面显示

LED 还可用于平面显示。由于 LED 为固体元件,采用 LED 的显示器可靠性高,且与采用白炽灯的显示器相比功耗小。此外,发光二极管还可以用于制作大型阴极射线管(CRT)及液晶显示器(LCD)等。LED 平面显示器可分为单片型、混合型及点矩阵型等几大类。

单片型 LED 平面显示器是在同一基板单晶上使发光点形成字段状或矩阵状的平面显示元件。这种显示元件的特点是:在保证高密度像素的前提下,可实现超小型化。例如 GaP 绿色单片型 LED 平面显示元件,每个发光部分的尺寸和节距分别是 0.23 mm×0.23 mm 和0.28 mm,在 11.2 mm×11.2 mm 大小的单晶表面上可形成 1 600 个像素。

混合型平面显示器与单片型不同,它是在组装基板上使每个 LED 芯片排列成矩阵状而构成的显示元件。当用于大型画面时,通常将 3 000～4 000 个像素构成一个模块,在基板的背面设置驱动电路。例如,利用 GaP 多色 LED 芯片,该芯片可发出从红色到绿色的任何中间色的光,按 96×64=6 144 个像素排列的平面显示元件已进入实用阶段。

目前,用于室内、外显示的采用 LED 点矩阵型模块的大型显示器正处在迅速推广和普及

中。由于采用 LED 点矩阵型模块结构,显示板的大小可由 LED 发光点纵、横密集排列成任意尺寸;发光颜色可以是从红到绿的任意单色、多色,甚至全色;灰度可以从十数阶到几十阶分阶调节。与专用集成电路(IC)相结合,也可由电视信号驱动,进行电视画面显示。

4. 光源

LED 可用做各种装置或系统的光源,如电视机、空调等的遥控器的光源。在光电检测系统及光通信系统中,也可作为发射光源来使用。当然 LED 在这两个领域中的应用有一定限制,如由于相干长度短,LED 不适合作为大量程干涉仪的光源。在目前的数字光纤通信系统中,由于光纤存在色散特性,LED 的宽光谱将导致脉冲的展宽,限制系统的通信容量,因此 LED 只适合于低速率、短距离的光纤通信系统。

5. 光电开关、报警、遥控、耦合

LED 可用来制作光电开关、光电报警、光电遥控器及光电耦合器件等。

3.2　激　光　器

激光器作为一种新型光源,与普通光源有显著的区别。它利用受激发射原理和激光腔的滤波效应,使所发射光束具有一系列新的特点。激光作为光源已应用于许多科研及生产领域中。激光光源的应用促进了技术的发展,已成为十分重要的光源。

按照受激发射量子放大器的原理,要产生激光必须满足两个重要条件。第一,要在非热平衡系统中找到跃迁能级,也就是要找到实现能级粒子数反转的工作物质。在那里寿命较长的上能级粒子数要大于下能级粒子数。第二,要建立一个谐振腔。当某一频率信号(外来的或腔内自发的)在腔内谐振,即在工作物质中多次往返时,有足够的机会去感应处于粒子数反转状态下的工作物质,从而产生激光。被感应的辐射具有和去感应的辐射同方向、同位相、同频率、同偏振态的特点。这些被感应的辐射继续去感应其他粒子,造成连锁反应,雪崩似地获得放大,从而产生强烈的激光。

3.2.1　激光器的工作原理

激光器一般由工作物质、谐振腔和泵浦源组成,如图 3-4 所示。常用的泵浦源是辐射源或

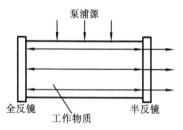

图 3-4　激光器工作原理

电源,利用泵浦源能将工作物质中的粒子从低能态激发到高能态,使处于高能态的粒子数大于处于低能态的粒子数,构成粒子数的反转分布,这是产生激光的必要条件。处于这一状态的原子或分子称为受激原子或分子。

当高能态粒子从高能态跃迁到低能态而产生辐射后,辐射波通过受激原子时会感应出同相位、同频率的辐射。这些辐射波沿由两平面构成的谐振腔来回传播时,沿轴线的来回反射次数最多,会激发出更多的辐射,从而使辐射能量放大。

这样,通过原子受激过程并经过放大的辐射通过部分透射的平面镜输出到腔外,便会产生激光。

要产生激光,激光器的谐振腔要经精心设计,反射镜的镀层对激光波长要有很高的反射率、很小的吸收率、很高的波长稳定性和机械强度。因此实用的激光器要比图 3-4 所示的复杂很多。

3.2.2　激光器的类型

目前已研制成功的激光器达数百种,输出波长范围从近紫外光到远红外光,辐射功率从几毫瓦到上万瓦。按工作物质分类,激光器一般可分为气体激光器、固体激光器、燃料激光器和半导体激光器等。

1. 气体激光器

气体激光器采用的工作物质很多,激励方式多样,发射波长也最广。

氦氖激光器中充有氦气和氖气,激光管用硬质玻璃或石英玻璃制成,管子的电极间施加几千伏的电压,使气体放电。在适当的放电条件下,氦氖气体成为激活介质。如果在管子的轴线上安装高反射比的反射镜作为谐振腔,则可获得激光输出。它主要输出光的波长有 632.8 nm、1.15 μm 和 3.39 μm。若反射镜的反射峰值设计在 632.8 nm,其输出功率为最大。氦氖激光器可输出一毫瓦左右至数十毫瓦的连续光,波长不确定度为 10^{-6} 左右,采用稳频措施后,不确定度可降至 10^{-12} 以下。氦氖激光器主要应用于精密计量、全息术、准直测量、印刷和显示等。图 3-5 所示为三种不同腔式结构的氦氖激光器。外腔式谐振腔的反射镜便于调节和更换。反射镜可用两块平面镜,或用两块凹面镜,也可用一块平面镜、一块凹面镜。如采用两块相同的凹面镜反射,并使二者间距等于球面的曲率半径,这样构成的谐振腔称为共焦腔。放电管两端窗口的法线与管轴成布儒斯特角,即全偏振角。这时,虽然垂直于纸面方向振动的偏振光经多次往返不断从窗口射出而损失,但是平行于纸面振动的偏振光却极少损失,满足谐振要求,并发出线偏振激光。

(a) 内腔式　　　　　　(b) 半内腔式　　　　　　(c) 外腔式

图 3-5　氦氖激光器示意图

2. 固体激光器

目前可供使用的固体激光器材料很多,同种晶体因掺杂不同也能构成不同特性的激光器材料。

红宝石激光器是最早制成的固体激光器,其结构原理如图 3-6 所示。将红宝石磨成直径为 8 mm、长度约为 80 mm 的圆棒,两端面抛光,形成一对平行度误差在 $1'$ 以内的平行平面镜,一端镀全反射膜,另一端镀透射比为 10% 的反射膜,激光由该端面输出。脉冲氙灯为螺旋形管,包围着红宝石作为光泵。两端面间构成长间距的法布里-珀罗标准具,光在两端面间多次反射,两端面间的距离满足干涉加强原理,即

$$2nL = k\lambda \tag{3-4}$$

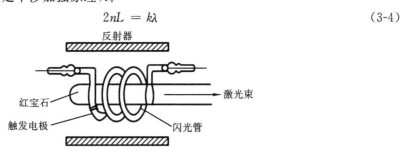

反射器

红宝石

激光束

触发电极

闪光管

图 3-6　红宝石激光器结构原理

式中:n 为红宝石的折射率;L 为两端镜面间的距离;λ 为被加强的波长;k 为干涉级。

红宝石激光器的两端面镜间形成谐振腔,它使轴向光束有更多的机会不断感应处于粒子数反转的激发态粒子,产生受激光,同时增强被加强波长光束的强度,并使谱线带宽变窄,从 10% 透射比的窗口输出激光。红宝石激光器输出激光的波长为 0.694 3 μm,脉冲宽度在 1 ms 以内,能量约为焦耳数量级,效率不到 0.1%。脉冲工作单色性差,相干长度仅几毫米。

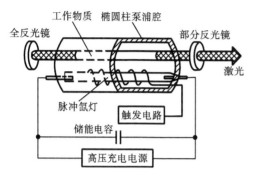

图 3-7　固体激光器典型结构

玻璃激光器常用钕玻璃作为工作物质,它在闪光氖灯照射下,在 1.06 μm 波长附近发射出很强的激光。钕玻璃的光学均匀性好,易做成大尺寸的工作物质,可做成大功率或大能量的固体激光器。目前利用掺铒(Er)玻璃制成的激光器,可产生对人眼安全的 1.54 μm 的激光。中小型固体激光器的典型结构如图 3-7 所示。

YAG 激光器是以钇铝石榴石为基质的激光器。随着掺杂的不同,可发出不同波长的激光。最常用的是掺钕(Nd)YAG 激光器,它可以在脉冲或连续泵浦条件下产生激光,波长约为 1.064 μm。掺杂其他工作物质的 YAG 激光器还有:掺钕:铒 YAG 激光器,可发出 1.06 μm 和 2.9 μm 双波长的激光;掺铒 YAG 激光器,可发出 1.7 μm 的激光;掺钬(Ho)YAG 激光器,可发出 2.1 μm 的激光;掺铬(Cr):铱(Ir):钬 YAG 激光器,可发出 2 μm 的激光;掺铬:铥(Tm):铒 YAG 激光器,可发出 2.69 μm 的激光。

其他还有许多不同材料和不同结构的固体激光器,如色心激光器、可调谐晶体激光器、板条激光器、管状激光器和串联激光器等。

3. 半导体激光器

半导体激光器是以半导体材料作为工作物质的激光器。其最常用的半导体材料为砷化镓(GaAs),其他的还有硫化镉(CdS)、碲锡铅(PbSnTe)等。其结构原理与发光二极管十分类似。如注入式砷化镓激光器,最常用波长为 0.84 μm,其结构如图 3-8 所示。将 PN 结切成长方块,其侧面磨成非反射面,二极管的两端面是平行平面并构成端部反射镜。大电流由引线输入,当电流超过阈值便产生激光辐射。

半导体激光器体积小、重量轻、寿命长,具有高的转换效率。如砷化镓激光器的效率可达 20%,寿命超过 10 000 h。

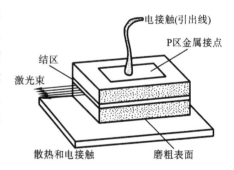

图 3-8　半导体激光器结构原理

半导体激光器是目前最被重视的激光器,它的商品化程度较高。随着半导体技术的快速发展,新型的半导体激光器也在不断出现。目前可制成单模或多模、单管或列阵形式的,波长为 0.4 μm～1.6 μm,功率为毫瓦数量级到瓦数量级的多种类型半导体激光器,应用于光通信、光存储、光集成、光计算和激光器泵浦等领域中。

3.2.3　激光器的特性

1. 单色性

普通光源发射的光,即使是单色光也有一定的波长范围,这个波长范围称为谱线宽度。谱线宽度越窄,单色性越好。例如,氦氖激光器发出的波长为 632.8 nm 的红光,对应的频率为 4.74×10^{14} Hz,它的谱线宽度只有 9×10^{-2} Hz,而普通的氦氖气体放电管发出的同样频率的光,其谱线宽度达 1.52×10^{9} Hz,比前者大 10^{10} 倍以上,因此激光的单色性比普通光高约 10^{10} 倍。目前普通单色气体放电光源中,发出的单色光最好的是同位素氪灯,它的谱线宽度约为 5×10^{-4} nm,氦氖气体激光器产生的激光谱线宽度小于 10^{-8} nm,可见它的单色性要比氪灯高几万倍。

2. 方向性

普通光源的光是均匀射向四面八方的,因此照射的距离和效果都很有限,即使是定向性比较好的探照灯,它的照射距离也只有几千米,直径为 1 m 左右的光束,不出 10 km 就扩大为直径为几十米的光斑了。而同样的光束,由氦氖气体激光器发射,可以得到一条细而亮的笔直光束。激光器的方向性一般用光束的发射角表示。氦氖激光器的发射角可达 3×10^{-4} rad,十分接近于衍射极限(2×10^{-4} rad);固体激光器的方向性较差,一般为 10^{-2} rad 数量级,而半导体激光器一般为 $5° \sim 10°$。

3. 高亮度

激光器由于发光面小、发散角小,因此可获得高的光谱辐射亮度,与太阳光相比可高出几个乃至十几个数量级。太阳光的亮度值约为 2×10^{3} W/($cm^2 \cdot$ sr),而常用的气体激光器发出的激光的亮度为 10^4 W/($cm^2 \cdot$ sr)$\sim 10^8$ W/($cm^2 \cdot$ sr)。用这样的激光器代替其他光源,可解决弱光照明带来的低信噪比问题,也为非线性光学测量创造了条件。

4. 相干性

由于激光器的发光过程是受激辐射,单色性好,发射角小,因此有很好的空间和时间相干性。如果采用稳频技术,氦氖稳频激光的线宽可压缩到 10 kHz,相干长度达 30 km。正因为如此,激光的出现使相干计量和全息技术发生了革命性的变化。激光的相干性在通信中也发挥着越来越大的作用。对具有高相干性的激光,可以进行调制、变频和放大等。由于激光的频率一般都很高,因此可以展宽频带,并能够同时传送大量信息。用一束激光进行通信,原则上可以同时传递几亿路电话信息,且通信距离远、保密性和抗干扰性强。

3.3　电致发光屏、液晶显示器件与电子束显示器件

3.3.1　电致发光屏

荧光材料在足够强的电场或电流作用下,被激发而发光,构成电致发光屏。电致发光屏按激发电源不同,有交流和直流电致发光屏两种。

1. 交流粉末场致发光屏

交流粉末场致发光屏的结构如图 3-9 所示,其中铝箔和透明导电膜为电极。透明导电膜通常用氧化锡制成;高介电常数的反射层常用搪瓷或钛酸钡等制成,用以反射光束,将光集中到上方输出;荧光粉层由荧光粉(ZnS)、树脂和搪瓷等混合而成,厚度很薄;玻璃板起支撑、保护和透光作用。为使发光屏发光均匀,每层的厚度都应十分均匀。

交流场致发光屏的工作原理是:由于发光屏两电极间距离很小,只有几十微米,所以即使在市电电压的作用下,也可得到足够高的电场强度,如 $E = 10^4$ V/cm 以上。粉层中自由电子在强电场作用下加速而获得很高的能量,它们撞击发光中心,使其受激而处于激发态。当激发

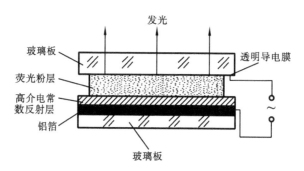

图 3-9 交流粉末场致发光屏的结构

态复原为基态时出现复合发光。由于荧光粉与电极间有高介电常数的绝缘层,自由电子并不导电,而是被束缚在阳极附近。在交流电的负半周,电极极性变换,自由电子在高电场作用下向新阳极的方向,也就是向与输入电压的正半周时相反的方向加速。这样重复上述过程,使之不断发光。

交流发光屏的工作特性与所加电压 U 和频率 f 有关。发光亮度 L 的经验公式为

$$L = Ae^{-b/\sqrt{U}} \tag{3-5}$$

式中:A 和 b 为与 f 有关的常数。

发光屏随工作时间 t 的增大而老化,发光亮度下降。发光屏的发光亮度可用下式表示:

$$L = \frac{L_0}{1 + t/t_0} \tag{3-6}$$

式中:t_0 为与工作频率有关的常数;L_0 为发光屏最初的发光亮度。

目前市场上供应的发光屏材料主要是 ZnS,所发出的光为绿色,峰值波长为 $0.48~\mu m \sim 0.52~\mu m$,发光亮度下降到初始值的 $1/3 \sim 1/4$ 时所对应的寿命约为 3 000 h。

交流粉末场致发光屏的优点是光发射角大,光线柔和,寿命长,功耗小,发光响应速度快,不发热,几乎无红外辐射和不产生放射线。其缺点是发光亮度低,驱动电压高和老化快。这种发光屏主要用于特殊照明、仪表中数字与符号的显示,以及模拟显示等。此外,在固体图像转换器中也有应用。

2. 直流粉末电致发光屏

直流粉末电致发光屏依靠传导电流产生激发发光。目前实用的发光材料是 ZnS:Cu、Mn,所发出的光为橙黄色。这种发光屏结构与交流发光屏类似。

直流发光屏具有光亮度较高、亮度会随传导电流的增大而迅速上升、驱动电路和制造工艺简单及成本低等优点。其主要缺点是效率低、寿命短。

这种发光屏的典型参数为:在 100 V 直流电压的激发下,光亮度约为 30 cd/m²;光亮度下降到初始值一半时所对应的寿命约为上千小时;发光效率为 0.2 lm/W ~ 0.5 lm/W。它适宜在脉冲激发下工作,主要用于数码、字符和矩阵的显示。

3. 薄膜电致发光屏

薄膜电致发光屏与粉末发光屏在形式上很相似,其结构如图 3-10 所示。在薄膜的两电极间施加适当的电压就可发光。可以制成交流或直流的薄膜电致发光屏。

直流薄膜发光屏主要有橙黄和绿两种颜色,工作电压为 10 V ~ 30 V,电流密度为 0.1 mA/mm²,发光亮度为 3 cd/m²,主光效率为 10^{-4} lm/W,寿命大于 1 000 h,可直接用集成电路驱动。

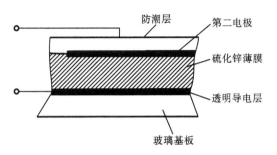

图 3-10　薄膜电致发光屏结构

交流薄膜发光只有橙和绿两种颜色,工作电压为 100 V～300 V,频率为几十到几千赫兹,发光亮度每平方米可达几百坎德拉,发光效率为 10^{-3} lm/W,寿命在 5 000 h 以上。

薄膜电致发光屏的主要特点是致密、分辨力高、对比度好,可用于隐蔽照明、固体雷达屏幕显示和数码显示等。

3.3.2　液晶显示器件

液晶显示器件(LCD)是利用液态晶体的光学各向异性特性,在电场作用下对外照光进行调制而实现显示的。自从 1968 年出现液晶显示器装置以来,液晶显示技术得到了很大发展,已经广泛应用于仪器仪表、计算机、袖珍彩电、投影电视等家用电器,以及工业和军用显示器领域。液晶显示器主要有以下特点:

① 液晶显示器件是厚度仅数毫米的薄形器件,非常适合于便携式电子装置的显示;

② 工作电压低,仅几伏,用 CMOS 电路直接驱动,实现了电子线路的小型化;

③ 功耗低,显示板本身每平方厘米功耗仅数十微瓦,采用背光源也仅 10 mW/cm² 左右,由外用电池长时间供电;

④ 采用彩色滤色器,易于实现彩色显示。

现在的液晶显示器的显示质量已经可以赶上阴极射线管(CRT)显示器,在有些方面甚至超过了阴极射线管显示器。

液晶显示器也有一些缺点,主要是:

① 高质量液晶显示器的成本较高;

② 显示视角小,对比度受视角影响较大;

③ 液晶的响应受环境影响,低温时响应速度较慢。

但是目前液晶显示器的成本已呈现明显的下降趋势;现在也已找到多种解决其视角小这一问题的方法,液晶显示器视角可接近阴极射线管显示器的水平,但仅限于档次较高的彩色 LCD 显示器。

液晶显示器的种类很多,下面介绍几种常见的液晶显示器件。

1. 扭曲向列型液晶显示器件(TN-LCD)

扭曲向列型液晶显示器件的基本结构如图 3-11 所示。在两块带有氧化铟锡(ITO)透明导电电极的玻璃基板上涂有称为取向层的聚酰亚胺聚合物薄膜,用摩擦的方法在表面形成方向一致的微细沟槽,在保证两块基板上沟槽方向正交的条件下,将两块基板密封成间隙为几个微米的液晶盒,采用真空压注法灌入正性向列相液晶并加以密封。由于上、下基板上取向槽方向正交,无电场作用时液晶分子从上到下扭曲 90°。在液晶盒玻璃基板外表面粘贴上线偏振

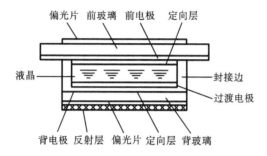

图 3-11　扭曲向列型液晶显示器件的基本结构

片,使起偏振片的偏振轴与该基片上的摩擦方向一致或垂直,并使检偏振片与起偏振片的偏振轴相互正交或平行,就构成了最简单的扭曲向列型液晶盒。

　　扭曲向列型液晶显示器件的工作原理:入射光通过偏振片后成为线偏振光,无电场作用时,根据线偏振光在扭曲向列液晶中的旋光特性,如果出射处的检偏振片的方向与起偏振片的方向垂直,旋转了 90°的偏振光就可以通过,因此有光输出,因而液晶层呈亮态。在有电场作用时,如果电场大于阈值场强,除了与内表面接触的液晶分子仍沿基板表面平行排列外,液晶盒内各层液晶分子的长轴都沿电场取向而成垂直排列的状态,此时通过液晶层的偏振光偏振方向不变,因而不能通过检偏振片,液晶层呈暗态,即实现白底上的黑字显示,称为正显示。同样,如果将起偏振片和检偏振片的偏振轴相互平行粘贴,则可实现黑底白字显示,称为负显示。要使扭曲向列液晶产生旋光特性,则必须满足以下条件:

$$d \cdot \Delta n \gg \lambda/2 \qquad\qquad (3-7)$$

式中:Δn 为液晶材料的折射率各向异性;d 为液晶盒的间距;λ 为入射光波长。对于一般的扭曲向列型液晶器件,取 $d=10\ \mu\mathrm{m}$。

2. 超扭曲向列型液晶显示器件(STN-LCD)

　　扭曲向列型液晶显示器件中液晶分子的扭曲角为 90°,其电光特性曲线不够陡。由于交叉效应,在采用无源矩阵驱动时,其多路驱动能力受限。理论分析和实验表明,把液晶分子的扭曲角从 90°增加到 180°～270°,可大大提高电光特性的陡度。图 3-12 所示为一组不同扭曲角下液晶盒中央平面上液晶分子的倾角和外加电压的关系曲线。可以看出,曲线的陡度随扭曲角的增大而增大。当扭曲角为 270°时,斜率达到无穷大。曲线陡度的提高可允许器件工作在较多的扫描行数下,但要求液晶分子在取向层界面上有较大的预倾角,这在规模生产中比较难以实现。扭曲角在 180°～240°范围内、相应预倾角在 10°以下,在生产中比较容易实现。这

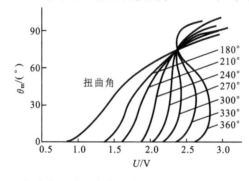

图 3-12　不同扭曲角下液晶盒中央液晶分子的倾角和外加电压的关系

种扭曲角在 180°～240°范围内的液晶显示器件称为超扭曲向列型液晶显示器件。

　　超扭曲向列型液晶盒的结构和扭曲向列型液晶盒的差别不大。超扭曲向列型液晶盒利用了超扭曲和双折射两种效应,是基于光学干涉的显示器件。其具体工作原理如图 3-13 所示。取扭曲角为 180°,起偏器偏振方向与液晶盒表面分子长轴在其上的投影方向为 45°,检偏器偏振方向与起偏器垂直。在不加电压时,由于射入超扭曲向列型液晶盒的偏振光方向与液晶分子长轴方向成一定角度,因而分解成两束(平常光和异常光)。两束光波通过液晶后产生光程差,从而在通过检偏器时产生干涉,呈现一定颜色。加电压后,由于两偏振片正交,光不能通过,呈现黑色。根据液晶层厚度的不同和起偏振片、检偏振片相对取向的不同,常有两种模式:在黄绿色背景上写黑字,称为黄模式;在蓝色背景上写灰字,称为蓝模式。为了对超扭曲向列型液晶盒的有色背景进行补偿,实现黑白显示,常采用两种方法:双盒补偿法(DSTN)和补偿膜法(FSTN)。双盒补偿法是在原有超扭曲向列型液晶盒的基础上加一只结构参数完全一致但扭曲方向相反的另一只液晶盒,这种方法补偿效果好,但产品重量加大,成本较高。目前广泛采用的是补偿膜法,用一层或二层特制的薄膜代替补偿盒,这层膜可与偏振片贴在一起。实现黑白显示后,再加上彩色滤色器,就可以得到彩色超扭曲向列型液晶盒。

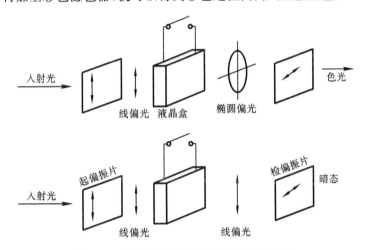

图 3-13 超扭曲向列型液晶盒工作原理示意

3. 有源矩阵液晶显示器件(AM-LCD)

　　超扭曲向列型液晶盒采用简单矩阵驱动,没有从根本上克服交叉效应,也没有解决因扫描行数增加、占空比下降所带来的显示质量劣化问题。因此,人们在每一个像素上设计一个非线性的有源器件,使每个像素可以被独立驱动,以克服交叉效应。依靠存储电容的帮助,液晶像素两端的电压可以在一帧时间内保持不变,使占空比提高到接近 1,从原理上消除了扫描行数增加时对比度降低的矛盾,获得高质量的显示图像。

　　有源矩阵液晶显示器采用了像质最优的扭曲向列型液晶显示材料。有源矩阵液晶显示器根据有源器件的种类分二端型和三端型两种。二端型以采用金属-绝缘体-金属(MIM)二极管阵列为主,三端型以采用薄膜晶体管(TFT)为主。

　　1) 二端有源矩阵液晶显示器件

　　二端有源矩阵液晶显示器件的电极排列结构如图 3-14 所示。图 3-15 为 MIM 矩阵等效电路,MIM 二极管与液晶单元串联。二端有源器件是双向性二极管,正、反方向都具有开关特性。R_{MIM}、C_{MIM} 分别是二端器件的等效非线性电阻和等效电容,R_{LC}、C_{LC} 分别为液晶单元的等效电阻和等效电容。由于 MIM 二极管阵列面积相对于液晶单元面积很小,故 $C_{MIM} \ll C_{LC}$。当扫描电压和信号电压同时作用于像素单元时,二端器件处于断态,R_{MIM} 很大,且 $C_{MIM} \ll C_{LC}$,电压主要加在 C_{MIM} 上。当此电压大于二端器件的阈值电压时,二端器件进入通态,R_{MIM} 迅速减小,以大的通态电流对 C_{LC} 充电。一旦 C_{LC} 上充电电压的均方根值 U_{rms} 大于液晶的阈值电压 U_{th} 时,该单元即处在显示状态。当扫描移到下一行时,原来单元上的外加电压消失,二端器件恢复到断态,R_{MIM} 很大,接近开路,此时 C_{LC} 上的信号电荷只能通过 R_{LC} 缓慢放电。如果参数合适,可使此放电过程在之后一帧时间内还维持 $U_{rms} \geqslant U_{th}$。因此该液晶单元不仅在选址期内而且在以后的一帧时间内都保持显示状态,这就解决了简单矩阵随着占空比的下降而引起对比度下降的问题。

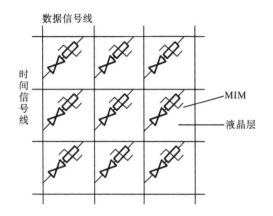

图 3-14　MIM 液晶显示器件电极排列结构

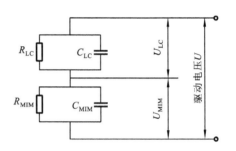

图 3-15　MIM 液晶显示器件等效电路

2) 三端有源矩阵液晶显示器件

三端有源矩阵液晶显示器件在每个像素上都串入一个薄膜晶体管,它的栅极 G 接扫描电压,漏极 D 接信号电压,源极 S 接 ITO(铟锡氧化物)像素电极,与液晶像素串联。其单元等效电路如图 3-16 所示。液晶像素可以等效为一个电阻 R_{LC} 和一个电容 C_{LC} 的并联。当扫描脉冲加到 G 上时,D-S 导通,器件导通电阻很小,信号电压产生大的通态电流 I_{on} 并对电容 C_{LC} 充电,很快充到信号电压值。一旦 C_{LC} 的充电电压 U_{rms} 值大于液晶像素的阈值电压 U_{th},该像素便产生显示。当扫描电压移到下一行时,单元上的栅压消失,D-S 断开,器件断态电阻很大,C_{LC} 的电压只能通过 R_{LC} 缓慢放电。只要选择电阻率很高的液晶材料,就可使此后一帧时间内 C_{LC} 上的电压始终大于 U_{th},使该单元像素在一帧时间内都在显示,这就是所谓的存储效应。存储效应使显示器的占空比为 1∶1,不管扫描行数增加多少,都可以得到对比度很高的显示质量。可见,三端有源矩阵液晶显示器件的工作原理和二端有源矩阵液晶显示器件的基本相同,只是由于薄膜晶体管的性能更加优越,它的通态电流 I_{on} 更大,断态电流 I_{off} 更小,开关特性的非线性曲线更陡,因而其显示性能也更好。

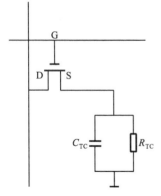

图 3-16　三端有源矩阵液晶显示器件单元等效电路

三端有源液晶显示器件中的薄膜晶体管目前以 α-Si 型和 P-Si 型为主流。α-Si 型即以非晶硅方式制作,其特点是用低温 CVD 方式即可成膜,容易大面积制作。P-Si 型即以多晶硅方式制作,其内部迁移率高,可以将周边驱动电路集成在液晶层上,降低引线密度,实现 α-Si 薄膜晶体管显示器难以达到的轻、薄等要求,同时可缩小薄膜晶体管的面积,在达到高解析度的同时,保持或实现更高的开口率,满足提高亮度、降低功耗的要求。

三端有源矩阵液晶盒工艺和扭曲向列型液晶盒类似,但是面积大、精度高、环境要求严,因此设备体系与扭曲向列型液晶盒完全不同,自动化程度要高几个量级。薄膜晶体管矩阵的制作工艺是玻璃基板上大面积成膜技术(如溅射、化学气相沉积和真空蒸镀等)和类似于制造大规模集成电路的微米级光刻技术的结合,薄膜晶体管的图形虽然没有集成电路那样复杂,但要求在大面积上均匀一致,且只允许极少的缺陷率。

3.3.3 等离子体显示器件

等离子体显示器件(PDP)是继液晶显示器件后发展起来的等离子平面屏幕技术的新一代显示器件。等离子体显示技术是利用气体放电原理实现的一种发光型平板显示技术。由于等离子体显示器件具有显示清晰、信号稳定、显示面积较大和接口简单等特点,因而非常适用于对显示要求较高的场合。

等离子体显示器件的出现,使得中大型尺寸(40 in~70 in,1 in=25.4 mm)显示器的发展应用产生了极大的变化。等离子体显示器件具有超薄体型,重量远小于传统大尺寸阴极射线管电视,在高解析度、不受磁场影响、视角广及主动发光等方面胜于三端有源器件显示器的特点,完全符合多媒体产品轻、薄、短、小的需求,被视为未来大尺寸显示器发展的主流。

1. 等离子体显示器件的原理与类型

等离子体显示器是以等离子体显示平板为显示器件的大屏幕显示系统,它采用等离子管作为发光元件,采用的是一种自发光平面显示技术。显示器屏幕由大量的等离子管排列在一起构成,每个等离子管对应的每个小低压气体室内都充有氖、氙等惰性气体。当在等离子管电极间加上高压后,就会使等离子管小室中的气体放电,利用等离子效应而释放出紫外线,照射涂覆在平板显示屏的玻璃管壁上的红、绿、蓝三原色荧光粉,从而发出不同的可见光。每个等离子管就是一个像素,由这些像素的明暗和颜色变化就合成了一幅各种灰度和彩色的图像,实际上类似于显像管的发光。从结构上看,就像把数十万至数百万个气体微型荧光灯(即放电单元)按一定排列方式浓缩在两块平板玻璃之间。制作时,在两块平板玻璃基板之间通过许多障壁将放电空间隔成若干放电单元。每个显示单元都设有一组电极,并按一定形式排列,在单元内壁上分别涂敷有红、绿、蓝荧光粉。通过外部电路对所有放电单元按一定方式进行控制,并完成三基色的空间混色,即可达到多色或全色显示。

等离子体显示器按其工作方式可分为电极与气体直接接触的直流型等离子体显示器和电极上覆盖介质层的交流型等离子体显示器两大类。目前研究开发的彩色等离子体显示器的类型主要有三种:单基板式(又称为表面放电式)交流等离子体显示器、双基板式(又称为对向放电式)交流等离子体显示器和脉冲存储直流等离子体显示器等。

1) 直流等离子体显示器(DC-PDP)

此种类型显示器中放电气体与电极直接接触,电极外部串联限流电阻,其所发出的光位于阴极表面,且是与电压波形一致的连续发光。该类显示器按直流驱动方式又可分为刷新型和自扫描型两种。

2) 交流等离子体显示器(AC-PDP)

此种类型显示器中放电气体与电极由透明介质层相隔离,隔离层为串联电容,起限流的作用,放电因受该电容的隔直流、通交流作用,需用交变脉冲电压驱动。因此,其电极无固定的阴极和阳极之分,所发出的光位于两电极表面,是交替脉冲式发光。交流等离子体显示器按交流驱动方式可分为刷新型和存储效应型两种。此外,还可分为表面放电式和对向放电式。

全彩色交流荫罩式等离子体显示器(SM-PDP)是交流等离子体显示器的一种。这种类型的显示器以金属荫罩代替传统的绝缘介质障壁,具有制作工艺简单、易于实现大批量生产的特点,并且还具有放电电压低、亮度高、响应频率快的优点。

目前的等离子体显示器产品多以交流型为主,并可按照电极的安排区分为两种结构:二电极对向放电和三电极表面放电。

2. 等离子体显示器件的优缺点

等离子体显示器件具有如下优点:

① 薄型大面积显示,宽视角,可做壁挂;

② 屏幕不存在聚焦,图像惰性小,响应速度快;

③ 可实现全色彩显示,图像清晰、色彩鲜艳;

④ 屏幕亮度非常均匀,无图像畸变,即使边缘也无扭曲失真;

⑤ 显示器发光是自发光,具有存储功能,其显示亮度高、对比度高;

⑥ 不受磁场影响,环保无辐射,对人眼无伤害;

⑦ 结构整体性好,抗震与抗电磁干扰能力强,适合在恶劣环境下工作;

⑧ 以全数字化模式工作,有双稳态特性,便于数字化信号处理;

⑨ 伏安特性非线性强,可实现 2 000 线以上选址,有齐全的输入接口。

但是,等离子体显示器件也有如下缺点:

① 功耗大,要注意散热;

② 显示屏玻璃极薄,要防止重压与高的大气压;

③ 只能采用大屏幕,不能采用小屏幕;

④ 不能在海拔 2 000 m 以上使用;

⑤ 制造成本偏高;

⑥ 寿命比液晶显示器短。

由于等离子显示器件的以上特点,彩色等离子显示器在大屏幕(对角线为 1 m～1.5 m)显示方面具有明显的优势。目前,等离子体显示的关键技术难点已基本突破,彩色等离子体显示除用于普通彩电及计算机终端外,还可用于军事指挥中心军用地图、部队部署状况及敌我双方作战态势等信息的显示,专门用于工业生产过程监控、航天发射状况监控及高清晰度电视(HDTV)等的彩色等离子体显示器也已研制生产。彩色等离子体显示器的发展方向是实现全色、提高发光效率、提高使用寿命、扩展存储容量、降低功耗与成本,并实现大批量生产。

3.4　热辐射光源与气体放电光源

3.4.1　热辐射光源

任何物体只要其温度大于热力学零度,就会向外界辐射能量,其辐射特性与温度有关。物体靠加热保持一定温度,内能不变而持续辐射能量的形式称为热辐射。热辐射光源是一种非相干的光源,发光物体在热平衡状态下,将热能转变为光能即成为热辐射光源。热辐射光源有以下几个特点：

① 它们的发光特性都可以利用普朗克公式进行精确的估算，即可以精确掌握和控制它们的发光或辐射性质；

② 它们发出的光构成连续的光谱，且光谱范围很宽，因此使用的适应性强，但在通常情况下，紫外辐射含量很少，这又限制了这类光源的使用范围；

③ 采用适当的稳压或稳流供电，可使这类光源获得很高的稳定度。

热辐射光源除了用于照明或在各种光学和光电探测系统中充当一般光源外，还可用做光度或辐射度测量中的标准光源或标准辐射源，这时它们的作用是完成计量工作中的标准光度量或辐射度量的量值的传递。

1．黑体模拟器

在军用红外光电信息技术和光电系统中，往往需要这样一种辐射源：它的角度特性和光谱特性酷似理想黑体的特性。这种辐射源常称为黑体模拟器。

图 3-17 是一种黑体模拟器的结构示意图。圆柱体状的内芯是用热传导性能优良、表面耐氧化的材料制成的，如黄铜或不锈钢。其内空腔可以是锥状、圆柱状或者圆柱-锥状，空腔内表面也可以选择一种热稳定性及吸收特性优良的材料。内芯外面覆一层石棉、云母等绝缘层，再在外面绕电热丝（如镍铬丝），并在其上通以可精确监控的电流，保证腔体温度的准确调节和分布的均匀性，由电热丝外面的绝缘层隔绝黑体温控腔与外界环境的热对流。在内芯里还埋设了一个或数个热电元件，作为测温和控温的传感器。黑体总辐射出射度和它的温度的四次方成正比，因此，对实际工作温度的精确测量和控制是黑体能产生已知且稳定的辐射的关键。黑体的前部为一小孔，表面抛光的小孔板和内腔构成了黑体腔的雏形，使这种黑体模拟器的发射率达 0.95～0.999。

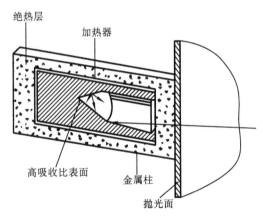

绝热层　　加热器

高吸收比表面　　金属柱　　抛光面

图 3-17　黑体模拟器的结构

目前的黑体模拟器最高工作温度为 3 000 K，而实际应用时大多是在 2 000 K 以下。温度过高时不仅要消耗大量的电功率，而且会使内腔表面材料的氧化加剧。

2．白炽灯

白炽灯是工程照明和光电测量中最常用的光源之一。白炽灯发射的是连续光谱，在可见光谱段中部，其辐射能量密度和黑体辐射曲线相差约 0.5%，而在整个光谱段内，则和黑体辐射曲线平均相差 2%。此外，白炽灯使用和量值复现方便，它的发光特性稳定，寿命长，因而也广泛用做各种辐射度量和光度量的标准光源。

白炽灯有真空钨丝白炽灯、充气钨丝白炽灯和卤钨灯等。光辐射由钨丝经通电加热后发出。真空钨丝白炽灯的工作温度为 2 300 K～2 800 K,光效约为 10 lm/W。由于钨的熔点约为3 680 K,进一步增加钨的工作温度会导致钨的蒸发率急剧上升,从而使灯的寿命骤减。

充气钨丝白炽灯由于在灯泡中充入和钨不发生化学反应的氩、氮等惰性气体,由钨丝蒸发出来的钨原子在和惰性气体原子碰撞时,部分钨原子能返回灯丝,这样可有效地抑制钨的蒸发,从而使白炽灯的工作温度提高到 2 700 K～3 000 K,光效相应提高到 17 lm/W。

如果在灯泡内充入卤钨循环剂(如氯化碘、溴化硼等),在一定温度下可以形成卤钨循环,即蒸发的钨和玻璃壳附近的卤素合成卤钨化合物,而该卤钨化合物扩散到温度较高的灯丝周围时,又分解成卤素和钨。这样,钨就重新沉积在灯丝上,而卤素扩散到温度较低的泡壁区域再继续与钨化合。这一过程称为钨的再生循环。为了使玻壳区的卤钨化合物呈气态,而不至于凝结在它上面,玻壳温度不能太低,如碘钨灯的管壁温度应高于 250 ℃。但管壁温度也不能太高,否则卤钨化合物就要部分分解,造成泡壳发黑。卤钨循环进一步提高了灯的寿命,灯的色温可达 3 200 K,光效率也相应提高到 30 lm/W。

图 3-18 所示为用于光度量计量的几种标准灯。

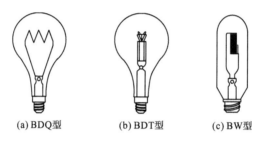

图 3-18　几种标准灯的外形

图 3-18(a)所示为 BDQ 型发光强度标准灯,用来传递和复现发光强度单位(cd)的量值。发光强度标准灯是通过精确控制流过灯丝的直流电流,复现在规定的色温下和在灯丝平面中心的法线方向上的发光强度。它要求灯丝的结构为一平面形,每根灯丝都要均匀地排列并支挂在一个平面上。同时,为了使灯丝成为发光强度标准灯的唯一发光体,应使玻壳的反射中心与灯丝重叠。图 3-18(b)所示为 BDT 型光通量标准灯,用来传递和复现光通量。光通量标准灯的灯丝是旋转对称的,使电压与灯参数的变化曲线(即光分布)在各旋转方向尽可能一致。图 3-18(c)所示为 BW 型温度标准灯,它的发光体是一条狭长的钨带,当通以电流时,钨带炽热发光。由于钨带两端与电极相连,钨带上各区域色温不均匀,因此一般取中心的 1/3 区域作为标准发光区。温度标准灯主要用在 800 ℃～2 500 ℃范围内,复现和检定光学高温计及某些以光电高温计作为标准的温度源,也可以代替能量标准灯使用。

3.4.2　气体放电光源

利用气体放电原理制成的光源称为气体放电光源。制作时在灯中充入发光用的气体,如氢、氖、氙、氮或金属蒸气,如汞、钠、铊等,这些元素的原子在电场作用下电离出电子和正离子。正离子向阴极、电子向阳极运动时被电场加速,当它们与气体原子或分子高速碰撞时会被激励而放出新的电子和正离子。在碰撞过程中有些电子会跃迁到高能级,引起原子的激发。受激原子回到低能级时会发射出相应的辐射。这样的发光机制称为气体放电。

气体放电光源具有以下特点：

① 发光效率高，比同功率的白炽灯发光效率高 2～10 倍，因此具有节能的特点；

② 由于不靠灯丝本身发光，电极可以做得牢固紧凑，耐震、抗冲击；

③ 寿命长，一般比白炽灯寿命长 2～10 倍；

④ 光色适应性强，可在很大范围内变化。

由于上述特点，气体放电光源具有很强的竞争力，在光电检测和照明中得到广泛应用。气体放电光源可分为开放式气体放电光源和封闭式电弧放电光源两种。

1. 开放式气体放电光源

这类光源是将两电极直接置于大气中，通过极间放电而发光，所以称为开放式光源。

1）直流电弧

它采用碳或金属作为工作电极，在外加直流电源供电下工作，点燃时需先将两电极短暂接触，然后松开而随之起弧。电弧的炽热阴极发射电子，电子在两电极间的电场作用下加速，并与极间气体原子和分子碰撞，使它们电离。所有这些带电粒子又被加速，再碰撞其他气体原子和分子，从而形成电弧等离子体，由于其温度甚高而发出光辐射。

直流电弧中有两个光辐射区：极间等离子体的辐射和炽热电极的辐射。炽热电极的辐射光谱是连续的。采用纯碳电极时，其辐射光谱可由 0.23 μm 延伸到远红外区。在等离子体中产生受激原子或离子的线状光谱，其光谱范围由可见光向短波区延伸，直到大气吸收限 0.184 μm 为止。

等离子体电弧发出的线状光谱是由空气中各气体成分和杂质决定的。为了丰富电弧的线状光谱，改善照明或工作特性，可在正电极的碳棒中加入适量的稀土金属（如铈、钐、镧等）的氟化物。

当采用金属作为电极时，电弧可以很好地激发电极所含元素的谱线，从而可用于对材料成分的光谱分析。直流电弧的稳定性差，必要时需采取稳定措施。

2）高压电容火花

这是利用高压在两电极间产生火花放电，其原理如图 3-19 所示。在低压交流供电电路中接入 0.5 kW～1 kW 功率的变压器 T，将电压升高到 1×10^4 V～1.2×10^4 V，在变压器的次级电路中，接入与火花隙 F 并联的电容 C，其值为 0.001 μF～0.01 μF。有时还串入电感 L，其值为 0.01 mH～1 mH，或利用导线本身的自感。

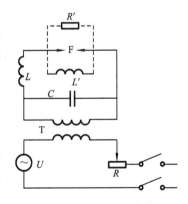

图 3-19　高压电容火花

当极间电压升到某临界值时，F 处产生击穿，电流在极间产生火花使电容放电。由于电感的作用，电容器反复充电和放电，形成振荡的形式。两电极间相互反复放电产生往返的火花。

高压电容火花的工作比直流电弧要稳定得多。为进一步提高其稳定性，可在火花隙间并联电阻 R' 和电感 L'。

火花光谱为线状光谱，主要是由激发离子引起的，所以其辐射虽有电极元素的发光，但主要是大气元素的发光。该光源可用于研究吸收或发射光谱的分光光度计。

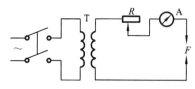

图 3-20　高压交流电弧电路原理

3）高压交流电弧

高压交流电弧的电路原理如图 3-20 所示。当次级回路电压升到 2 kV～3 kV,串联电阻为 2 kΩ～3 kΩ 时,在两电极间将产生交流电弧。当然,实际电路要复杂得多。这种电弧的好处在于:只要适当选择电路相关参数,很容易使其发光,或以弧线光谱为主,或以火花线光谱为主。这一特性对发射光谱的分析有着很重要的意义。

4）炭弧

炭弧主要用于照明,其按发光类型不同又可分为普通炭弧、火焰炭弧和高强度炭弧。它们一般都采用直流供电,只有火焰炭弧可以交流供电。

由于放电时阳极剧烈发热引起炭的蒸发,在阳极中心形成稳定的喷火口。如在炭弧电极中加入钙、钡、铁、镉等金属化合物,将增大发光强度。这时的发光主要不是炭电极的喷火口,而是金属蒸气电离发光,占总量的 70%～90%。这时炭弧就像火焰那样,所以称为火焰炭弧。它的主要优点是在加入不同元素时,可以获得所需光谱辐射的输出。

2. 气体灯

气体灯是将电极间的放电过程密封在泡壳中进行的,所以又称为封闭式电弧放电光源。

气体灯的特点是辐射稳定,功率大,且发光效率高。因此,在照明、光度学和光谱学中都起着很重要的作用。

气体灯是在封闭泡壳内的某种气体或金属蒸气中发生封闭式电弧放电。这里主要不是金属电极的辐射,而是电弧等离子体本身的辐射,所以气体灯的电极常用难熔金属材料制成。气体灯中除弧光放电灯外,也有利用辉光放电或辉光与弧光中间形式光放电的光源。

辉光放电的原理为:管内总有一些带电粒子,它们在电场作用下向相应电极运动并加速;被加速的粒子撞击管内气体分子使其电离,从而增加了管内自由电荷,其中一部分到达并撞击电极,从电极打出足以激发气体发光的一次电子,而另一部分则在运行途中与气体分子相撞,或者将它们电离,或者使它们激发发光,从而形成辉光放电。

气体灯的种类繁多,灯内可充以不同的气体,如氩、氖、氢、氦、氙等气体,或金属蒸气,如汞、钠、金属卤化物等,从而形成不同放电介质的多种灯源。气体灯内充有同种材料时,由于结构不同又可有多种,如汞灯就可分为以下三种:

① 低压汞灯,管内气压低于 0.8 Pa,它又可分为冷阴极辉光放电型和热阴极弧光放电型两类;

② 高压汞灯,管内气压为 1 atm～5 atm(1 atm＝101 325 Pa),其发光效率可达 40 lm/W～50 lm/W;

③ 超高压汞灯,管内气压可达 10 atm～200 atm。

又如,氙灯有长弧氙灯和短弧氙灯之分,它们都有自己的发光效率、发光强度、光谱特性、启动电路及具体结构等。下面介绍几种较为特殊的气体灯。

1）脉冲灯

脉冲灯的特点是能在极短的时间内发出很强的光辐射,其工作电路原理如图 3-21 所示。直流电源电压经充电电阻 R,使储能电容 C 充电到工作电压 U_c。U_c 一般低于脉冲灯的击穿电压 U_b,而高于灯的着火电压 U_z。脉冲灯的灯管外绕有触发丝。工作时在触发丝上施加高的脉冲电压,使灯管内

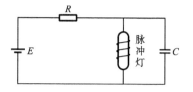

图 3-21　脉冲灯工作电路原理

产生电离火花线,火花线大大减小了灯的内阻,使灯"着火"。电容 C 中储存的大量能量可在极短的时间内通过脉冲灯,产生极强的闪光。脉冲灯是除激光器外最亮的光源。

由于这种灯的亮度高,所以被广泛用做摄影光源、激光器的光泵和印刷制版的光源等。例如,照相用的万次闪光灯就是一种脉冲氙灯,它的色温与日光接近,适于用做彩色摄影的光源。

在固体激光装置中,常把脉冲氙灯用做泵浦光源。这时的氙灯有直管形和螺旋形两种,发光时能量可达几千焦耳,而闪光时间只有几毫秒,可见有很大的瞬时功率。

2）燃烧式闪光泡

这种灯泡只能使用一次,所以又称为单次闪光泡,它的特点是瞬时发光强度大、耗电少、体积小、携带方便等。

闪光泡的结构及电路原理如图 3-22 所示。点燃前用 3 V～15 V 的直流电流经电阻 R 和闪光泡内的钨丝给电容 C 充电。需要点燃闪光泡时,将开关 S 闭合,电容 C 迅速通过钨丝放电,其放电电流很大,使钨丝升温并很快达到炽热状态。在钨丝发出的高温和引燃剂的同时作用下,泡内锆丝在氧气中剧烈燃烧,放出大量能量,把由锆和氧燃烧时产生的二氧化锆加热到白炽状态,从而使闪光泡产生耀眼的强光。

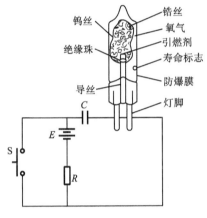

图 3-22　闪光泡的结构及电路原理

图 3-23　原子光谱灯结构

3）原子光谱灯

原子光谱灯又称空心阴极灯,其结构如图 3-23 所示。圆筒形阴极封在玻壳内,玻壳上部有一个透明的石英窗。工作时窗口透射出放电辉光,其光谱主要是阴极金属的原子光谱。空心阴极放电的电流密度可比正常辉光高 100 倍以上,而电流虽大,但温度不高,因此发光的谱线不仅强度大,而且光谱带宽很小。如金属钙的原子光谱波长为 4 226.7 Å（1 Å$=10^{-10}$ m）时,光谱带宽为 3.3 Å 左右,同时它输出的光稳定。原子光谱灯可制成单元素型或多元素型,加之填充的气体不同,这种灯的品种很多。

原子光谱灯的主要作用是引出标准谱线的光束、确定标准谱线的分光位置,以及确定吸收光谱中的特征波长等。它主要用在元素（特别是微量元素）光谱分析装置中。

3.5　光电耦合器件

将发光器件与光电接收器件组合成一体,制成的具有信号传输功能的器件,称为光电耦合器件。光电耦合器件是以光为媒质把输入端的电信号耦合到输出端的,因此也称为光耦合器。

根据结构和用途,光电耦合器件可分为两类:一类为光电隔离器,其功能是在电路之间传送信息,以实现电路间的电气隔离和消除噪声影响;另一类为光传感器,它是一种固体传感器,主要用于检测物体的位置或检测物体的有无。这两类器件都具有体积小、寿命长、无触点、抗干扰能力强、输出和输入之间绝缘、可单向传输模拟或数字信号等特点,因此被广泛用于隔离电路、开关电路、数/模转换电路、逻辑电路,以及长线传输、高压控制线性放大、电平匹配等单元电路。

光电耦合器件的发光器件常采用 LED、半导体激光器(LD)和微型钨丝灯等。光电接收器件常采用光电二极管、光电三极管、光电池及光敏电阻等。由于光电耦合器件的发送端与接收端是电、磁绝缘的,只通过光信息联系,因此,在实际应用中它具有许多优点,已成为各类检测、控制技术领域中必不可少的重要器件。

3.5.1 光电耦合器件的结构

光电耦合器件的基本结构如图 3-24 所示。图 3-24(a)所示为将发光器件(发光二极管)与光电接收器件(光电二极管或光电三极管等)封装在黑色树脂壳内构成的光电耦合器件。图 3-24(b)所示为将发光器件与光电接收器件封装在金属壳内构成的光电耦合器件。发光器件与光电接收器件靠得很近,但并不接触,它们之间具有很好的电气绝缘特性,绝缘电阻常高于兆欧量级,信号则通过光进行传输。因此,光电耦合器件具有脉冲变压器、继电器和开关电器的功能,而它的信号传输速度、体积、抗干扰性等则是上述器件所无法比拟的。

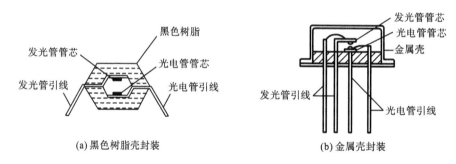

(a) 黑色树脂壳封装　　　　　　(b) 金属壳封装

图 3-24　光电耦合器件的基本结构

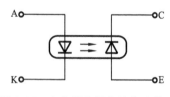

图 3-25　光电耦合器件的电路符号

光电耦合器件的电路符号如图 3-25 所示。图中的发光二极管和光电二极管泛指一切发光器件和光电接收器件。

图 3-26 所示为几种不同封装的光电耦合器件的外形。图 3-26(a)所示为采用三种不同安装方式的对射式光电耦合开关。光电发射器件与光电接收器件分别安装在整个器件的两臂上,分离尺寸一般为 4 mm～12 mm,分开的目的是要检测两臂间是否存在物体,以及物体的运动速度等参数。图 3-26(b)所示为反光型光电耦合器,LED 和光电二极管被封装在一个壳体内,两者的发射光轴与接收光轴之间的夹角为锐角,LED 发出的光被被测物体反射,并被光电二极管接收,构成反光型光电耦合器。图 3-26(c)所示为另一种反光型光电耦合器,LED 和光电二极管平行封装在一个壳体内,LED 发出的光可以被较远位置上放置的器件反射到光电二极管的光敏面上。显然,这种反光型光电耦合器要比成锐角的耦合器作用距离远。图 3-26(d)所示为双列直插封装(DIP)形式的光电耦合器。这种封装形式的器件有

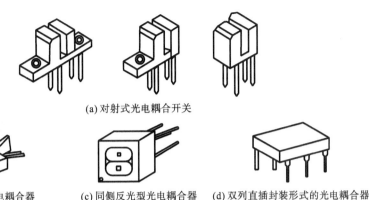

(a) 对射式光电耦合开关

(b) 反光型光电耦合器   (c) 同侧反光型光电耦合器   (d) 双列直插封装形式的光电耦合器

图 3-26　几种不同封装的光电耦合器件的外形

多种,可将几组光电耦合器以 DIP 方式封装在一起,用于多路信号的隔离传输。

3.5.2　光电耦合器件的基本特性

光电耦合器件的主要特性有输入特性、输出特性、传输特性和抗干扰特性等。光电耦合器件的输入特性实际上就是作为输入端的发光二极管的特性,而输出特性是作为器件输出端的光敏二、三极管等检测器件的特性。这里只介绍传输特性与抗干扰特性。

1. 传输特性

光电耦合器件的传输特性就是输入-输出间的特性,它可用下列几个性能参数来描述。

1) 电流传输比 β

在直流工作状态下,光电耦合器件的集电极电流 I_C 与发光二极管的注入电流 I_F 之比,称为光电耦合器件的电流传输比,用 β 表示。图 3-27 所示为光电耦合器件的输出特性曲线,在其中部取一工作点 Q,它所对应的发光电流为 I_{FQ},对应的集电极电流为 I_{CQ},因此,该点的电流传输比为

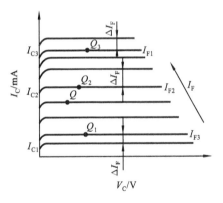

$$\beta_Q = \frac{I_{CQ}}{I_{FQ}} \times 100\% \qquad (3\text{-}8)$$

当工作点选在靠近截止区的 Q_1 点时,虽然发光电流 I_F 变化 ΔI_F,但相应的 ΔI_{C1} 变化量却很小。这样,很明显 β 值要变小。同理,当工作点选在接近饱和区的

图 3-27　光电耦合器件的输出特性曲线

Q_3 点时,β 值也要变小。这说明工作点选择在输出特性的不同位置时,就具有不同的 β 值。因此,在传送小信号时,用直流电流传输比是不恰当的,而应当用所选工作点 Q 处的小信号电流传输比来计算。这种以微小变量定义的传输比称为交流电流传输比,用 $\tilde{\beta}$ 来表示,即

$$\tilde{\beta} = \frac{\Delta I_C}{\Delta I_F} \times 100\% \qquad (3\text{-}9)$$

对于输出特性线性度比较好的光电耦合器件,β 值很接近 $\tilde{\beta}$ 值。一般在线性状态下使用时,都尽可能地把工作点设计在线性工作区;对于开关使用状态,由于不关心交流与直流电流传输比的差别,而且在实际使用中直流传输比便于测量,因此通常都采用直流电流传输比 β。

　　需要指出的是,光电耦合器件的电流传输比与晶体三极管的电流放大倍数都是输出与输入电流的比值,从表面上看是一样的,但它们却有本质的差别。在晶体三极管中,集电极电流 I_c 总是比基极电流 I_b 大许多倍,甚至几十、几百倍,因此把晶体三极管的输出与输入电流的比值称为电流放大倍数。而在光电耦合器件的基区内,从发射极发射过来的电子与光激发出的空穴相复合而成为光复合电流,可用 αI_F 表示,其中 α 是与发光二极管的发光效率、光电三极管的光敏效率及二者之间距离有关的系数,通常称为光激发效率。而激发效率一般比较低,所以 I_F 一般大于 I_C。因此,光电耦合器件在不加复合放大三极管时,其电流传输比都小于1,通常用百分数来表示。

　　光电耦合器件的电流传输比 β 随发光电流 I_F 的变化曲线如图 3-28 所示。在 I_F 较小时,耦合器件处于截止区,因此 β 值较小;当 I_F 变大后,耦合器件处在线性工作状态。虽然 I_F 增大,β 变小,但其变化量是较小的。

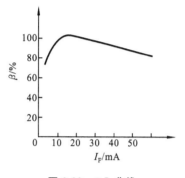

图 3-28　β-I_F 曲线

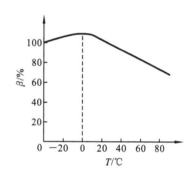

图 3-29　β 的典型温度特性

　　β 随外界温度的变化曲线如图 3-29 所示。在 0 ℃ 以下时,β 值随温度 T 的升高而上升;在 0 ℃ 以上时,β 值随 T 的增加而下降。

　　2）输入-输出间绝缘耐压 BV_{CFO}

　　输入-输出间绝缘耐压是指输入与输出端之间的绝缘耐压值。一般低压使用时都能满足要求,而在高压控制时就要注意这一参数。由于绝缘耐压与电流传输比都与发光二极管和光电三极管之间的距离有直接关系,当二者距离增大时,绝缘耐压提高,但电流传输比却降低;反之,当二者距离减小时,虽然 β 值增大,但 BV_{CFO} 值却降低了。这是一对矛盾,可根据实际使用要求来挑选不同种类的光电耦合器件。如果制造工艺得到改善,可得到既具有高的 β 值、又具有高 BV_{CFO} 值的光电耦合器件。

　　3）输入-输出间的绝缘电阻 R_{FC}

　　输入与输出端之间的绝缘电阻一般在 $10^9\ \Omega \sim 10^{13}\ \Omega$ 之间。它是与耐压密切相关的参数,它与 β 的关系和耐压与 β 的关系是一样的。

　　R_{FC} 的大小表征了光电耦合器件的隔离性能。光电耦合器件的 R_{FC} 一般要比变压器原副边绕组之间的绝缘电阻大几个数量级,因此它的隔离性能要比变压器好得多。

　　4）输入-输出间的寄生电容 C_{FC}

　　输入与输出端之间的寄生电容 C_{FC} 变大,会使光电耦合器件的工作频率下降,也能使其共模抑制比(CMRR)下降,故后面的系统噪声容易被反馈到前面系统中。一般的光电耦合器件,其 C_{FC} 仅为几个皮法,一般在中频范围内都不会影响电路的正常工作,但在高频电路中要予以重视。

5）最高工作频率 f_m

图 3-30 为测量光电耦合器件的频率特性的电路。向发光二极管送入幅度相等而频率变化的交流小信号,在光电耦合器的输出端用交流电压表测其交流输出电压值。随着频率的增高,虽然输入电压幅度不变,而输出幅度却下降,当输出电压相对幅值降至 0.707 时,所对应的频率就称为光电耦合器件的最高工作频率(或称截止频率),用 f_m 来表示。图 3-31 给出了一个光电耦合器件的频率特性。最高工作频率 f_m 会随着外电路负载的变化而改变,图 3-32 给出了采用不同负载电阻 R_L 时的 f_m 值,其中 $R_{L1} > R_{L2} > R_{L3}$。可以看出,当负载电阻 R_L 减小时,f_m 增大。

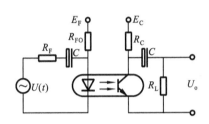

图 3-30 测量光电耦合器件频率特性的电路

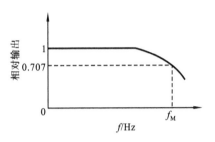

图 3-31 光电耦合器件的频率特性

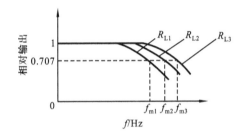

图 3-32 频率特性随 R_L 的变化

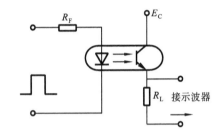

图 3-33 测量 t_r 与 t_f 的电路

6）脉冲上升时间 t_r 和下降时间 t_f

图 3-33 是测量脉冲响应时间的电路图。从输入端输入一个如图 2-3(a)所示的前、后沿都很好的矩形脉冲,采用频率特性较高的脉冲示波器来观测输出端的波形,如图 2-3(b)所示。由图 2-3 可见,输出的波形产生了畸变。一般来说,上升时间要大于下降时间。

最高工作频率 f_m、脉冲上升时间 t_r 和下降时间 t_f 都是衡量光电耦合器件动态特性的参数。当用光电耦合器件传送小的正弦信号或非正弦信号时,用 f_m 来衡量较为方便;当传送脉冲信号时,用 t_r 和 t_f 来衡量则既方便又直观。

t_r 与 t_f 同 f_m 一样,也是随着负载电阻的变化而变化的,但它们随着负载电阻的减小而减小。

2. 抗干扰特性

光电耦合器件的重要优点之一就是能强有力地抑制尖脉冲及各种噪声等的干扰,从而在信息传输中可大大提高信噪比。

1）光电耦合器件抗干扰能力强的原因

光电耦合器件之所以具有很强的抗干扰能力,主要有下面几个原因。

(1) 光电耦合器件的输入阻抗很低,一般为 10 Ω～1 kΩ,而干扰源的内阻一般都很大,一

般为 10^3 Ω~10^6 Ω。按分压比的原理来计算,能够馈送到光电耦合器件输入端的干扰噪声将会变得很小。

(2) 由于一般干扰噪声源的内阻都很大,虽然也能供给较大的干扰电压,但可供出的能量却很小,只能形成很微弱的电流。而光电耦合器件输入端的发光二极管只有在通过一定的电流时才能发光。因此,即使是电压幅值很高的干扰,由于没有足够的能量,不能使发光二极管发光,从而也将被抑制。

(3) 光电耦合器件的输入端和输出端是用光耦合的,且这种耦合又是在一个密封管壳内进行的,因而不会受到外界光的干扰。

(4) 光电耦合器件的输入端和输出端之间的寄生电容很小(一般为 0.5 pF~2 pF),绝缘电阻又非常大(一般为 10^{11} Ω~10^{13} Ω),因而输出系统内的各种干扰噪声很难通过光电耦合器件反馈到输入系统中去。

2) 光电耦合器件抑制干扰噪声电平的估算

下面通过一个具体实例来进一步说明光电耦合器件的抗干扰能力。

在向光电耦合器件输入端馈送的信息(例如矩形脉冲信号)中,不可避免地会伴随有各种各样的干扰信号。这些干扰信号包括系统自身产生的干扰信号、外来射频干扰信号、通过电源及地线等途径窜入的干扰信号、电源脉动干扰信号、外界电火花干扰信号及继电器释放时反抗电动势的泄放干扰信号等。这些干扰信号有尖脉冲、白噪声等。将这些干扰信号的波形画在一起,如图 3-34(a)所示,它们的相位和幅度都是随机的。为了计算方便,把这些干扰脉冲都恶劣化为继电器释放时反抗电动势的泄放干扰。根据这一假设,可以把图 3-34(a)所示的干扰波形变成图 3-34(b)所示的干扰脉冲序列。设每一干扰脉冲宽度为 1 μs,其重复频率为 500 kHz。这样的脉冲序列可用下列级数来表示:

$$u(t) = \frac{A}{2} + \frac{2A}{\pi}\cos 2\pi \cdot Ft - \frac{2A}{3\pi}\cos 2\pi \cdot 3Ft + \frac{2A}{5\pi}\cos 2\pi \cdot 5Ft - \cdots \tag{3-10}$$

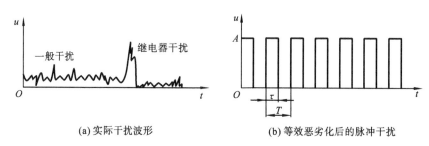

(a) 实际干扰波形　　　　　　　　　　(b) 等效恶劣化后的脉冲干扰

图 3-34　干扰脉冲简化图

由式(3-10)可以看出,该脉冲序列的直流分量为 $A/2$,交流分量是脉冲序列重复频率 F 的奇数项,于是可用它的一次分量来近似地代表它的整个交流分量部分且不会带来太大的误差。因此,其交流分量可以写为

$$u_F(t) = \frac{2A}{\pi}\cos 2\pi Ft \tag{3-11}$$

如图 3-35(a)所示,继电器切换时的干扰脉冲,一般是通过线包与触点之间的寄生电容 C_s 窜入光电耦合器件输入端的。经式(3-11)的简化,就可以画出如图 3-35(b)所示的交流等效电路。设继电器线包与触点之间的寄生电容 C_s 为 2 pF,则等效阻抗 Z_0 为

$$Z_0 = \frac{1}{2\pi FC_s} = \frac{1}{2\pi} \times 10^6 \text{ Ω} \tag{3-12}$$

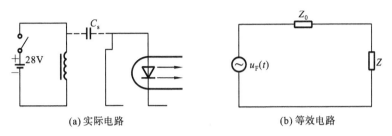

(a) 实际电路　　　　　　　　　　　　　　(b) 等效电路

图 3-35　继电器干扰电路图

设使光电耦合器件工作的最小输入电流为 1 mA，由于一般发光二极管工作时的正向压降为 1 V 左右，故其等效输入阻抗 $Z=1$ kΩ。显然，$Z_0 \gg Z$。在该回路内，当瞬时电流达到 1 mA 时，干扰源电压的基波幅值（忽略 Z 值）为

$$|u_F(t)| = \frac{1}{2\pi} \times 10^3 \text{ V}$$

由于该干扰电压是通过寄生电容耦合过来的，因此式（3-10）中的直流分量不起作用。根据式（3-11），可求出在上述假设条件下，使光电耦合器件工作的最小瞬时幅值近似为

$$u_{\min} = 250 \text{ V}$$

这个结果表明，在外来干扰脉冲频率为 500 kHz、脉宽为 1 μs 时，其幅值只有达到 250 V 时才能够启动光电耦合器件，而低于该值的干扰脉冲都将被光电耦合器件抑制。

如果光电耦合器件的输入工作电流再提高，它能抑制的电平也随之提高。在实际应用中，继电器的工作电压一般最高为 30 V。要使继电器在切换时产生这么高的干扰脉冲是不太可能的，因此，光电耦合器件完全可以抑制继电器干扰。在所有的干扰中，继电器干扰是最恶劣的一种。因此，光电耦合器件可以成功地抑制几乎所有干扰源所产生的有害信号。

3.5.3　光电耦合器件的应用特点

光电耦合器件具有以下应用特点。

（1）在代替脉冲变压器耦合信号时，可以耦合从零频到几兆赫兹的信息，且失真很小。

（2）在代替继电器使用时，能克服继电器在断电时反电势的泄放干扰及在大振动、大冲击下触点抖动等不可靠的问题。

（3）能很容易地把不同电位的两组电路互连起来，从而圆满且简单地完成电平匹配、电平转换等功能。

（4）光电耦合器输入端的发光器件是电流驱动器件，通过光与输出端耦合，抗干扰能力很强，在长线传输中用它作为终端负载时，可以大大提高信息传输中的信噪比。

（5）在计算机主体运算部分与输入、输出之间，用光电耦合器件作为接口部件，将会大大增强计算机的可靠性。

（6）光电耦合器件的饱和压降比较低，在作为开关器件使用时，具有晶体管开关不可比拟的优点。

（7）在稳压电源中，将它作为过电流自动保护器件使用、保护电路时既简单又可靠。

3.5.4　光电耦合器件的应用

光电耦合器是一种将发光二极管和光电三极管组装在一起而形成的光电器件，它采用光

信号来传递信息,从而使电路的输入与输出在电气上处于完全隔离的状态,这种信息传递方式是所有采用变压器和继电器做隔离来进行信号传递的一般解决方案都不能相比的。由于光电耦合器具有可单向传递信息、通频带宽、寄生反馈小、消噪能力强、抗电磁干扰性能好等特点,因而在数字电路和模拟电路中均得到了越来越广泛的应用。

1. 光电耦合器件在电话保安装置中的应用

为了防止电话线路被并机窃用或电话机被盗用通话,可以利用光电耦合器件来设计一个简单实用的电话保安电路,如图 3-36 所示。图中由 VD1～VD4 组成极性转换电路。由于在将该保安器接入电话线路中时,不需要分清电话线路反馈电压的极性,因此,使用该保安器可以给安装带来很大的方便。

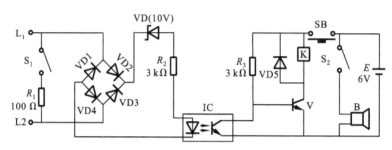

图 3-36　光电耦合器件用于电话保安装置

平时在挂机状态下,线路中的 48 V 或 60 V 馈电电压(交换机型号不同时,馈电电压也有所不同)经 VD1～VD4 整流、R_2 限流、稳压二极管 VD 稳压后,输入端发光管被点亮,输出端的受光器件转为导通状态而使晶体管 V 呈截止状态,继电器 K 不工作,控制线路中的触点 S_1 断开,R_1 不接入电话线路中,电路处在正常的监控状态。同时 S_2 也处在断开位置,电子蜂鸣器 B 不发声。

一旦有并机窃用或电话机被盗用时,线路中的馈电电压下降到 6 V～10 V,由于该 6 V～10 V 的电压经 VD1～VD4 整流后不能使 VD 击穿,因此将不能点亮 IC 输入端的发光管,这将使输出端由导通转为截止而使阻值无穷大,进而使晶体管 V 的基极通过电阻 R_3 获得基流而导通,继电器吸合使 S_1 触点闭合,电阻 R_1 被并接到电话线路中而使线路中的电压进一步下降到设定值以下,使电话线路不能被并机窃用,同时电话机因电压不正常而不能工作,从而起到了防止电话线路被并机窃用或电话机被盗用的目的。与此同时,S_2 闭合,接通电子蜂鸣器电源,使之发出报警声。如果电话户主接打电话,只需按一下开关 SB,切断保安器的供电电源即可。

该电话保安器的集成电路 IC 可选用 4N25、4N36 等型号的光电耦合器件。继电器可选用工作电压为直流 6V 的 JRX-12F 等型号的继电器。为缩小机壳体积,电池可选用 6 V 叠层电池。SB 为常闭型按钮开关。电子蜂鸣器可选择 FMQ-27 型、FMQ-35 型电子蜂鸣器,其余参数可按图3-37来选用。

2. 用光电耦合器件代替音频变压器

在线性电路中,两级放大器之间常用音频变压器耦合。这种耦合方式的缺点是变压器铁芯会损耗掉一部分功率,并可能造成某些失真,而选用光电耦合器来代替音频变压器则可以克服上述缺点。

目前,利用光电耦合器件代替音频变压器的应用电路有多种形式的,图 3-37 所示是比较实用的一种。当输入信号 U_i 经三极管 BG1、BG2 前级放大之后,驱动光电耦合器左边的 LED 发光,该光被右边的光电三极管全部吸收并转换成电信号,此信号经后级电路中的三极管 BG3 放大,并由该管的发射极通过电容器 C_3 后输出一个不失真的放大信号 U_o。由于该电路将前、后两级放大器完全隔离,因而杜绝了地环路可能引起的干扰。同时由于该电路还具有消噪功能,因此避免了信号的失真。整个电路的总增益可达到 20 dB 以上,带宽约 120 kHz。

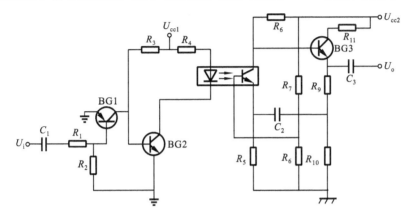

图 3-37　光电耦合器代替音频变压器的一种实用电路

另外,利用光电耦合器件还可以构成与门、或门、与非门等逻辑电路,以及隔离固体开关电路、双稳压电路、斩波器和差分放大电路等多种电路。

思考题与习题

1. 简述发光二极管的发光原理。发光二极管的外量子效率与哪些因素有关?
2. 简述激光器的工作原理、类型和特点。
3. 液晶显示器件有哪几种类型? 其特点是什么?
4. 气体放电光源的工作原理是什么? 它有哪些应用?
5. 为什么要将发光二极管与光电二极管封装在一起构成光电耦合器件? 光电耦合器件的主要特性有哪些?
6. 举例说明光电耦合器件的应用。

第4章 电荷耦合器件

电荷耦合器件(charge coupled device,CCD)是 20 世纪 70 年代发展起来的新型半导体器件。它是在金属氧化物半导体(MOS)集成电路技术基础上发展起来的,为半导体技术的应用开拓了新的领域。CCD 可以实现光电转换、信息存储和传输等功能,具有集成度高、功耗小、结构简单、寿命长、性能稳定等优点,故在固体图像传感器、信息存储和处理等方面得到了广泛的应用。CCD 图像传感器能实现信息的获取、转换和视觉功能的扩展,能给出直观、真实、多层次的内容丰富的可视图像信息,被广泛应用于军事、天文、医疗、广播、电视、通信以及工业检测和自动控制系统。实验室用的数码相机、光学多道分析器等仪器,都采用 CCD 做图像检测元件。

4.1 电荷耦合器件的基本结构与工作原理

CCD 按电荷存储位置的不同,有两种基本类型:一种的电荷包存储在半导体与绝缘体之间的界面,并沿界面传输,称为表面沟道 CCD(简称 SCCD);一种的电荷包存储在离半导体表面一定深度的体内,并在半导体体内沿一定方向传输,称为体沟道或埋沟道器件(简称 BCCD)。本节以 SCCD 为例,讨论 CCD 的基本结构和工作原理。

4.1.1 CCD 的基本结构

CCD 的基本组成为 MOS 光敏单元。CCD 将 MOS 光敏单元阵列和读出移位寄存器集成为一体,形成具有自扫描功能的图像传感器。MOS 光敏单元的结构原理图如图 4-1 所示。它是在半导体基片上(如 P 型硅或 N 型硅)生长具有介质作用的氧化物(如二氧化硅),再在氧化物上沉积一层金属电极,从而形成 MOS 结构单元。通常在一个半导体硅片上生成几百或几千个相互独立的 MOS 光敏单元。也就是说,CCD 包含的是 MOS 单元的阵列。

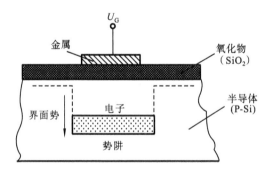

图 4-1 MOS 光敏单元结构

读出移位寄存器是电荷图像的输出电路。它也是 MOS 结构,但与 MOS 光敏单元不同的是:它在半导体的底部覆盖了一层遮光层,以防止外来光线的干扰,并且它由三组(也有二组、四组等)邻近的电极组成一个耦合单元,可实现信号的转移传输。

4.1.2　CCD 的工作原理

CCD 的特点是以电荷作为信号,它的基本功能是电荷的存储和转移。因此,CCD 的基本工作原理是信号电荷的产生、存储、传输和检测。

1. 电荷的存储

CCD 对电荷的存储由 MOS 光敏单元实现。如图 4-1 所示,当在 MOS 的金属电极上施加一正电压 U_G 时,在电场的作用下,电极下的 P 型硅区域里的空穴被赶尽,从而形成耗尽区。这个耗尽区对带负电的电子而言,是一个势能很低的区域,称为势阱。当入射光照到半导体硅片上时,在光子作用下便产生电子-空穴对,其中的电子被势阱俘获,而光生空穴则被电场排斥出耗尽区。势阱内所吸收的光生电子数量与入射到势阱附近的光强度成正比。习惯上,可以把势阱想象成一个容器,把聚集在里面的电子想象成容器中的液体。在同一入射光下,势阱积累电子的容量取决于势阱的"深度",即表面势的大小,而它与栅压 U_G 近似成正比。势阱填满是指电子在半导体表面堆积后使表面势下降。不是任意栅压都可以产生势阱,U_G 必须大于开启电压 U_{th}。

2. 电荷的耦合

CCD 中每一耦合单元称为一个像素或一位,一般有 256 位、1024 位、2160 位等线阵 CCD 可供使用。CCD 一位中含有的 MOS 单元个数即为 CCD 的相数,通常有二相、三相、四相等几种结构,它们施加的时钟脉冲也分为二相、三相、四相的三种。二相脉冲的两路脉冲相位差 $180°$;三相及四相脉冲的相位差分别为 $120°$、$90°$。当把这种时序脉冲加到 CCD 驱动电路上循环时,将实现信号电荷的定向转移及耦合。图 4-2 所示为二相线阵 CCD (TCD1206)的驱动波形,其中两路驱动脉冲 Φ_1、Φ_2 的相位差为 $180°$。

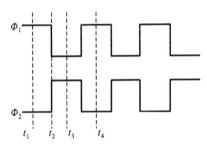

图 4-2　二相线阵 CCD 的驱动波形

图 4-2 中的相邻两像素,每一像素含 2 个 MOS 单元。取表面势增加的方向向下,其工作过程如图 4-3 所示。

(1) 当 $t=t_1$ 时,Φ_1 所在电极处于高电平,而 Φ_2 所在电极处于低电平。由于 Φ_1 所在电极上栅压大于开启电压,故在 Φ_1 所在电极下形成势阱,假设此时光敏单元接收光照,每一像素的电荷都进入 Φ_1 所在电极下的势阱。

(2) 当 $t=t_2$ 时,Φ_1 所在电极上栅压下降,Φ_2 所在电极上栅压上升,故 Φ_1 所在电极下的势阱变浅,Φ_2 所在电极下的势阱变深,电荷更多流向 Φ_2 所在电极下的势阱。由于势阱的不对称性,电荷只能朝右转移。

(3) 当 $t=t_3$ 时,Φ_2 所在电极处于高电平,而 Φ_1 所在电极处于低电平,故电荷聚集到 Φ_2 所在电极下,实现了电荷从 Φ_1 所在电极下势阱到 Φ_2 所在电极下势阱的转移。

(4) 同理可知,当 $t=t_4$ 时,电荷包从上一位的 Φ_1 所在电极下势阱的转移到下一位的 Φ_1 所在电极下的势阱。因此,时钟脉冲经过一个周期,电荷包在 CCD 上移动一位。

3. 电荷的注入

在 CCD 中,电荷注入分为两类:光注入和电注入。

1) 光注入方式

当光照射到 CCD 硅片上时,在栅极附近的体内产生电子-空穴对,其多数载流子被栅极电

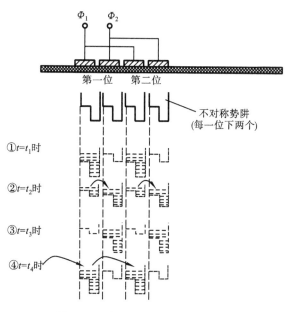

图 4-3 二相线阵 CCD 的工作过程

压排开,少数载流子则被收集到势阱中形成信号电荷。

2) 电注入方式

电注入方式有电流积分法和电压注入法两种。电注入用于滤波器、延迟线和存储器等,通过输入二极管给输入栅极施加电压来实现。

4. 电荷的检测

CCD 输出结构的作用是将 CCD 中的信号电荷变为电流或电压输出,以检测信号电量的大小。CCD 主要有三种输出方式:电流输出、浮置栅放大器输出和浮置扩散放大器输出。早期的电流输出方式由于集成度不高、寄生电容大、信噪比小,已不再使用。浮置扩散放大器的基本结构和工作原理如图 4-4(a)所示,其采用电压输出方式,该方式目前采用最多。图中采用二相 CCD,因此只有 Φ_1、Φ_2 所在的两个电极,另外有放大管 VT_1、复位管 VT_2 和输出二极管 VT_3。复位脉冲 Φ_R 施加在复位管 VT_2 的 R_G 端上。G_0 是直流偏置输出栅,位于器件内部,总处于打开状态。放大管 VT_1 是源跟随器,复位管 VT_2 工作在开关状态,输出二极管 VT_3 始终处于强反偏状态。A 点的等效电容 C 由 VT_3 管的结电容加上 VT_1 管的栅电容构成,它构成一个电荷积分器。此电荷积分器随 VT_2 管的开与关而处于选通或关闭状态,称为选通电荷积分器。图 4-4(b)为电压输出波形图。

CCD 电压输出原理为:在每个时钟脉冲周期内,伴随着时钟脉冲 Φ_1 或 Φ_2 的下降,有一个电荷包(设电荷量为 Q)从 CCD 转移到输出二极管 VT_3 的 N 区,即转移到电荷积分器上,引起 A 点电位的变化为

$$\Delta U_2 = -\frac{Q}{C} \tag{4-1}$$

式中:C 为 A 点处电容的值。因为是 N 型沟道,信息电荷为电子,故加负号。放大管 VT_1 的电压增益为

$$A_V = \frac{g_m R_L}{1 + g_m R_L} \tag{4-2}$$

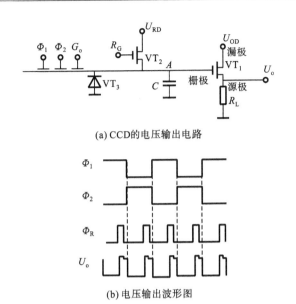

(a) CCD 的电压输出电路

(b) 电压输出波形图

图 4-4　CCD 浮置栅扩散放大器式输出的基本结构和工作原理

式中：g_m 为跨导；R_L 为负载电阻。故 VT$_1$ 管源极输出电压变化为

$$U_o = \frac{g_m R_L}{1 + g_m R_L} \frac{Q}{C} \tag{4-3}$$

读出 U_o 后，VT$_2$ 管栅极 R_G 在复位脉冲 $\varPhi_R$ 的作用下导通，将电荷包 Q 通过 VT$_2$ 管的沟道抽走，使 A 点电位重新置在 U_{RD} 值，为下一次读出 U_o 作准备。脉冲 $\varPhi_R$ 结束，VT$_2$ 管关闭后，A 点的 U_{RD} 电位作用于 VT$_1$ 管的栅极，电荷积分器无放电回路，所以 A 点电位一直维持在 U_{RD} 值，直到下一个时钟脉冲信号到来为止。

从以上分析可知，CCD 器件的输出信息是一个个脉冲，脉冲的幅度取决于对应光敏单元上所受的光强度，而输出脉冲的频率则和驱动脉冲的频率一致。因此，改变驱动脉冲的频率就可以改变输出脉冲的频率。

4.1.3　CCD 驱动电路

在应用 CCD 进行检测时，要解决两个主要问题：CCD 时序的产生和输出信号的采集处理。几种常用的 CCD 驱动方法如下。

1）直接数字电路驱动方法

这种方法用数字门电路及时序电路构成 CCD 驱动时序电路，一般由振荡器、单稳态触发器、计数器等组成。可用标准逻辑器件搭成或用可编程逻辑器件制成。其特点是驱动频率高，但逻辑设计比较复杂。

2）单片机驱动方法

即利用单片机产生 CCD 驱动时序，主要是依靠程序编制，直接由单片机 I/O 口输出驱动时序信号。时序信号由程序的延时指令产生。这种方法的特点是调节时序灵活方便、编程简单，但通常驱动频率较低。如果使用指令周期很短的单片机（高速单片机），则可克服这一缺点。

3）EPROM 驱动方法

在可擦除编程器（EPROM）中事先存放驱动 CCD 的所有时序信号数据，并由计数电路产生 EPROM 的地址,使之输出相应的驱动时序。这种方法所用结构简单,与单片机驱动方法相似。

4)专用集成电路驱动方法

利用专用集成电路产生 CCD 驱动时序,该方法的优点是集成度高、功能强、使用方便。在大批量生产中,对于驱动摄像机等应用场合首选此法,但在工业测量中该方法又显得灵活性不好。可用可编程逻辑器件代替专用集成驱动电路。

4.1.4　CCD 的主要性能参数

1. 电荷转移效率 η 和转移损失率 ε

电荷转移效率是表征 CCD 性能好坏的重要参数。在一次转移过程中,某一个势阱到达下一个势阱中的电荷与原来势阱中电荷之比为转移效率。在 $t=0$ 时刻,某个电极下的电荷为 $Q(0)$。在 t 时刻,大部分电荷在电场作用下向下一个电极转移,但总有一小部分电荷被遗留下来。若遗留下来的电荷量为 $Q(t)$,则转移效率为

$$\eta = \frac{Q(0) - Q(t)}{Q(0)} = 1 - \frac{Q(t)}{Q(0)} \qquad (4\text{-}4)$$

而转移损失率为

$$\varepsilon = \frac{Q(t)}{Q(0)} \qquad (4\text{-}5)$$

理想情况下 η 应为 1,但实际上 η 的值总是小于 1,一般在 0.9999 以上。一个电荷量为 $Q(0)$ 的电荷包,经过 n 次转移之后,所剩下的电荷量为

$$Q(n) = Q(0)\eta^n \qquad (4\text{-}6)$$

则 n 次转移的效率为

$$\eta^n = \frac{Q(n)}{Q(0)} \qquad (4\text{-}7)$$

如果 $\eta = 0.99$,那么根据式(4-7),经过 24 次转移后的转移效率为 78%,而经过 192 次转移后的转移效率为 14%,可见提高转移效率是提高 CCD 器件实用性的关键。影响电荷转移效率的主要因素是界面态对电荷的俘获。常采用"胖零"工作模式,即让"零"信号时势阱中也有一定的电荷。

2. 工作频率 f

CCD 的工作频率即为驱动脉冲的频率。

一方面,为了避免由于热产生的少数载流子对注入信号的干扰,注入电荷从一个电极转移到另一个电极所用时间 t 必须小于少数载流子的平均寿命 τ,即

$$t < \tau \qquad (4\text{-}8)$$

对于正常工作条件下的三相 CCD,有

$$t = \frac{T}{3} = \frac{1}{3f} \qquad (4\text{-}9)$$

因此,有

$$f > \frac{1}{3\tau} \qquad (4\text{-}10)$$

另一方面,当工作频率升高时,电荷本身从一个电极转移到另一个电极所需时间 t 大于驱动脉冲使其转移的时间 $T/3$,那么,信号电荷跟不上驱动脉冲的变化,将会使转移效率大大下

降。为此,要求 $t \leqslant \dfrac{T}{3}$,即

$$f \leqslant \frac{1}{3t} \tag{4-11}$$

由此可知,CCD 工作频率的下限由少数载流子的寿命决定,上限由电荷自身的转移时间决定。由于电荷转移快慢与载流子迁移率、电极长度、衬底杂质浓度和温度等因素有关,因此,对于相同的结构设计,N 型表面沟道 CCD 比 P 型表面沟道 CCD 的工作频率更高。图 4-5 所示的是三相多晶硅 N 型表面沟道 CCD 驱动脉冲频率 f 与损失率 ε 之间的关系曲线。由图可以看出,表面沟道 CCD 的驱动脉冲频率的上限为 10 MHz,高于 10 MHz 后,CCD 的转移损失率急剧增加。

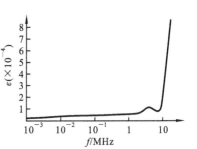

图 4-5　驱动脉冲频率 f 与损失率 ε 之间的关系

4.2　电荷耦合摄像器件

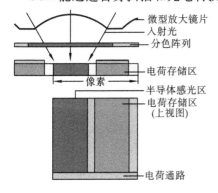

图 4-6　ICCD 的基本结构

CCD 能通过自身扫描和光电转换功能将空间的光强分布转换为时序的图像信号,并根据确定的时空参数间的相互关系获得物体空间分布状态数据。因此,CCD 具有摄像功能。电荷耦合摄像器件就是用于摄像的 CCD,简称 ICCD,它能把二维的光学图像信号转变成一维视频信号输出。相比传统的摄像器件,ICCD 的体积小、功耗低、可靠性高、寿命长、空间分辨率高、光电灵敏度高、动态范围大、红外敏感性强、信噪比高、集成度高,同时具有可高速扫描、基本上不保留残像等特点,已成为图形测量系统的核心器件。ICCD 的基本结构如图 4-6 所示,它主要由微型放大镜片、分色阵列以及 MOS 电荷储存区组成。

4.2.1　线阵 CCD 和面阵 CCD

根据 MOS 光敏单元排列方式的不同,CCD 可分为线阵 CCD 和面阵 CCD 两大类,如图 4-7所示。线阵 CCD 的光敏单元线性排列,由 MOS 光敏单元阵列、转移栅和读出移位寄存器等部分组成,其基本工作原理是"并行转移,串行输出"。线阵 CCD 根据沟道数不同,又分为单沟道线阵 CCD 和双沟道线阵 CCD。前者转移次数多、效率低,只适用于像素单元较少的成像器件;后者转移次数较前者减少一半,总转移效率也是前者的两倍。线阵 CCD 每次扫描一条线,为了得到整个二维图像的视频信号,就必须用扫描的方法实现。

面阵 CCD 是将光敏单元排列成矩阵而得到的器件,它可以理解为按照一定的方式将一维线阵 CCD 的光敏单元及移位寄存器排列成二维阵列而构成的。根据工作结构的不同,面阵 CCD 可分为场转移面阵 CCD 和隔列转移面阵 CCD。前者电极结构简单,感光区面积可以很小,但是需要面积较大的暂存区,以实现瞬时场转移过程;后者采用隔列转移的方式,转移效率大大提高,但是结构较为复杂。

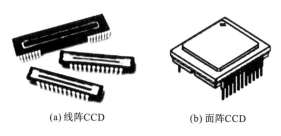

(a) 线阵CCD   (b) 面阵CCD

图 4-7   CCD 的两种结构类型

4.2.2   ICCD 的工作原理

下面以线阵 ICCD 为例,介绍 ICCD 的基本工作原理。线阵 ICCD 由光敏区、转移栅、CCD 移位寄存器、电荷注入区、信号读出电路等几个部分组成。图 4-8(a)所示是一个具有 N 个光敏单元的线阵 ICCD,其工作波形如图 4-8(b)所示。

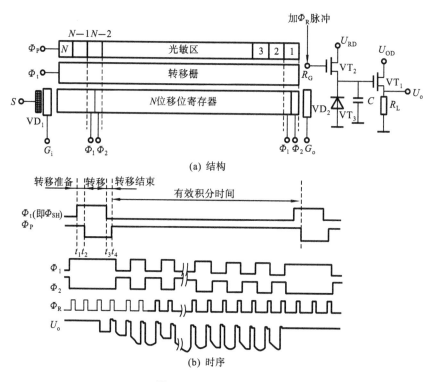

(a) 结构

(b) 时序

图 4-8   ICCD 工作原理

ICCD 摄像过程可归纳为积分、转移、传输、输出、计数五个环节。

(1) 积分   在有效积分时间里,Φ_P 处于高电平,每个光敏单元下形成势阱,光生电子被积累到势阱中,形成一个电信号"图像"。

(2) 转移   将 N 个光信号电荷包并行转移到所对应的各位 CCD 中,Φ_t 处于高电平。

(3) 传输 N 个信号电荷在二相脉冲 Φ_1、Φ_2 驱动下依次沿 CCD 串行输出。

(4) 输出   通过输出二极管 VT_3、复位管 VT_2、放大管 VT_1,以及负载电阻 R_L 组成的浮置扩散放大器,将脉冲电荷转换为电压信号 U_o 输出。

(5) 计数   计数器用来记录驱动周期的个数。通常计数器预置值为 $N+m$,m 为过驱动次数。

4.2.3　ICCD 的性能参数

1. 光电转换特性

ICCD 的光电转换特性是指入射光与输出信号的关系,如图 4-9 所示。图中横轴为曝光量,纵轴为输出信号电压值。由图可知,ICCD 的光电转换特性具有良好的线性。特性曲线的拐点 G 所对应的曝光量为饱和曝光量 S_E,当曝光量大于 S_E 时 ICCD 输出信号不增加,此时对应的电压 U_{SAT} 为饱和输出电压。U_{DARK} 为无光照时的输出电压,即暗输出电压。

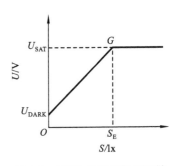

图 4-9　ICCD 的光电转换特性

2. 光谱响应

ICCD 接收光的形式有正面光照射与背面光照射两种。由于 ICCD 正面布置有很多电极,电极的反射和散射作用使得正面照射的光谱灵敏度比背光照射时的低,为此,ICCD 常用背光照射的方式。目前广泛应用的 ICCD 器件是以硅为衬底的器件,其光谱响应范围均为 400 nm～1 100 nm。另外,红外 IC-CD 器件用多元红外探测器阵列代替可见光 ICCD 的光敏部分,其中主要材料有锑化铟 (InSb)、碲锡铅 (PbSnTe) 和碲镉汞 (HgCdTe) 等,此时光谱范围延伸至 3 μm～5 μm 和 8 μm～14 μm。

3. 动态范围

势阱中可存储的最大电荷量(饱和曝光量)和噪声决定的最小电荷量(噪声曝光量)之比称为 ICCD 的动态范围。势阱中的最大信号电荷量取决于 ICCD 的电极面积及器件结构(SCCD 或 BCCD)、时钟驱动方式及驱动脉冲电压的幅度等因素。决定最小电荷量的噪声包括以下几种:电荷注入器件引起的噪声,如光子噪声、暗电流噪声;电荷转移过程中电荷量变化引起的噪声,如胖零噪声、俘获噪声;检测产生的噪声,如输出噪声。ICCD 的动态范围一般在 10^3～10^4 数量级。

4. 暗电流

暗电流的存在限制了器件的动态范围和信号处理能力。暗电流大小与光积分时间、周围环境温度等密切相关,通常温度每上升 30 ℃～35 ℃,暗电流提高约一个数量级。ICCD 在室温下暗电流为 5 nA/cm^2～10 nA/cm^2。

5. 分辨率

作为图像传感器件的重要特性,分辨率常用调制传递函数 MTF 来评价。图 4-10 所示为宽带光源与窄带光源照明下线阵 ICCD 的 MTF 曲线,f 为归一化空间频率。

ICCD 具有很高的空间分辨率,7 000 像素的线阵 ICCD 的分辨率高达 7 μm。实际上,像素位数越高的器件具有越高的分辨率。因此,采用高位数光敏单元 ICCD 测量物体尺寸,可以得到更高的精度。在采用线阵 ICCD 进行二维图像的视频扫描时,其第二维的分辨率取决于扫描速度与 ICCD 光敏单元的高度等。

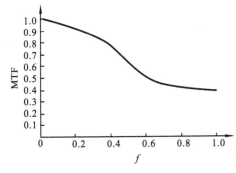

图 4-10　线阵 ICCD 的 MTF 曲线

二维面阵 ICCD 的输出信号一般遵循电视系统的扫描方式。它在水平方向和垂直方向上的分辨率是不同的,水平分辨率高于垂直分辨率。在评价面阵 ICCD 分辨率时,一般只评价其水平分辨率,采用电视系统对图像分辨率的评价指标——电视线数,它指在一副图像上,在水平方向能够分辨出的黑白条数。水平分辨率与水平方向上 ICCD 像素数量有关,像素数量越多,分辨率越高。4 096×4 096 的面阵 ICCD 已经达到 1 000 电视线以上。

4.2.4　ICCD 与 CMOS 摄像器件的比较

在摄像器件领域,除了 ICCD 以外,还有一种应用广泛的摄像器件,即 CMOS 摄像器件。CMOS 全称为互补金属氧化物半导体(complementary metal oxide semiconductor),它的核心元件是感光二极管。

CMOS 器件与 ICCD 相比具有功耗低、摄像系统尺寸小、可将信号处理电路与 MOS 图像传感器集成在一个芯片上等优点,但其图像质量(特别是在低亮度环境下)和系统灵活性与ICCD 相比相对较低。由于具有上述特点,它适合大规模批量生产,适用于要求小尺寸、低价格、对摄像质量无过高要求的场合,如保安用小型/微型相机、手机、计算机网络视频会议系统、无线手持式视频会议系统、条形码扫描器、传真机、玩具、生物显微计数器、某些车用摄像系统等即可采用 CMOS 器件。

ICCD 与 CMOS 图像传感器相比,有较好的图像质量和灵活性,适用于高端的摄像技术应用领域,如天文观察、卫星成像、高分辨率数字照片、广播电视、高性能工业摄像、大部分科学与医学摄像等领域。CCD 的灵活性体现为:与采用 CMOS 器件相比,用户可构建更多不同的摄像系统。CMOS 与 CCD 图像传感器的光电转换原理相同,均在硅集成电路工艺线上制作,工艺线的设备亦相似。但不同的制作工艺和不同的器件结构使二者在器件的能力与性能上具有相当大的差别,如二者在灵敏度、电子-电压转换率、动态范围、响应均匀性、暗电流、速度、偏置与功耗、可靠性等方面的差别即较大。

由于 CCD 与 CMOS 图像传感器均具有各自的特点,二者互为补充,因此在可预见的未来将并存发展,共同繁荣图像传感器市场。

4.2.5　ICCD 的发展趋势

ICCD 的发展趋势体现在 CCD 上,目前 CCD 的发展趋势主要体现在以下两个方面。

1) CCD 性能的提高

CCD 的发展应不断适应工业发展的需求,那么 CCD 的发展必然朝着高分辨率、高速和高灵敏度、高响应范围的方向发展。测量精度要求的提高必然促成 CCD 分辨率的提高。目前CCD 的像素已从 100 万提高到 2 000 万以上,大面阵、小像素的 CCD 摄像机层出不穷,例如美国 EG&G Retion 公司研制出了 8 192×8 192 像素的高分辨率 CCD 图像传感器。对于某些高速瞬态成像场合(如高速飞行弹头的飞行姿态),要求 CCD 具有高的工作速度和灵敏度。另外,目前的 CCD 器件可进行可见光和近红外光的检测,而对 X 射线、紫外光、中远红外光检测的研究,促使它向多光谱响应方向发展。

2) 特殊 CCD 的发展

提高分辨率与单纯增加像素之间存在着矛盾。因此,日本富士公司研制出了超级 CCD(super CCD),它用八角形像素取代传统矩形像素,使像素空间效率显著提高、密度更大,从而可以使光吸收效率得到显著提高。其采用独特的 45°蜂窝状像素排列形式,使其分辨率比传统 CCD 高 60%。像素单元光吸收效率的提高使感光度、信噪比、动态范围这些指标明显改善,在 300 万像素时提升达 130%。由于信噪比提高,在专门信号处理器下 CCD 的彩色还原能力提高 50%。

传统 CCD 均采用三原色体系,而日本 Sony 公司发布的四色感应 CCD——ICX456,新增了一个颜色——绿色,加强了对自然风景的解色能力。

4.3　电荷耦合器件的应用

线阵 CCD 和面阵 CCD 各自有其特点,在应用中各有侧重,但总的来说,CCD 的应用领域非常广泛,涉及航空航天、遥感、卫星侦察、天文观测、通信、交通、机械、电子、计算机、机器人视觉、新闻、广播、金融、医疗、出版、印刷、纺织、医学、食品、照相、文教、公安、保卫、家电、旅游等许多领域。其典型的应用场合如小型化黑白、彩色摄像,传真通信,光学字符识别,工业检测与自动控制等。

4.3.1　线阵 CCD 应用举例

不同特性的线阵 CCD 有不同的应用。常用的典型线阵 CCD 中,用于尺寸测量的有:①二相线阵 TCD1206UD,它具有驱动简单、灵敏度高、光谱响应范围宽、温度特性好等特点;②二相线阵 TCD1500C,它的精度比 TCD1206UD 高 1 倍;③二相线阵 TCD1703C,它的数据输出率是 TCD1500C 的 2 倍。用于光谱探测的线阵 CCD 具有光谱响应范围宽、动态范围大、噪声低、暗电流小、灵敏度高、像敏单元均匀性好等特点,常用的有 RL1024SB、RL2048DKQ、TCD1208AP。用于高速检测的有 IL-C3、IT-C5、RL-D 系列高速线阵 CCD 等。用于彩色图像采集的有 TCD2000P、TCD2551D、TCD2901D 等。

1. 微小尺寸的检测

1）工作原理

用 CCD 可以进行微小尺寸（10 μm～500 μm）如细丝直径、狭缝宽度、微小位移、微小孔尺寸等的检测,其工作原理及系统结构如图 4-11 所示。

首先用一束氦氖激光通过透镜照射到细丝上,当满足远场条件($L \gg d^2/\lambda$)时,根据夫琅和费衍射公式可得到

$$d = K\lambda/\sin\theta \tag{4-12}$$

式中:d 为细丝直径;K 为暗纹周期,$K = \pm(1, 2, 3, \cdots)$;λ 为激光波长;θ 为被测细丝到第 K 级暗纹的连线与光线主轴的夹角。

当 θ 很小,即 L 足够大时,$\sin\theta \approx \tan\theta = X_K/L$,代入式(4-12)得

$$d = \frac{K\lambda L}{X_K} = \frac{\lambda L}{X_K/K} = \frac{\lambda L}{S} \tag{4-13}$$

式中:L 为被测细丝到 CCD 光敏面的距离;X_K 为第 K 级暗纹到光轴的距离;S 为暗纹周期。

由式(4-13)可见,测细丝直径 d 可转化为用 CCD 测 S。

2）误差分析

由式(4-13)可得待测量 d 的误差项为

$$\Delta d = \frac{L}{S}\Delta\lambda + \frac{\lambda}{S}\Delta L + \frac{\lambda L}{S^2}\Delta S \tag{4-14}$$

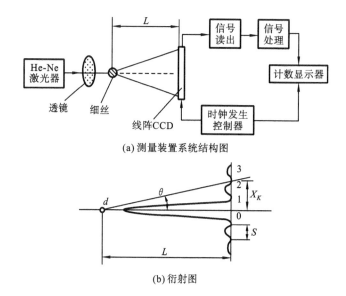

(a) 测量装置系统结构图

(b) 衍射图

图 4-11　用 CCD 进行微小尺寸检测原理

由于激光波长误差 $\Delta\lambda$ 很小,可忽略不计,故有

$$\Delta d = \frac{\lambda}{S}\Delta L + \frac{\lambda L}{S^2}\Delta S \tag{4-15}$$

例如,当氦氖激光 $\lambda = 632.8$ nm,$L = (1\,000 \pm 0.5)$ mm,$d = 500$ μm 时,根据式(4-13),有

$$S = \frac{\lambda L}{d} = \frac{632.8 \times 10^{-6} \times 10^3}{5 \times 10^2 \times 10^{-3}} \text{ mm} = 1.265 \text{ mm} \tag{4-16}$$

如 CCD 的单个像素尺寸为(13±1) μm,则

$$\Delta S = \sqrt{100 \times (\pm 1)^2} \ \mu\text{m} = 10 \ \mu\text{m} \tag{4-17}$$

于是可得到测量误差

$$\Delta d = \frac{\lambda}{S}\Delta L + \frac{\lambda L}{S^2}\Delta S = \frac{\lambda}{S}\left(\Delta L + \frac{L}{S}\Delta S\right)$$

$$= \frac{632.8 \times 10^{-6}}{1.265} \times \left(0.5 + \frac{1\,000 \times 10 \times 10^{-3}}{1.265}\right) \ \mu\text{m} = 4.2 \ \mu\text{m} \tag{4-18}$$

可见,丝越细,测量精度越高(d 越小,S 越大),甚至可达到 $\Delta d = 10^{-2}$ μm。

3) 暗纹周期 S 的测量方法

CCD 接收明暗条纹的光强分布如图 4-12 所示。计算暗纹周期 S 大小的流程如图 4-13 所示。CCD 输出的信号经放大器 A 放大,再经峰值保持电路 PH、采样保持电路 S/H 以及模/数转换电路处理,最后进入计算机实现数据处理。判断并确定两暗纹之间的像素数 n_s,则暗纹

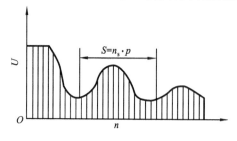

图 4-12　CCD 接收明暗条纹的光强

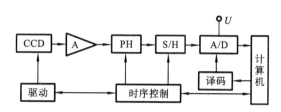

图 4-13　CCD 暗条纹周期计算流程

周期 $S=n_s \cdot p$（p 为图像传感器的像素中心距），代入式（4-13）即可得到 d。

2. 小尺寸的检测

小尺寸的检测是指待测物体的尺寸可与光电器件尺寸相比拟时的尺寸检测，如钢珠直径、小轴承内外径、小轴径、孔径、小玻璃管直径，以及小位移、机械振动幅度的检测等。

1）工作原理

对于小尺寸的检测不能再利用衍射原理，而需要应用透镜的放大原理。检测系统如图 4-14 所示：长度为 L 的物体遮挡了光线，通过透镜放大作用，阴影投射到 CCD 上。

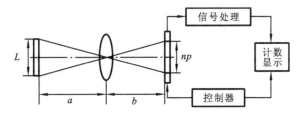

图 4-14　用 CCD 进行小尺寸测量的原理

根据透镜的成像公式 $\dfrac{1}{a}-\dfrac{1}{b}=\dfrac{1}{f}$ 及放大倍率的定义 $\beta=\dfrac{b}{a}=\dfrac{np}{L}$，可得到物长 L 的表达式

$$L = \frac{np}{\beta} = \left(1 - \frac{a}{f}\right)np \tag{4-19}$$

式中：f 为透镜焦距；a 为物距；b 为像距；β 为放大倍率；n 为被物体遮住的像素数；p 为像素间距。

2）信号处理

CCD 中被物体遮住和受到光照部分的光敏单元输出有着显著区别，可以把它们的输出看成"0"、"1"信号。通过对输出为"0"的信号进行计数，即可测出物体的宽度。这就是信号的二值化处理。

实际应用时，在物像边缘明暗交界处的光强度是连续变化的，而不是理想的阶跃跳变。解决这一问题有两种方法可用：比较整形法和微分法。

（1）比较整形法　比较整形法又称阈值法，其基本原理是将 CCD 信号进行低通滤波后，与参考电平进行比较，从而得到"0"、"1"信号。其原理和波形如图 4-15 所示。对输出的低脉冲"0"进行计数，得到的结果就是 np。阈值法又可分为固定阈值法和浮动阈值法。

固定阈值法的原理如图 4-16 所示。将 CCD 输出的视频信号送入电压比较器的同相输入端，比较器的反相输入端加上可调的电平就构成了固定阈值二值化电路。当 CCD 视频信号电压的幅度稍大于阈值电压（电压比较器的反相输入端电压）时，电压比较器输出高电平（为数字信号"1"）；当 CCD 视频信号小于或等于阈值电压时，电压比较器输出低电平（为数字信号"0"）。CCD 视频信号经电压比较器后输出的是二值化方波信号 U_0。调节阈值电压，方波脉冲的前、后沿将发生移动，脉冲宽度将发生变化。当 CCD 视频信号输出含有被测物体直径的信息时，可以通过适当调节阈值电压，获得方波脉冲宽度与被测物体直径之间的精确关系。这种方法常用于 CCD 测径仪中。固定阈值法要求阈值电压稳定、光源稳定、驱动脉冲稳定，对系统的要求较高。浮动阈值法可以克服这些缺点。

浮动阈值法的原理如图 4-17 所示。在测量中，电压比较器的阈值电压随测量系统的光源或 CCD 输出视频信号的幅值浮动。这样，当光源强度变化引起 CCD 输出视频信号起伏变化

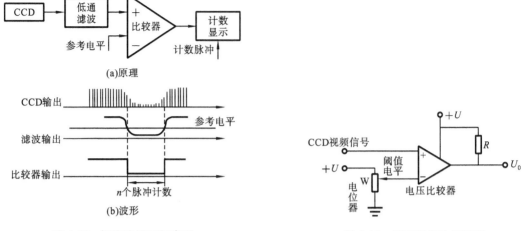

图 4-15   阈值法原理和波形   图 4-16   固定阈值法原理图

时,可以通过电路将光源起伏或 CCD 视频信号的变化反馈到阈值上,使阈值电位 U_0 跟着变化,从而使方波脉冲宽度基本不变。

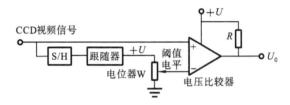

图 4-17   浮动阈值法原理

（2）微分法   因为在被测对象的边沿处输出脉冲的幅度具有最大变化率,因此,若对低通滤波信号进行微分处理,则得到的微分脉冲峰值点坐标即为物像的边沿点。用这两个微分脉冲峰值点作为计数器的控制信号,在两个峰值点间对计数脉冲计数,即可测出物体宽度。图4-18 是微分法的流程图。

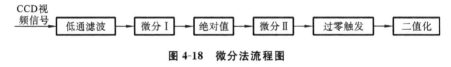

图 4-18   微分法流程图

结合图 4-19,采用微分法实现 CCD 信号处理的原理如下所述。

（1）CCD 视频输出的调幅脉冲信号经采样保持电路或低通滤波后变成连续的视频信号（第一条波形）,该连续的视频信号经过微分电路 I 微分,它的输出是视频信号的变化率。信号电压的最大值对应于视频信号边界过渡区变化率最大的点（A 点、A'点）。

（2）微分电路 I 输出的视频信号,其下降沿产生一个负脉冲,上升沿产生一个正脉冲（第二条波）。该信号经取绝对值电路,获得同极性的脉冲信号（第三条波形）。信号的幅值点对应于边界特征点。

（3）将同极性的脉冲信号送入微分电路 II 再次微分,获得对应绝对值最大处的过零信号（第四条波形）。

（4）过零信号再经过零触发器,输出两个下降沿对应于过零点的脉冲信号（第五条波形）。用这两个信号的下降沿去触发一个触发器,便可获得视频信号起始和终止边界特征的方波脉

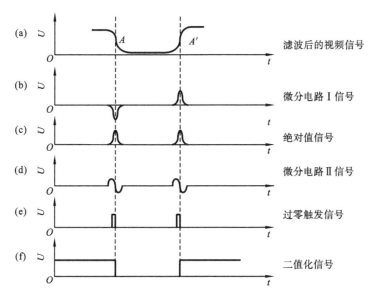

图 4-19　微分法输出电压信号

冲及二值化信号(第六条波形)。其脉冲宽度为图像 AA' 间的宽度。

整个过程可由硬件电路完成,也可由数字信号处理软件完成。

3. 大尺寸或高精度工件检测

对于大尺寸工件或测量精度要求高的工件,可采用"双眼"系统检测物体的两个边沿视场。这样,可用较低位数的传感器达到较高的测量精度。

对于图 4-20 所示的检测系统,公称尺寸为 L_0 的结构的测量误差为

$$L_{\mathrm{L}} = L_{\mathrm{R}} = \frac{np}{\beta} \tag{4-20}$$

式中:L_{L}、L_{R} 分别为左侧和右侧的测量误差;β 为透镜的放大系数;p 为像素中心距。

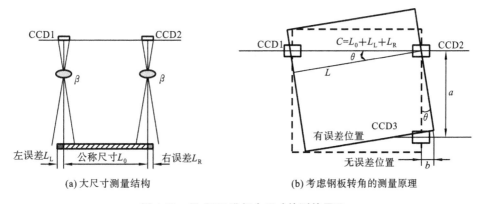

(a) 大尺寸测量结构　　　　　　　　　(b) 考虑钢板转角的测量原理

图 4-20　用 CCD 进行大尺寸检测的原理

测量误差 L_{L}(或 L_{R})越大,则每个像元代表的实际尺寸也越大,精度就差。结构的尺寸分辨率可表达为 $R = p/\beta$,于是误差可表达为 $L_{\mathrm{L}} = L_{\mathrm{R}} = nR$。若缩小视场(如只测 L_{L} 和 L_{R}),则 p 不变,β 变大,R 变小,误差也变小,测量精度得到提高。

在此基础上,如果考虑钢板水平偏转角度 θ,则可首先用 CCD3 测出 b,然后计算 θ,有

$$\theta = \arctan \frac{b}{a} \tag{4-21}$$

于是钢板宽度为

$$L = (L_0 + L_L + L_R)\cos\theta \tag{4-22}$$

4.3.2 面阵 CCD 应用举例

典型面阵 CCD 有场转移型（如 DL32、TCD5130AC）、隔列转移型（如 TCD5390AD）等。

利用面阵 CCD 可实现对工件表面质量的检测，例如检测表面粗糙度及伤痕、污垢状况等。工件的表面粗糙度是它的微观不平度的表现，各种等级的表面粗糙度对光源的反射强度是不同的，因此可根据这种差别，用计算机处理得到粗糙度的等级。伤痕或污垢在检测中表现为工件表面的局部与其周围的 CCD 输出幅值差别，采用面阵 CCD 采样，利用计算机进行图像处理可得到伤痕或污垢的大小。

1）CCD 采集系统原理

利用 CCD 实现工件表面质量检测的原理如图 4-21 所示。首先通过一套光路系统，将光照下工件表面的光反射情况输入 CCD 中，经过 CCD 的信号采集（采用专用的 CCD 转换卡将十分高效），将传输信号输入到计算机中，进行图像处理，从而获得表面质量的检测结果。

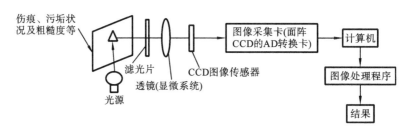

图 4-21　用面阵 CCD 进行工件表面质量检测的原理

2）工件表面质量检测光切显微镜的原理

工件表面质量检测光切显微镜的原理如图 4-22 所示。当光束入射到工件表面后，反射光通过透镜入射到 CCD 表面。如果工件表面起伏，反射光的反射点从 S 点移动到 S'，反射光在 CCD 上的位置由中心的点 a 移动到点 a'。根据 a 和 a' 之间相隔的光敏单元数，可得到 aa' 的长度，从而得到工件表面高度 H 的变化。这就是利用光切显微镜进行测量的原理。照明系统在空间范围内移动，利用对应空间坐标的对应关系，则可以通过 CCD 图像信息得到工件整个二维表面的情况。

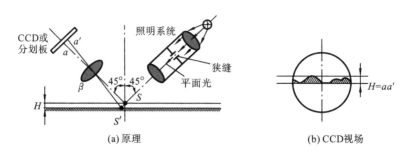

(a) 原理　　　　　　　　(b) CCD视场

图 4-22　工件表面质量检测光切显微镜原理

思考题与习题

1. 简述 CCD 的基本工作原理。

2. CCD 的像素大小如何确定？

3. CCD 的驱动方式有哪些？

4. ICCD 的基本参数有哪些？它与 CMOS 摄像器件有何区别？

5. 什么是 CCD 的电荷转移效率和转移损失率？它们有何关系？

6. 简述线阵 CCD 和面阵 CCD 的应用。

7. 采用 CCD 进行大尺寸测量（见图 4-20），如测得 $L=1\,700$ mm，$\theta=5°$，求不考虑角度偏差时的测量误差。

第 5 章　热电检测器件

热电检测器件是研究历史最久且最早得到应用的探测器件。热电检测器件可利用热效应,通过吸收辐射产生温升,从而引起材料物理性质的变化,输出相应的电信号。由于热电检测器件具有在室温下工作时不需制冷、光谱响应无波长选择性等突出特点,至今仍有广泛应用。它在一些应用场合是光电检测器件所不能替代的。近年来,新型热电检测器件的出现,使它的应用已延伸到某些原为光电检测器件所独占的领域。

常用的热电检测器件按其工作机理大致可分为三类:热敏电阻、热电偶和热电堆、热释电检测器件。

5.1　热电检测的基本原理

热电检测器件是将辐射到器件上的能量转换成热能,再把热能转换成电能的器件。显然,输出信号的形成过程包括两个阶段:第一个阶段为将辐射能转换成热能(即辐射引起温升)的阶段,这个阶段是所有热电检测器件都要经过的阶段,是共性的,具有普遍的意义;第二个阶段为将热能转换成各种形式的电能(即各种电信号的输出)的阶段,这个阶段随具体器件而表现各异。

5.1.1　温度变化方程

热电器件在没有受到辐射作用的情况下,器件与环境温度处于平衡状态,设其温度为 T_0。当辐射功率为 Φ_e 的热辐射入射到器件表面时,令表面的吸收系数为 α,则器件吸收的热辐射功率为 $\alpha\Phi_e$,其中一部分功率使器件的温度升高,另一部分用于补偿器件与环境的热交换所损失的能量。设单位时间器件的内能增量为 $\Delta\Phi_i$,则有

$$\Delta\Phi_i = C_\theta \frac{\mathrm{d}(\Delta T)}{\mathrm{d}t} \tag{5-1}$$

式中:C_θ 为热容。式(5-1)表明内能的增量为温度变化的函数。

热交换能量的方式有三种:传导、对流和辐射。设单位时间通过传导损失的能量

$$\Delta\Phi_\theta = G\Delta T \tag{5-2}$$

式中:G 为器件与环境的热传导系数。根据能量守恒原理,器件吸收的辐射功率应等于器件内能的增量与热交换能量之和,即

$$\alpha\Phi_e = C_\theta \frac{\mathrm{d}(\Delta T)}{\mathrm{d}t} + G\Delta T \tag{5-3}$$

设入射辐射为正弦辐射量,$\Phi_e = \Phi_0 e^{j\omega t}$,则式(5-3)变为

$$C_\theta \frac{\mathrm{d}(\Delta T)}{\mathrm{d}t} + G\Delta T = \alpha\Phi_0 e^{j\omega t} \tag{5-4}$$

若选取刚开始辐射的时间为初始时间,则此时器件与环境处于热平衡状态,即 $t=0$ 时 $\Delta T=0$。将初始条件代入式(5-4),解此方程,得到热传导的方程为

$$\Delta T(t) = -\frac{\alpha \Phi_0 e^{-\frac{G}{C_\theta}t}}{G + j\omega C_\theta} + \frac{\alpha \Phi_0 e^{j\omega t}}{G + j\omega C_\theta} \tag{5-5}$$

设 $\tau_T = C_\theta/G = R_\theta C_\theta$，称为热电器件的热时间常数；$R_\theta = 1/G$，称为热阻。热电器件的热时间常数一般为毫秒至秒数量级，它与器件的大小、形状和颜色等参数有关。

当 $t \gg \tau_T$ 时，式(5-5)中的第一项可以忽略，于是有

$$\Delta T(t) = \frac{\alpha \Phi_0 \tau_T e^{j\omega t}}{C_\theta(1 + j\omega \tau_T)} \tag{5-6}$$

为正弦变化的函数，其幅值为

$$|\Delta T| = \frac{\alpha \Phi_0 \tau_T}{C_\theta (1 + \omega^2 \tau_T{}^2)^{\frac{1}{2}}} \tag{5-7}$$

可见，热电检测器件吸收交变辐射能所引起的温升与吸收系数 α 成正比。因此，几乎所有的热电器件都被涂黑。

此外，热电检测器件吸收交变辐射能所引起的温升又与工作频率 ω 有关，ω 增高，其温升下降。在低频时（$\omega\tau_T \ll 1$），它与热导 G 成反比，因此式(5-7)可写为

$$|\Delta T| = \frac{\alpha \Phi_0}{G} \tag{5-8}$$

由式(5-8)可见，热电检测器件吸收交变辐射能所引起的温升与热导 G 成反比。因此，减小热导是提高温升及灵敏度的好方法。但由于热导与热时间常数成反比，提高温升将使器件的惯性增大、时间响应变差，因而往往根据需要折中考虑。

在式(5-6)中，当 ω 的值很大或器件的惯性很大时，$\omega\tau_T \gg 1$，式(5-7)可近似写为

$$|\Delta T| = \frac{\alpha \Phi_0}{\omega C_\theta} \tag{5-9}$$

由式(5-9)可以看出，温升与热导无关，而与热容成反比，且随频率的增高而衰减。

当 $\omega = 0$ 时，由式(5-5)可得

$$\Delta T(t) = \frac{\alpha \Phi_0}{G}\left[1 - e^{-\frac{t}{\tau_T}}\right] \tag{5-10}$$

式(5-10)表明，ΔT 由初始零值开始随时间 t 增加，当 $t \to \infty$ 时，ΔT 达到稳定值 $\alpha \Phi_0/G$。ΔT 上升到稳定值的 63% 所需要的时间 τ_T 称为热电检测器件的热时间常数。

5.1.2　热电检测器件的最小可探测功率

根据斯忒藩-玻尔兹曼定律，如果器件的温度为 T，接收面积为 A，并可以将探测器近似为黑体（吸收系数与发射系数相等），当它与环境处于热平衡状态时，单位时间所辐射的能量为

$$\Phi_e = A\alpha\sigma T^4 \tag{5-11}$$

式中：α 为吸收系数；σ 为斯忒藩-玻尔兹曼系数，$\sigma = 5.67 \times 10^{-12} \text{ J}/(\text{cm}^2 \cdot \text{K}^4)$。由热导的定义得

$$G = \frac{d\Phi_e}{dT} = 4A\alpha\sigma T^3 \tag{5-12}$$

由于热电检测器件与周围环境之间的热交换存在着热流起伏，从而使热电检测器件的温度在 T_0 附近呈现小的起伏，这种温度起伏构成了热电检测器件的主要噪声源，称为温度噪声。温度噪声显然对探测弱辐射信号影响较大。当热电器件与环境处于热平衡状态时，在频带宽度 Δf 内，热电器件温度起伏的均方根值为

$$|\Delta T| = \left(\frac{4kT^2\Delta f}{GC_\theta\omega^2\tau_T^2}\right)^{\frac{1}{2}} \tag{5-13}$$

热电器件仅仅受温度影响的最小可探测功率（或称为温度等效功率）为

$$P_{NE} = \left(\frac{4kT^2G\Delta f}{\alpha^2}\right)^{\frac{1}{2}} = \left(\frac{16A\sigma kT^5\Delta f}{\alpha}\right)^{\frac{1}{2}} \tag{5-14}$$

由式（5-14）可得到热电器件的比探测率为

$$D^* = \frac{(A\Delta f)^{\frac{1}{2}}}{P_{NE}} = \left(\frac{\alpha}{16\sigma kT^5}\right)^{\frac{1}{2}} \tag{5-15}$$

它只与探测器的温度有关。

5.2　热　敏　电　阻

凡吸收入射辐射后引起温升而使电阻值改变，导致负载电阻两端电压变化，并给出电信号的器件，均称为热敏电阻。热敏电阻是以辐射热计效应为基础的。

5.2.1　热敏电阻的特点

相对于一般的金属电阻，热敏电阻有如下特点：
① 温度系数大（一般为金属电阻的 10～100 倍），灵敏度高；
② 结构简单，体积小，可以测量近似几何点的温度；
③ 电阻率高，热惯性小，适宜做动态测量；
④ 阻值与温度的变化关系呈非线性。
其缺点是稳定性和互换性较差。

大部分半导体热敏电阻由各种氧化物按一定比例混合，经高温烧结而成。多数热敏电阻具有负的温度系数，即当温度升高时，其电阻值下降，同时灵敏度也下降，这限制了其在高温情况下的使用。

热敏电阻的响应灵敏度很高，对灵敏面采取制冷措施后，灵敏度会进一步提高。但其机械强度较差，容易破碎，所以使用时要小心。与热敏电阻相接的放大器要有很高的输入阻抗。流过热敏电阻的偏置电流不能大，以免电流产生的焦耳热影响灵敏面的温度。

5.2.2　热敏电阻的原理、类型及结构

1. 热敏电阻的原理

半导体材料对光的吸收除了直接产生光生载流子的本征吸收和杂质吸收外，还有不直接产生载流子的晶格吸收和自由电子吸收等，并且会不同程度地转变为热能，引起晶格振动加剧，使器件温度上升，即器件的电阻值发生变化。

由于热敏电阻的晶格吸收，任何能量的辐射都可以使晶格振动加剧，只是吸收辐射的波长不同，晶格振动加剧的程度不同而已，因此，它是一种无选择性的敏感器件。

一般金属的能带结构外层无禁带，自由电子密度很大，以致外界光作用引起的自由电子密度的相对变化较半导体而言可忽略不计。相反，其吸收光以后，晶格振动加剧，妨碍了自由电子作定向运动。因此，当光作用于金属元件使其温度升高的同时，其电阻值还略有增加。即由金属材料组成的热敏电阻具有正温度系数，而由半导体材料组成的热敏电阻具有负温度系数。

图 5-1 所示为半导体材料和金属材料(铂)的温度特性曲线。铂的电阻温度系数为正值,大约为 $0.37\%℃^{-1}$。将金属氧化物(如铜的氧化物,锰、镍、钴氧化物)的粉末用黏结剂黏合后,涂敷在瓷管或玻璃上烘干,即构成半导体材料的热敏电阻。半导体材料热敏电阻的温度系数为负值,为 $-3\%℃^{-1}\sim$ $-6\%℃^{-1}$,为铂的 10 倍以上。所以热敏电阻探测器常用半导体材料制作而很少用金属。

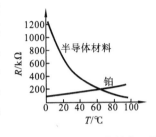

图 5-1　不同材料热敏电阻的温度特性曲线

2. 热敏电阻的类型

热敏电阻通常分为金属热敏电阻和半导体热敏电阻两类。

1) 金属热敏电阻

这种热敏电阻的温度系数多为正的,电阻温度系数的绝对值比半导体热敏电阻的要小,但电阻与温度的关系基本上是线性的。并且,它耐高温的能力较强,因而多用于温度的模拟测量。

2) 半导体热敏电阻

这种热敏电阻的温度系数多为负的,其绝对值比金属的大十多倍,它的电阻与温度的关系呈非线性。它耐高温的能力较差。热敏电阻多用于辐射的探测,如用于温度自动补偿系统,防盗报警、防火系统,热辐射体的搜索和跟踪系统等。

实际上,热敏电阻除有正温度系数(PTC)与负温度系数(NTC)的以外,还有一种临界温度系数(CTC)的,这种热敏电阻除个别作特殊用途的外,一般很少见到。常见的是 NTC 型热敏电阻,它由锰、镍、钴的氧化物混合后烧结而成。

3. 热敏电阻的结构

图 5-2 所示为热敏电阻探测器的结构示意图。将用热敏材料制成的厚度在 0.01 mm 左右的薄片电阻(这是为了在相同的入射辐射下得到较大的温升)黏合在导热能力高的绝缘衬底上,电阻体两端蒸镀金电极以便与外电路连接,再把衬底同一个热容很大、导热性能良好的金属相连,即构成热敏电阻。红外辐射通过探测窗口投射到热敏元件上,引起元件的电阻变化。为了提高热敏元件接收辐射的能力,常将热敏元件的表面进行黑化处理。

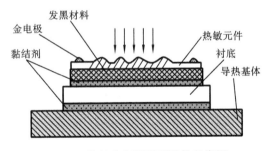

图 5-2　热敏电阻探测器结构示意图

通常把两个性能相似的热敏电阻安装在同一个金属壳内,其中:一个用做工作元件,接收入射辐射;另一个不接收入射辐射,为环境温度的补偿元件。这两个元件有相同的导热参数,为了保证相同的环境条件,两个元件应尽可能地靠近,否则补偿效果就差些。补偿元件通常用硅胶灌封掩盖起来。

热敏电阻同光敏电阻十分相似,为了提高输出信噪比,必须减小其长度。但为了不使其接

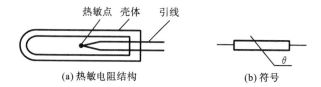

图 5-3　热敏电阻结构图与符号

收辐射的能力下降,有时也采用浸没技术,以提高探测度。

　　热敏电阻一般做成二端器件,其典型结构与电路符号如图 5-3 所示,但也有做成三端或四端器件的。二端和三端器件为直热式,即直接在电路中获得功率。根据不同的要求,可以把热敏电阻做成不同形状结构的。

5.2.3　热敏电阻的特性参数

　　热敏电阻有以下主要参数。

1. 电阻-温度特性

　　热敏电阻的电阻-温度特性是指实际阻值与电阻体温度之间的依赖关系,这是它的基本特性之一。热敏电阻的电阻-温度特性曲线如图 5-1 所示。

　　如前所述,热敏电阻有正温度系数的与负温度系数的两种,其实际阻值 R_T 与其自身温度 T 的关系如下:

　　对于正温度系数的热敏电阻,

$$R_T = R_0 e^{AT} \tag{5-16}$$

　　对于负温度系数的热敏电阻,

$$R_T = R_\infty e^{B/T} \tag{5-17}$$

式中:R_T 为绝对温度 T 时的实际电阻值;R_0、R_∞ 为环境温度下的阻值,是与电阻的几何尺寸和材料物理特性有关的常数;A、B 为材料常数。

　　例如,标称阻值 R_{25} 指环境温度为 25 ℃ 时的实际阻值。测量时若环境温度过大,可分别按下式计算其阻值:

　　对于正温度系数的热敏电阻,有

$$R_{25} = R_T e^{A(298-T)} \tag{5-18}$$

　　对于负温度系数的热敏电阻,有

$$R_{25} = R_T e^{B\left(\frac{1}{298}-\frac{1}{T}\right)} \tag{5-19}$$

式中:R_T 为环境温度为热力学温度 T 时测得的实际阻值。

　　由式(5-16)、式(5-17)可分别求出正、负温度系数的热敏电阻的温度系数 a_T。a_T 表示温度每变化 1 ℃ 时,热敏电阻实际阻值的相对变化,即

$$a_T = \frac{1}{R}\frac{dR_T}{dT} \qquad (1/℃) \tag{5-20}$$

式中:R_T 为对应于温度 T 的热敏电阻的阻值。

　　对于正温度系数的热敏电阻,其温度系数为

$$a_T = A \tag{5-21}$$

　　对于负温度系数的热敏电阻,其温度系数为

$$a_T = \frac{1}{R_T}\frac{dR_T}{dT} = -\frac{B}{T^2} \tag{5-22}$$

由式(5-21)、式(5-22)可以看出,在工作温度范围内,正温度系数热敏电阻的 a_T 在数值上等于 A,负温度系数热敏电阻的 a_T 随温度 T 的变化很大,并与材料常数 B 成正比。因此,通常在给出热敏电阻温度系数的同时,还须指明相应的测试温度。

材料常数 B 是用来描述热敏电阻材料物理特性的一个参数,又称热灵敏指标。在工作温度范围内,B 并不是一个严格的常数,其值随温度的升高而略有增大。通常 B 值大电阻率也高。对于负温度系数的热敏电阻,B 值可按下式计算:

$$B = 2.303 \frac{T_1 T_2}{T_2 - T_1} \lg \frac{R_1}{R_2} \tag{5-23}$$

而对于正温度系数的热敏电阻,A 值可按下式计算:

$$A = 2.303 \frac{1}{T_1 - T_2} \lg \frac{R_1}{R_2} \tag{5-24}$$

式中:R_1、R_2 分别为温度为 T_1、T_2 时的阻值。

2. 热敏电阻阻值变化量

已知热敏电阻温度系数为 a_T,当热敏电阻接收入射辐射后温度变化 ΔT 时,其阻值变化量为

$$\Delta R_T = R_T a_T \Delta T \tag{5-25}$$

式中:R_T 为对应于温度 T 的电阻值。式(5-25)只有在 ΔT 的值不大的条件下才成立。

3. 热敏电阻的输出特性

热敏电阻的输出电路如图 5-4 所示。图中 $R_T = R'_T$,$R_{L1} = R_{L2}$。在热敏电阻上加上偏压 U_{bb} 之后,由于受到辐射,热敏电阻 R_T 的阻值发生改变,因而负载电阻电压出现增量,有

$$\Delta U_L = \frac{U_{bb} \Delta R_T}{4 R_T} = \frac{U_{bb}}{4} a_T \Delta T \tag{5-26}$$

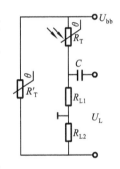

图 5-4　热敏电阻的
输出电路

式(5-26)是在假定 $R_{L1} = R_T$,$\Delta R_T \ll R_T + R_{L1}$ 的条件下得到的。

4. 冷阻与热阻

热敏电阻在某个温度下的电阻值 R_T,常被称为冷阻。如果功率为 Φ 的辐射入射到热敏电阻上,设其吸收系数为 α,则热敏电阻的热阻 R_Φ 定义为吸收单位辐射功率所引起的温升,即

$$R_\Phi = \frac{\Delta T}{\alpha \Phi} \tag{5-27}$$

因此,式(5-26)可写成

$$\Delta U_L = \frac{U_{bb}}{4} a_T \alpha \Phi R_\Phi \tag{5-28}$$

若辐射为交变正弦信号,$\Phi = \Phi_0 e^{j\omega t}$,则负载上的输出电压增量为

$$\Delta U_L = \frac{U_{bb}}{4} \frac{a_T \alpha \Phi_0 R_\Phi}{\sqrt{1 + \omega^2 \tau_\Phi^2}} \tag{5-29}$$

式中:τ_Φ 为热敏电阻的热时间常数,$\tau_\Phi = R_\Phi C_\Phi$;$R_\Phi$、$C_\Phi$ 分别为热阻和热容。由式(5-29)可见,随着辐射频率的增加,热敏电阻传递给负载的电压增量减小。热敏电阻的时间常数为 $1\ \mu s \sim 10\ \mu s$,因此,使用频率上限为 20 kHz～200 kHz。

5. 灵敏度

将单位入射辐射功率下热敏电阻转换电路的输出信号电压称为灵敏度(或称响应率)。它

常分为直流灵敏度 S_0 与交流灵敏度 S_s，其表达式分别如下：

$$S_0 = \frac{U_{bb}}{4} a_T a R_\Phi \tag{5-30}$$

$$S_s = \frac{U_{bb}}{4} \frac{a_T a R_\Phi}{\sqrt{1+\omega^2 \tau_\Phi^2}} \tag{5-31}$$

由式(5-30)、式(5-31)可见，要提高热敏电阻的灵敏度，可采取以下措施。

（1）增加偏压 U_{bb}。但这种方法的应用会受到热敏电阻的噪声，以及不损坏元件等条件的限制。

（2）把热敏电阻的接收面涂黑，以提高吸收率。

（3）增大热阻 R_Φ，以减小元件的接收面积及元件与外界对流所造成的热量损失。常将元件装入真空壳内，但随着热阻 R_Φ 的增大，响应时间 τ_Φ 也增大。为了缩短响应时间，通常把热敏电阻贴在具有高热导的衬底上。

（4）选用 a_T 大的材料，也即选取 B 值大的材料，或使元件冷却工作，以增大 a_T 的值。

6. 最小可探测功率

热敏电阻的最小可探测功率受噪声的影响。热敏电阻的噪声主要有以下几种。

（1）热噪声　热敏电阻的热噪声与光敏电阻的相似，其表达式为 $\overline{U_T^2} = 4kTR_\Phi \Delta f$。

（2）温度噪声　因环境温度的起伏而造成元件温度起伏变化所产生的噪声称为温度噪声。将元件装入真空壳内可降低这种噪声。

（3）电流噪声　与光敏电阻的电流噪声类似，当工作频率 $f < 10$ Hz 时，应考虑此噪声。若 $f > 10$ kHz，此噪声可忽略不计。

根据以上这些噪声，热敏电阻可探测的最小功率为 10^{-9} W～10^{-8} W。

5.3　热电偶和热电堆

热电偶发明于 1826 年，但至今仍在光谱、光度探测仪器中有广泛的应用，尤其是在高、低温探测领域中的应用，是其他探测器件所无法取代的。

5.3.1　热电偶的工作原理

热电偶是一种热敏元件，它在接收入射辐射以后将出现温升现象，随之产生一种温差电动势，因而使用时不需加外电源。热电偶正是利用物质温差产生电动势的效应来检测入射辐射的。

图 5-5(a)所示为温差热电偶的原理图。当两种材料的金属 A 和 B 组成一个回路时，若两金属连接点的温度存在差异，则在回路中会有电流产生，即由于温度差而产生电位差 ΔU。回路电流 $I = \Delta U/R$，式中 R 为回路电阻。这一现象称为温差电效应（也称塞贝克效应）。

温差电位差 ΔU 的大小与 A、B 的材料有关，通常由铋(Bi)和锑(Sb)所构成的回路有最大的温差电位差，其值约为 100 μV/℃。用来接触测温度的测温热电偶，常用由铂(Pt)、铑(Rh)等合金构成的测温热电偶，它具有较宽的测量范围，一般为 -200 ℃～1 000 ℃，测量准确度高达 1/1 000 ℃。

测量辐射能的热电偶称为辐射热电偶，它与温差热电偶的原理相同，但结构不同。如图

5-5(b)所示,辐射热电偶的热端接收入射辐射,因此在热端装有一块涂黑的金箔,当入射辐射通量 Φ_e 被金箔吸收后,金箔的温度升高,形成热端,产生温差电动势,在回路中将有电流流过。用检流计 G 可检测出电流 I。图中 J_1 为热端,J_2 为冷端。

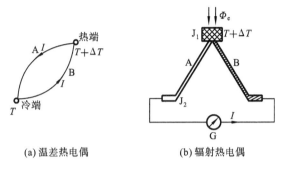

(a) 温差热电偶　　　(b) 辐射热电偶

图 5-5　热电偶

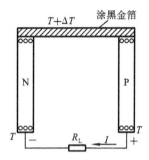

图 5-6　半导体辐射热电偶

由于入射辐射引起的温升 ΔT 很小,因此对热电偶材料和结构要求很高,热电偶结构也非常复杂,成本较高。目前,辐射热电偶大多用半导体材料组成。采用半导体材料构成的辐射热电偶不但成本低,而且有更高的温差电位差。半导体辐射热电偶的温差电位差可高达 500 $\mu V/$ ℃。图 5-6 所示为半导体辐射热电偶的结构示意图。图中用涂黑的金箔将 N 型半导体材料和 P 型半导体材料连在一起,构成热结,N 型半导体及 P 型半导体的另一端(冷端)将产生温差电动势,P 型半导体的冷端带正电,N 型半导体的冷端带负电。两端的开路电压 U_{oc} 与入射辐射使金箔产生的温升 ΔT 的关系为

$$U_{oc} = M_{12} \Delta T \tag{5-32}$$

式中:M_{12} 为塞贝克系数,又称温差电动势率(V/ ℃)。

辐射热电偶在恒定辐射作用下,用负载电阻 R_L 与其构成回路,将有电流 I 流过负载电阻,并产生电压降 U_L,则

$$U_L = \frac{M_{12}}{(R_i + R_L)} R_L \Delta T = \frac{M_{12} R_L \alpha \Phi_0}{(R_i + R_L) G_Q} \tag{5-33}$$

式中:Φ_0 为入射辐射通量;α 为金箔的吸收系数;R_i 为热电偶的内阻;G_Q 为总热导。

若入射辐射为交变辐射信号,$\Phi = \Phi_0 e^{j\omega t}$,则产生的交流信号电压为

$$U_L = \frac{M_{12} R_L \alpha \Phi_0}{(R_i + R_L) G_Q \sqrt{1 + \omega^2 \tau_T^2}} \tag{5-34}$$

式中:$\omega = 2\pi f$,f 为交变辐射的调制频率;τ_T 为热电偶的时间常数,$\tau_T = R_Q C_Q = C_Q / G_Q$,其中 R_Q、C_Q、G_Q 分别为热电偶的热阻、热容和热导。热导 G_Q 与材料的性质及周围环境有关,为使热导稳定,常将热电偶封装在真空管中,因此,通常称其为真空热电偶。虽然真空封装的响应度为非真空封装热电偶的 2 倍以上,但真空封装后热电偶与外界的热交换变差,因而时间常数将会增大。

5.3.2　热电偶的基本特性参数

真空热电偶的基本特性参数有灵敏度、响应时间和最小可探测功率等。

1. 灵敏度

在直流辐射作用下,热电偶的灵敏度为

$$S_0 = \frac{U_L}{\Phi_0} = \frac{M_{12}R_L\alpha}{(R_i + R_L)G_Q} \tag{5-35}$$

在交变辐射信号作用下,热电偶的灵敏度为

$$S_s = \frac{U_L}{\Phi} = \frac{M_{12}R_L\alpha}{(R_i + R_L)G_Q \sqrt{1 + \omega^2\tau_T^2}} \tag{5-36}$$

由式(5-35)、式(5-36)可见,要提高热电偶的灵敏度,除选用塞贝克系数较大的材料外,增加辐射的吸收率 α、减小内阻 R_i 和热导 G_Q 等措施都是有效的。对于交变辐射作用下的灵敏度,降低工作频率,减小时间常数 τ_T,也会使热电偶的灵敏度有明显的提高。但是,热电偶的灵敏度与时间常数是一对矛盾,应用时只能兼顾。

2. 响应时间

热电偶的响应时间为几毫秒到几十毫秒,比较长,因此,它常被用来探测直流状态或低频率的辐射,一般不超过几十赫兹。但是,在氧化铍(BeO)衬底上制造铋-银(Bi-Ag)结结构的热电偶有望得到更快的时间响应,采用这种工艺的热电偶,其响应时间可达到或小于 10^{-7} s。

3. 最小可探测功率

热电偶的最小可探测功率取决于探测器的噪声,主要包括热噪声和温度起伏噪声,电流噪声可忽略。半导体热电偶的最小可探测功率一般为 10^{-11} W 左右。

5.3.3　热电堆

1. 热电堆的结构

为了减小热电偶的响应时间,提高灵敏度,常把辐射接收面分为若干块,每块都接一个热电偶,并把它们串联起来构成热电堆。如图 5-7 所示,在镀金的铜基体上蒸镀一层绝缘层,在绝缘层的上面蒸镀制造工作结和参考结。参考结与铜基之间要保证电气绝缘及热接触,而工作结与铜基间对电气和热都要保证绝缘。热电材料涂敷在绝缘层上,把这些热电偶串接或并接起来,就构成了热电堆。

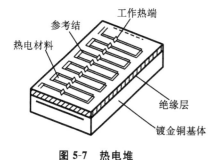

图 5-7　热电堆

2. 热电堆的参数

1) 热电堆的灵敏度

热电堆的灵敏度为

$$S_{th} = nS \tag{5-37}$$

式中:n 为热电堆中热电偶的对数(或 PN 结的个数),S 为热电偶的灵敏度。

2) 热电堆的响应时间

热电堆的响应时间常数为

$$\tau_{th} \propto C_{th}R_{th} \tag{5-38}$$

式中:C_{th} 为热电堆的热容量,R_{th} 为热电堆的热阻抗。

由式(5-37)、式(5-38)可以看出,要想同时实现高速化和提高灵敏度,就要在不改变热阻抗 R_{th} 的情况下减小热容量 C_{th}。R_{th} 由导热通路长度、热电堆的数目及膜片的剖面面积比决定。因而,要想实现传感器的高性能化,就要减小热电堆的多晶硅间隔,减小构成膜片的材料厚度,以减小热容量。

3. 热电堆探测器的使用注意事项

热电堆探测器在使用时,应注意以下几点:

① 辐射热电偶与光电倍增管一样,不能受强辐射照射,它允许的最大辐射通量为几十微瓦,所以通常都用来测量微瓦以下的辐射通量;

② 流过热电偶的电流一般在 1 μA 以下,绝不能超过 100 μA,因而千万不能用万用表来检查热电偶的好坏,否则会烧坏金箔,损坏热电偶;

③ 在保存时,应注意热电偶的两个输出端不能短路,并避免强烈振动;

④ 防止产生感应电流,尤其是电火花;

⑤ 使用环境温度不应超过 60 ℃。

5.4　热释电检测器件

热释电检测器件(简称热释电器件,也称热释电探测器)是一种利用热释电效应制成的热检测器件,其基本结构可以等效为一个以热电晶体为电介质的平板电容器。与其他热检测器件相比,热释电器件有以下优点。

(1) 具有较宽的频率响应,工作频率接近兆赫兹,远远超出其他热检测器件的工作频率。一般热检测器件的时间常数典型值在 0.01 s~1 s 范围内,热释电器件的有效时间常数可低至 3×10^{-5} s~1×10^{-4} s。

(2) 热释电器件的探测率高,仅实验室的气动式探测器的低频 D^* 比热释电器件的稍高(约 1.5 倍),但这一差距正在逐步缩小。

(3) 热释电器件可以有均匀的大面积敏感面,且工作时可不必外加偏置电压。

(4) 与热敏电阻相比,它受环境温度变化的影响较小。

(5) 热释电器件的强度和可靠性比其他多数热检测器件都要好,且制作较容易。

但是,由于热释电器件的制作材料属于压电类晶体,因而热释电器件容易受外界振动的影响,并且它只对交变辐射有响应,而对恒定辐射没有响应。

热释电器件近年来发展十分迅速,目前已经获得广泛应用。它不但广泛应用于热辐射和从可见光到红外波段的光学探测,而且在亚毫米波段的辐射探测方面的应用也受到重视,因为其他性能较好的亚毫米波探测器都需要在液氦温度下才能工作,而热释电器件不需要制冷。对热释电材料、器件及其应用技术的研究至今仍极受重视。

5.4.1　热释电器件的工作原理及结构

1. 热释电器件的工作原理

对于由内部自由电荷中和表面束缚电荷的时间常数为 τ 的热释电器件,如果入射辐射是变化的,仅当它的调制频率 $f>1/\tau$ 时才会有热释电信号输出,即有变化的电压输出。这就是热释电器件的基本工作原理。利用入射辐射引起热释电器件温度变化这一特性,可以探测辐射的变化。

设晶体的自发极化矢量为 $\boldsymbol{P}_s$,$\boldsymbol{P}_s$ 的方向垂直于电容器的极板平面,接收辐射的极板和另一极板的重叠面积为 A_d,由此引起表面上的束缚极化电荷量为

$$Q = A_d \Delta\sigma = A_d P_s \tag{5-39}$$

式中:$\Delta\sigma$ 为表面束缚面电荷密度。若辐射引起的晶体温度变化为 ΔT,则相应的束缚电荷量变化为

$$\Delta Q = A_d \frac{\Delta P_s}{\Delta T} \Delta T = A_d \gamma \Delta T \tag{5-40}$$

式中:γ 为热释电系数,$\gamma = \Delta P_s / \Delta T$,其单位为 C/(cm² · K)。$\gamma$ 是与材料本身特性有关的物理量,表示自发极化强度随温度的变化率。

在晶体的两个相对的极板上敷上电极,在两电极间接上负载 R_L,则负载上就有电流通过。由于温度变化而在负载上产生的电流可以表示为

$$i_s = \frac{dQ}{dt} = A_d \gamma \frac{dT}{dt} \tag{5-41}$$

式中:$\frac{dT}{dt}$ 为热释电晶体的温度随时间的变化率,它与材料的吸收率和热容有关,吸收率大,则温度变化率大。

热释电器件产生的热释电电流在负载电阻 R_L 上产生的电压为

$$U = i_d R_L = \left(\gamma A_d \frac{dT}{dt}\right) R_L \tag{5-42}$$

可见,热释电器件的电压响应正比于热释电系数和温度的变化率 dT/dt,而与晶体和入射辐射达到平衡的时间无关。

对于热释电系数为 γ、电极面积为 A 的热释电器件,其在以调制频率为 ω 的交变辐射通量 Φ_ω 作用下的输出电压幅值的表达式为

$$|U| = \frac{\alpha\omega\gamma A_d R}{G (1+\omega^2 \tau_e^2)^{1/2} (1+\omega^2 \tau_T^2)^{1/2}} \Phi_\omega \tag{5-43}$$

式中:α 为吸收系数;ω 为入射辐射的调制频率;γ 为热释电系数;A_d 为光敏面的面积;R 为热释电器件与放大器的等效电阻,$R = R_s R_L / (R_s + R_L)$,其中 R_s 为晶体内部介电损耗的等效阻性负载,R_L 为负载电阻;G 为热释电器件与环境的热传导系数;τ_e 为热释电器件的电路时间常数,$\tau_e = RC$,$C = C_s + C_L$,其中 C_s 为晶体内部介电损耗的等效容性负载,C_L 为外接放大器的负载电容;τ_T 为热时间常数,$\tau_T = C_H / G$,其中 C_H 为热容。

2. 热释电器件的电极结构

根据对性能的不同要求,通常将热释电器件的电极做成如图 5-8 所示的面电极或边电极。在图 5-8(a)所示的面电极结构中,电极置于热释电晶体的上、下表面上,其中一个电极位于辐射灵敏面内。这种电极结构的电极面积较大,电极间距离较短,因而极间电容较大,故不适宜应用于要求响应速度较高的场合。此外,由于辐射要通过电极层才能到达晶体,所以电极对于待测的辐射波段必须透明。

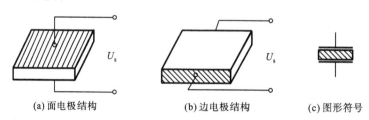

(a) 面电极结构　　　　　(b) 边电极结构　　　　　(c) 图形符号

图 5-8　热释电器件的电极结构与图形符号

在图 5-8(b)所示的边电极结构中,电极所在的平面与辐射灵敏面互相垂直,电极间距较

大,电极面积较小,因此极间电容较小,适用于高速应用场合。由于热释电器件的响应速度受极间电容的限制,所以在要求响应速度高时宜采用边电极结构的器件。

热释电器件的图形符号如图 5-8(c)所示。

3. 热释电器件的类型

在具有热释电效应的大量晶体中,热释电系数最大的为铁电晶体材料,因此铁电晶体以外的其他热释电材料很少被用来制作热释电器件。已知的热释电材料有上千种,但目前仅对其中约十分之一的材料的特性进行了研究。研究发现真正能满足热释电器件制作要求的材料不过十多种,其中最重要的常用材料有硫酸三甘肽(TGS)晶体、钽酸锂(LiTaO₃)晶体、锆钛酸铅(PZT)类陶瓷、聚氟乙烯(PVF)和聚二氟乙烯(PVF₂)聚合物薄膜等。无论哪一种材料,都有居里温度。当温度高于居里温度以后,自发极化矢量会减小为零;只有低于居里温度时,材料才有自发极化性质。所以正常使用时,都要使器件工作在离居里温度稍远一点的温度区域。

5.4.2　热释电器件的特性参数

1. 电压灵敏度

按照光电器件灵敏度的定义,热释电器件的电压灵敏度 S_v 为热释电器件输出电压的幅值 $|U|$ 与入射光功率之比。由式(5-43)可得热释电器件的电压灵敏度为

$$S_v = \frac{\alpha\omega\gamma A_d R}{G\,(1+\omega^2\tau_T^2)^{1/2}\,(1+\omega^2\tau_e^2)^{1/2}} \tag{5-44}$$

分析式(5-44)可以看出:

① 当入射辐射为恒定辐射,即 $\omega=0$ 时,$S_v=0$,这说明热释电器件对恒定辐射不灵敏;

② 在低频段,$\omega<1/\tau_T$ 或 $1/\tau_e$ 时,灵敏度 S_v 与 ω 成正比,这正是热释电器件交流灵敏的体现;

③ 当 $\tau_e \neq \tau_T$ 时,通常 $\tau_e < \tau_T$,在 $\omega=1/\tau_T \sim 1/\tau_e$ 范围内,S_v 为一个与 ω 无关的常数;

④ 高频段($\omega>1/\tau_T$ 或 $1/\tau_e$)时,S_v 随 ω^{-1} 变化。所以在许多应用中,式(5-44)的高频近似式为

$$S_v \approx \frac{\alpha\gamma A_d}{\omega C_H C_S} \tag{5-45}$$

即灵敏度与信号的调制频率 ω 成反比。式(5-45)表明,减小热释电器件的等效电容 C_S 和热容 C_H 有利于提高热释电器件在高频段的灵敏度。

图 5-9 给出了不同负载电阻 R_L 下的灵敏度与频率的关系曲线。由图可见,增大 R_L 可以提高灵敏度,但是,频率响应的带宽变得很窄。应用时必须考虑灵敏度与频率响应带宽的矛盾,根据具体应用条件,合理选用恰当的负载电阻。

2. 噪声

热释电器件的基本结构可等效为一个电容器,其输出阻抗很高,所以它后面常接有场效应管,构成源极跟随器的形式,使输出阻抗降低到适当数值。因此在分析噪声的时候,也要考虑放大器的噪声。这样,热释电器件的噪声主要有电阻的热噪声、

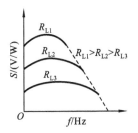

图 5-9　不同负载电阻下热释电器件的灵敏度与工作频率的关系

温度噪声和放大噪声等。

1）热噪声

电阻的热噪声包括晶体介电损耗产生的噪声和来自于与探测器相并联的电阻的热噪声。如果其等效电阻为 R_{eff}，则电阻热噪声电流的方均值为

$$\overline{i_R^2} = 4kT_R\Delta f/R_{eff} \tag{5-46}$$

式中：k 为玻尔兹曼常数，T_R 为灵敏单元的温度，Δf 为测试系统的带宽。等效电阻为

$$R_{eff} = R_e\left(\frac{1}{1/R + j\omega C}\right) = \frac{R}{(1 + \omega^2 R^2 C^2)^{1/2}} \tag{5-47}$$

式中：R 为热释电器件的直流电阻，它由交流损耗和放大器输入电阻并联而得到；C 为热释电器件的电容 C_d 与前置放大器的输入电容 C_A 之和。

热噪声电压为

$$\sqrt{\overline{U_{NJ}^2}} = \frac{(4kTR\Delta f)^{1/2}}{(1 + \omega^2 \tau_e^2)^{1/4}} \tag{5-48}$$

当 $\omega^2 \tau_e^2 \gg 1$ 时，式（5-48）可简化为

$$\sqrt{\overline{U_{NJ}^2}} = \left(\frac{4kTR\Delta f}{\omega\tau_e}\right)^{1/2} \tag{5-49}$$

式（5-49）表明，热释电器件的热噪声电压随调制频率的升高而下降，并且，增大总电阻 R 可使噪声电压降低，因此可增大材料的直流电阻、降低材料的介电损耗、增加放大器的输入电阻来减少热噪声。

2）放大器噪声

放大器噪声来自于放大器中的有源元件和无源元件，信号源的源阻抗与放大器的输入阻抗之间的噪声是否匹配也对放大器噪声有影响。如果放大器的噪声系数为 F，把放大器输出端的噪声折合到输入端，认为放大器是无噪声的，这时，放大器输入端附加的噪声电流方均值为

$$\overline{I_K^2} = \frac{4k(F-1)T\Delta f}{R} \tag{5-50}$$

式中：T 为背景温度。

3）温度噪声

温度噪声是由热释电器件的灵敏面与外界辐射交换能量的随机性而产生，噪声电流的方均值为

$$\overline{I_T^2} = \gamma^2 A^2 \omega^2 \overline{\Delta T^2} = \gamma^2 A_d^2 \omega^2 \frac{4kT^2\Delta f}{G} \tag{5-51}$$

式中：A 为电极的面积；A_d 为光敏区的面积；$\overline{\Delta T^2}$ 为温度起伏的方均值。

需要指出的是，这种温度无规则起伏的噪声是一种始终存在的不可避免的噪声源，而其他噪声源还可以通过改进检测器件的材料、电子电路、制作工艺等来减小甚至消除。通常，当热辐射为主要的热交换方式时，温度起伏噪声的表现形式为背景起伏噪声。

4）总噪声

如果以上三种噪声是不相关的，则总噪声为

$$\overline{I_N^2} = \frac{4kT\Delta f}{R} + \frac{4kT(F-1)\Delta f}{R} + \frac{4kT^2\gamma^2 A_d^2 \omega^2 \Delta f}{G}$$

$$= \frac{4kT_N\Delta f}{R} + \frac{4kT^2\gamma^2 A_d^2 \omega^2 \Delta f}{G}$$

式中：T_N 为放大器的有效输入噪声温度，$T_N = T + (F-1)T$。

考虑统计平均值时的信噪功率比为

$$\mathrm{SNR_p} = \frac{\overline{I_s^2}}{\overline{I_N^2}} = \frac{\Phi^2}{\dfrac{4kT^2 G\Delta f}{\alpha^2} + \dfrac{4kT_N G^2 \Delta f}{\alpha^2 \gamma^2 A^2 \omega^2 R}} \tag{5-52}$$

如果温度噪声是主要噪声源且忽略其他噪声，噪声等效功率为

$$\mathrm{NEP} = \sqrt{\frac{4kT^2 G^2 \Delta f}{\alpha^2 A^2 \gamma^2 \omega^2 R}\left[1 + \left(\frac{T_N}{T}\right)^2\right]} = \frac{2TG}{\alpha A \gamma \omega}\sqrt{\frac{k\Delta f}{R}\left[1 + \left(\frac{TN}{T}\right)^2\right]} \tag{5-53}$$

由式(5-53)可以看出，热释电器件的噪声等效功率 NEP 随着调制频率的增高而减小。

3. 响应时间

热释电器件的响应时间可由式(5-43)中的时间常数求出。τ_e、τ_T 的数值一般为$(0.1 \sim 10)$ s。

由图 5-9 可见，热释电器件在低频段的电压灵敏度与调制频率成正比，在高频段则与调制频率成反比，仅在 $1/\tau_T \sim 1/\tau_e$ 范围内，S_v 与 ω 无关。电压灵敏度高端半功率点取决于 $1/\tau_T$ 和 $1/\tau_e$ 中较大的一个，因而按通常的响应时间定义，τ_T 和 τ_e 中较小的一个为热释电器件的响应时间。通常 τ_T 较大，而 τ_e 与负载电阻大小有关，多在几微秒到几秒之间。随着负载的减小，τ_e 变小，灵敏度也相应减小。

4. 阻抗特性

热释电器件几乎是一种纯电容性器件，由于其电容量很小，所以其阻抗很高，必须配以高阻抗的负载，通常在 10^9 Ω 以上。由于空气潮湿、表面沾污等原因，普通电阻不易达到这样高的阻值。由于结型场效应管(JFET)的输入阻抗高，噪声又小，所以常用 JFET 器件作为热释电器件的前置放大器。图 5-10 所示为一种常用电路，其中用 JFET 构成源极跟随器以进行阻抗变换。

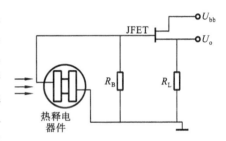

图 5-10　带有前置放大器的热释电器件

5.4.3　典型热释电器件

1. 典型的热释电器件

图 5-11 所示为典型 TGS 热释电器件的结构。把制好的 TGS 晶体连同衬底贴于普通三极管管座上，上、下电极通过导电胶、铟球或细铜丝与管脚相连，加上窗口后便构成完整的 TGS 热释电器件。由于 TGS 晶体本身的阻抗很高，因此，整个封装工艺过程中必须严格做清洁处理，以提高电极间的阻抗，降低噪声。

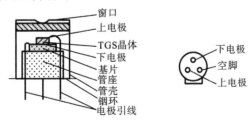

图 5-11　典型 TGS 热释电器件结构

为了降低器件的总热导,一般采用热导率较低的衬底。管内抽成真空或充氪气等热导很低的气体。为获得均匀的光谱响应,可在热释电器件灵敏层的表面涂特殊的漆,以增加对入射辐射的吸收。

2. 热释电器件的防谐振

所有的热释电器件同时又是压电晶体,因此它对声频振动很敏感。入射辐射脉冲的热冲击会激发热释电晶体的机械振荡,从而产生压电谐振。这意味着在热释电效应上叠加有压电效应,会产生虚假信号,使热释电检测器件在高频段的应用受到限制。为防止压电谐振,常采用如下方法:

① 选用声频损耗大的材料,如铌酸锶钡(SBN),目前还没有发现它在很高的频率下有谐振现象;

② 选取压电效应最小的取向;

③ 探测器件要牢靠地固定在底板上,例如,用环氧树脂将其粘贴在玻璃板上,再封装成管,可有效消除谐振;

④ 热释电器件在使用时,一定要注意防振。

显然,前两种方法限制了器件的选材范围,第三种方法则降低了灵敏度和比探测率。

对于热释电灵敏元件,应尽量减小其体积,以减小热容、提高热探测率。减小体积可以缩小灵敏面和减小厚度,前者可提高电压响应度,后者可提高电流响应度。但元件灵敏面有个下限,当体积减小到元件阻抗大于放大器阻抗时,响应度和探测度得不到改善。理论上元件厚度愈薄愈好,但厚度过薄将使入射辐射的吸收不完全,对于某些陶瓷材料还会出现针孔,所以综合各种情况,应当有一最佳厚度。总的来说,元件尺寸最终由放大器性能决定。

3. 热释电器件对前置放大的要求

根据热释电器件的阻抗特性,为了提高热释电器件的灵敏度和信噪比,常把热释电器件与前置放大器(常为场效应管)做在一个管壳内。由于热释电器件本身的阻抗高达 10^{10} Ω～10^{12} Ω,因此场效应管的输入阻抗应高于10^{10}Ω,且应采用具有较低噪声、较高跨导($g_m > 2\,000$)的场效应管作为前置放大器。引线要尽可能地短,最好将场效应管的栅极直接焊接到器件的一个管脚上,并一同封装在金属屏蔽壳内。

对于一定调制频率的光源,应选用窄带选频放大器,以降低噪声。低频使用时,应选用栅漏电流小的场效应管做前置放大器;高频使用时,应选用电压噪声低的场效应管做前置放大器。

4. 使用热释电器件的注意事项

热释电器件除具有一般热检测器件的优点外,还具有探测度高、时间常数小的优点。热释电器件的共同特点是光谱响应范围宽,对从紫外到毫米量级的电磁辐射几乎都有相同的响应,而且灵敏度都很高,但响应速度较慢。因此,具体选用器件时,要扬长避短,综合考虑。

热释电器件是一种比较理想的热检测器件,其机械强度、灵敏度、响应速度都很高。根据它的工作原理,它只能测量变化的辐射,入射辐射的脉冲宽度必须小于自发极化矢量的平均作用时间。辐射恒定时,热释电器件无输出。利用热释电器件来测量辐射体温度时,它的直接输出是背景与热辐射体的温差,而不是热辐射体的实际温度。所以,在确定热辐射体的实际温度时,必须另设一个辅助探测器,先测出背景温度,然后再将背景温度与热辐射体的温差相加,即得被测物的实际温度。另外,因各种热释电材料都存在一个居里温度,因此热释电器件只能在低于居里温度的范围内使用。特别需要注意的是,由于热释电材料具有压电特性,对振动十分敏感,因此在使用时要注意减振防振。

思考题与习题

1. 热辐射探测器输出信号的形成过程通常分为哪两个阶段?

2. 什么是热敏电阻的冷阻与热阻? 为什么半导体材料的热敏电阻常具有负温度系数?

3. 已知某热敏电阻在 500 K 时的阻值为 550 Ω,而在 700 K 时的阻值为 450 Ω。试求该热敏电阻在 550 K 和 600 K 时的阻值。

4. 简述热电偶和热电堆的工作原理。

5. 为什么说热电偶的灵敏度与时间常数是一对矛盾?

6. 热释电器件的主要噪声是什么? 其最小可探测功率与哪些因素有关?

7. 热释电器件为什么不能工作在直流状态? 其电压灵敏度与哪些因素有关?

8. 热释电器件的结构有什么特点?

第6章 微弱光信号检测技术

在光度量的测量中,常常会遇到待测信号被噪声淹没的情况。例如,对空间物体的检测,常常伴随着强烈的背景辐射;在光谱测量中,特别是吸收光谱的弱谱线,更是容易被环境辐射或检测器件的内部噪声所淹没。为了进行稳定、精确的检测,需要有从噪声中提取、恢复和增强被测信号的技术措施。通常的噪声(闪烁噪声和热噪声等)在时间和幅度上的变化都是随机发生的,噪声分布在很宽的频谱范围内,它们的频谱分布和信号频谱大部分不相重叠,也没有同步关系。因此降低噪声、改善信噪比的基本方法是压缩检测通道带宽。当噪声是随机白噪声时,检测通道的输出噪声正比于频带宽的平方根,只要压缩的带宽不影响信号输出,就能大幅降低噪声输出。此外,采用取样平均处理的方法使信号多次同步取样积累,由于信号的增加取决于取样总数而随机白噪声的增加仅由取样数的平方根决定,所以也可以改善信噪比。根据这些原理,常用的微弱光信号检测器件可分为三种,即锁相放大器、取样积分器和光子计数器。

6.1 锁相放大器

锁相放大器(lock-in amplifier,LIA)又称为锁定放大器,是一种对交变信号进行相敏检波的放大器。它利用与被测信号有相同频率和相位关系的参考信号作为比较基准,只对被测信号本身和那些与参考信号同频(或倍频)、同相的噪声分量有响应,因此能大幅度抑制无用噪声,改善检测信噪比。此外,锁相放大器有很高的检测灵敏度,信号处理比较简单,是微弱光信号检测的一种有效方法。

6.1.1 锁相放大器的构成及工作原理

如图 6-1 所示,锁相放大器由三个主要部分组成:信号通道、参考通道和相敏检波。信号通道对混有噪声的初始信号进行选频放大,对噪声作初步的窄带滤波。参考通道通过锁相和移相,提供一个与被测信号同频同相的参考电压。相敏检波由混频乘法器和低通滤波器组成,所用参考信号是方波形式的。在相敏检波器中,对参考信号和输入信号进行混频运算,得到两个信号的和频及差频。该信号经低通滤波器滤除和频成分后,得到与输入信号幅值成比例的直流输出分量。

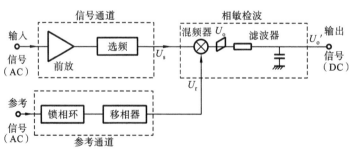

图 6-1 锁相放大器的组成方框图

设乘法器的输入信号 U_s 和参考信号 U_r 分别有下列形式：

$$U_s = U_{sm} \cos \left[(\omega_0 + \Delta\omega)t + \theta \right] \tag{6-1}$$

$$U_r = U_{rm} \cos \omega_0 t \tag{6-2}$$

则输出信号 U_o 为

$$U_o = U_s \cdot U_r = \frac{1}{2} U_{sm} U_{rm} \{ \cos(\theta + \Delta\omega t) + \cos[(2\omega_0 + \Delta\omega)t + \theta] \} \tag{6-3}$$

式中：$\Delta\omega$ 为 U_s 和 U_r 的频率差，θ 为相位差。由式(6-3)可见，通过输入信号和参考信号的相关运算后，输出信号的频谱由 ω_0 变换到差频 $\Delta\omega$ 与和频 $2\omega_0$ 的频段上。图 6-2 所示为相敏检波器实现的频谱变换。这种频谱变换的意义在于可以利用低通滤波器得到窄带的差频信号，同时和频信号 $2\omega_0$ 分量被低通滤波器滤除。于是，输出信号 U_o' 变为

$$U_o' = \frac{1}{2} U_{sm} U_{rm} \cos (\theta + \Delta\omega t) \tag{6-4}$$

式(6-4)表明：在输出信号中只是那些与参考电压同频率的分量才使差频信号为零，即 $\Delta\omega = 0$。此时，输出信号是直流信号，其幅值取决于输入信号幅值并与参考信号和输入信号的相位差有关，并有

$$U_o' = \frac{1}{2} U_{sm} U_{rm} \cos \theta \tag{6-5}$$

当 $\theta = 0$ 时，$U_o' = U_{rm} U_{sm}/2$；$\theta = \pi/2$ 时，$U_o' = 0$。

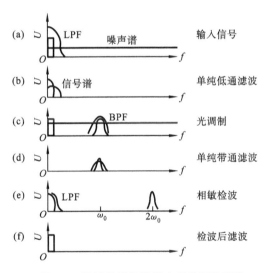

图 6-2　通过相敏检波器实现的频谱变换

在输入信号中只有被测信号由于和参考信号有同频锁相关系而能得到最大的直流输出，其他的噪声和干扰信号或者由于频率不同，有 $\Delta\omega \neq 0$ 的交流分量，被后接的低通滤波器 (LPF) 滤除，或者由于相位不同而被相敏检波器截止。虽然那些与参考信号同频同相的噪声分量也能够输出直流信号并与被测信号相叠加，但是，它们只占白噪声的极小部分。因此，锁相放大器能以极高的信噪比从噪声中提取出有用信号来。

为使相敏检波器的工作稳定、开关效率高，参考信号采用间隔相等并与零电平交叉的方波信号，这种相敏检波器也称开关混频器，其中心频率锁定在被测信号频率上。用方波控制的相敏放大器其工作原理如图 6-3 所示，这是一个根据输入信号相位来改变输出信号极性的开关电路。当 U_s 和 U_r 同相或反相时，输出信号是正或负的脉动直流电压；当 U_s 和 U_r 是正交的，即

$\Delta\omega t=\pm90°$时,输出信号为零。这种等效开关电路可用场效应管式晶体管开关电路实现。参考电压的选取可以借助于对输入待测信号的锁相跟踪,但更常用的方法是利用参考信号对被测信号进行斩波或调制,使被测信号和参考信号同步变化。

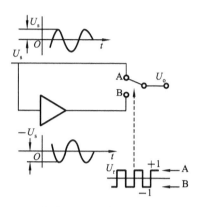

图 6-3　方波控制的相敏放大器工作原理

检波后的低通滤波器用来对差频信号进行滤波。原则上,滤波器的带宽与被测信号的频率无关,因为在频率跟踪的情况下,差频 $\Delta\omega$ 很小,所以带宽可以做得很窄。采用一阶 RC 滤波器,其传递函数为

$$K = \frac{1}{\sqrt{1+\omega^2 R^2 C^2}} \tag{6-6}$$

对应的等效噪声带宽为

$$\Delta f_e = \int_0^\infty K^2 df = \int_0^\infty \frac{df}{1+\omega^2 R^2 C^2} = \frac{1}{4RC} \tag{6-7}$$

取 $T_0=RC=30\ \text{s}$,有 $\Delta f_e=0.008\ 3\ \text{Hz}$。对于这种带宽很小的噪声,似乎可以用窄带滤波器加以消除,但带通滤波器的频率不稳定,限制了滤波器的带宽值。有

$$\Delta f_e = \frac{f_r}{2Q}$$

式中:Q 为品质因数;f_r 为中心频率。由于这种限制,可能达到的 Q 值最大只有 100。因此,单纯依靠压缩带宽来抑制噪声效果是有限的。但是,由于锁相放大器的同步检相作用,只允许和参考信号同频同相的信号通过,所以它本身就是一个带通滤波器,它的 Q 值可达 10^8,通频带宽可达 0.01 Hz。因此,锁相放大器有良好的改善信噪比的能力。对于一定的噪声,噪声电压正比于噪声带宽的平方根。因此,信噪比的改善可表示为

$$\frac{(\text{SNR})_o}{(\text{SNR})_i} = \frac{\sqrt{\Delta f_i}}{\sqrt{\Delta f_o}} \tag{6-8}$$

式中:$(\text{SNR})_o$、$(\text{SNR})_i$ 为锁相放大器的输出、输入信噪比;Δf_o、Δf_i 为对应的噪声带宽。例如,当 $\Delta f_i=10\ \text{kHz}$、$T_0=1\ \text{s}$ 时,有 $\Delta f_o=0.25\ \text{Hz}$,则信噪比的改善为 200 倍(46 dB)。先进的锁相放大器可测频率可以为十分之几赫兹到 1 MHz,电压灵敏度达 10^{-9} V,信噪比改善 1 000 倍以上。

综上所述,锁相放大过程包括下列四个基本环节:

① 通过调制或斩光,将被测信号由零频范围转移到设定的高频范围内,将检测系统变成交流系统;

② 在调制频率上对有用信号进行选频放大;

③ 在相敏检波器中对信号解调,同步解调作用截断了非同步噪声信号,使输出信号的带宽限制在极窄的范围内;

④ 通过低通滤波器对检波信号进行低通滤波。

6.1.2　锁相放大器的特点

锁相放大器具有下列特点:

① 要求对入射光束进行斩光或光源调制,适用于调幅光信号的检测;

② 锁相放大器是极窄带高增益放大器,增益可高达 10^{11}(即 220 dB),滤波器带宽可窄到 0.000 444 Hz,品质因数 Q 值达 10^8 或更大;

③ 锁相放大器是交流-直流信号变换器,相敏输出正比于输入信号的幅度以及参考信号与输入信号的相位差;

④ 可以补偿光检测中的背景辐射噪声和前置放大器的固有噪声,信噪比改善可达 1 000 倍。

6.1.3　采用锁相放大器的微弱光检测系统

将各种光通量测量方法与锁相放大器相结合,能组成各种类型的微弱光检测系统。

1. 补偿法双通道微弱光检测系统

采用锁相放大器的补偿法双通道微弱光检测系统如图 6-4(a)所示,该系统具有自动补偿辐射光源强度波动的源补偿能力,称为零值平衡系统。锁相放大器输入信号波形如图 6-4(b)所示。通过系统输出的直流电压控制伺服电动机,并带动可变衰减器运动,当系统平衡时,读出的可变衰减器的透过率就等于被测样品的透射率。

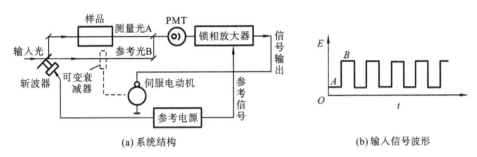

(a) 系统结构　　　　　　　　　　　　　　　(b) 输入信号波形

图 6-4　补偿法双通道微弱光检测系统与锁相放大器输入信号波形

2. 双频双光束微弱光检测系统

图 6-5 给出的是另一种双光束系统,它是采用两个锁相放大器(LIA)的双频双光束系统。该系统采用双频斩光器,它是只有两排光孔的调制盘,在转动过程中给出两种不同频率的光通量,分别经过测量通道和参考通道后由同一光电检测器件接收。光电倍增管(PMT)的输出含有两种频率的信号,采用两个锁相放大器,分别采用不同频率的参考电压,测得测量光束和参考光束光通量的数值,再用比例计计算得到两束光束光通量的比值,得到归一化的被测样品透过率值。该系统的测量结果与输入光强度的变化无关,能同时补偿照明光源和检测器灵敏度的波动。

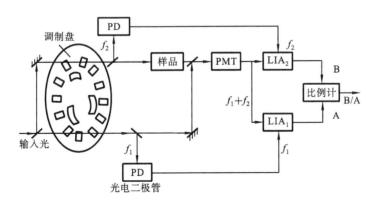

图 6-5　采用两个锁相放大器的双频双光束系统

6.2　取样积分器

取样积分器又称 Boxcar 平均器,它是一种利用取样和平均化技术测定深埋在噪声中的周期性信号的测量装置。它利用周期性信号的重复特性,在每个周期的同一相位处多次采集波形上某点的数值,其算术平均的结果与该点处的瞬时值成比例,而随机噪声多次重复的统计平均值为零,所以可大大提高信噪比,再现被噪声淹没的信号波形。

6.2.1　取样积分器的类型

根据被测信号的形式,取样积分器的测量方式分为两种基本类型:测量连续光脉冲信号幅度的稳态测量方式和测量信号时序波形的扫描测量方式。

1. 稳态测量方式

图 6-6(a)所示为稳态测量的取样积分器的工作原理。输入电信号经前级放大后输至取样开关,开关的动作由触发信号控制,它是由调制辐射光通量的调制信号形成的。触发输入经延时电路按指定时间延时,控制脉宽控制器产生确定宽度的门脉冲,加在取样开关上。在开关接通时间内,输入信号通过电阻 R 向存储电容 C 充电,得到信号积分值。由取样开关和 RC 积分电路组成的门积分器是取样积分器的核心。稳态测量取样器的工作波形如图 6-6(b)所示。

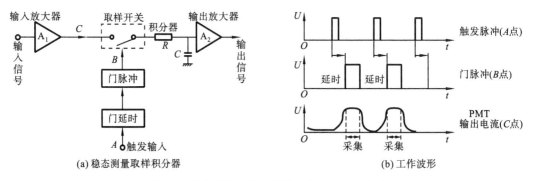

(a)稳态测量取样积分器　　　　　　　　(b)工作波形

图 6-6　稳态测量取样积分器工作原理及工作波形

设积分器的充电时间常数为 $T_0 = RC$,则经过 N 次取样后电容 C 上的电压值 U_c 为

$$U_c = U_s(1 - e^{t_g N/T_0}) \tag{6-9}$$

式中:U_s 为信号电压;t_g 为开关接通的时间。当 $t_g N \gg T_0$ 时,电容 C 上的电压能跟踪输入信号的波形,得到 $U_c = U_s$ 的结果。门脉冲宽度 t_g 决定输出信号的时间分辨率。t_g 愈小,时间分辨率愈高,脉冲宽度比 t_g 更小的信号波形将难以分辨。在这种极限情况下,t_g 和输入噪声等效带宽 Δf_i 之间有下列关系:

$$t_g = \Delta f_i/2 \quad 或 \quad \Delta f_i = t_g/2 \tag{6-10}$$

门积分器输出的噪声等效带宽等于低通滤波器的噪声带宽,即 $\Delta f_i = \dfrac{1}{4RC}$,所以,对于单次取样的积分器,其信噪比改善为

$$\frac{(SNR)_o}{(SNR)_i} = \frac{\sqrt{\Delta f_i}}{\sqrt{\Delta f_o}} = \sqrt{\frac{2RC}{t_g}} \tag{6-11}$$

对于 N 次取样平均器,积分电容上的取样信号连续叠加 N 次,这时信号取样是线性相加的,而随机噪声是矢量相加的,因此,信噪比得到改善。若单次取样信噪比为 SNR_1,则多次取

样的信噪比 SNR_N 为

$$SNR_N = \sqrt{N} \cdot SNR_1 \tag{6-12}$$

即信噪比随 N 的增大而提高。

2. 扫描测量方式

图 6-7 所示为扫描式取样积分器的工作原理。它利用取样脉冲在信号波形上延时取样，可以恢复被测信号波形。扫描式取样积分器主要包括两个过程:可变时延的取样脉冲的形成，以及在取样脉冲控制下的同步积累。

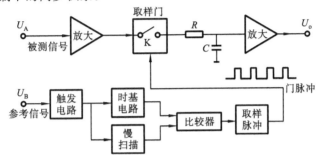

图 6-7　扫描式取样积分器的工作原理

图 6-8 所示为扫描式取样脉冲形成过程。参考信号经整形电路变成触发脉冲,用此脉冲去触发时基电路并产生如图 6-8(b)所示的时基电压,时基电压宽度 T_B 可小于、等于或大于被测信号周期 T_s。触发信号在触发时基电路的同时,也触发慢扫描电压发生器,产生慢扫描电压,如图 6-8(b)所示,其宽度为 T_{SR}。将时基电压与慢扫描电压同时输入到比较器进行幅度比较,图中两者的交点即是比较器的输出,如图 6-8(c)所示的矩形脉冲。该矩形脉冲的宽度将随慢扫描电压的增加而增加,因此,矩形脉冲的后沿形成的负尖脉冲(见图 6-8(d))触发整形电路,从而得到如图 6-8(e)所示的可变时延的取样脉冲。

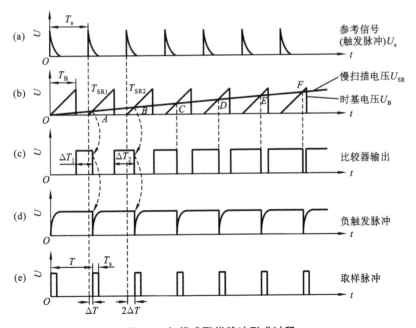

图 6-8　扫描式取样脉冲形成过程

图 6-9 所示为扫描式取样积分器的信号取样积累过程。由时延逐渐增加的取样脉冲(见图

6-9(c))对被测信号取样,其取样点的位置是逐渐移动的,如图 6-9(d)所示。每一次取样由积分器积累保持在电容 C 上,经过缓冲级输出接至显示器(或记录仪),恢复被测信号的波形。由于经过足够长时间的重复取样,在输出端即可得到形状与输入的被测信号相同而在时间上大大放慢了的输出波形,所以扫描式取样积分器能在噪声中提取信号并恢复波形,如图 6-9(e)所示。

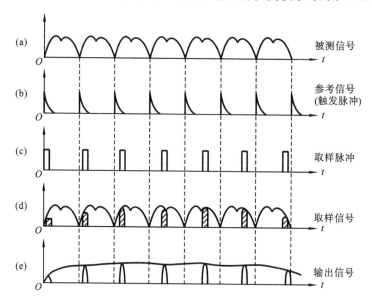

图 6-9　扫描式取样积分器信号取样积累过程

综上所述,取样积分过程包括下列步骤:

① 利用检测光脉冲的激励源取得和输入光脉冲同步的触发信号;

② 利用门延时和门脉冲宽度控制单元,形成与触发脉冲具有恒定时延或时延与时间呈线性关系的可调脉宽取样脉冲串;

③ 取样脉冲控制取样开关,并对连续的周期性变化信号进行扫描取样;

④ 积分器对取样信号进行多次线性累加,经滤波后获得输出信号。

6.2.2　取样积分器的特点

取样积分器具有如下几个特点。

(1) 适用于由脉冲光源产生的连续周期变化的信号波形测量或单个光脉冲的幅度测量。需要有与光脉冲同步的激励信号。

(2) 取样积分器是一种取样放大器,在每个信号脉冲周期内只取一个输入信号值。可以对输入波形的确定位置做重复测量,也可以通过自动扫描再现出整个波形。

(3) 在多次取样过程中,门积分器对被测信号的多次取样值进行线性叠加,而对随机噪声是矢量相加,所以对信号有恢复和提取作用。

(4) 在测量占空比小于 50% 的窄脉冲(例如 10 ns)入射光辐射的情况下,要比锁相放大器有更好的信噪比。

(5) 用扫描方式测量信号波形时能得到 100 ns 的时间分辨力。

(6) 双通道系统能提供自动背景和辐射源补偿。

6.2.3　取样积分器在微弱光测量中的应用

除了单路取样积分器之外,还发展出了双通道积分器和多点信号平均器。某些信号平均器采用许多并联的存储单元代替扫描开关,将输入波形的各点瞬时值依次写入各存储单元,随后根据需要再将这些数据依次读出,使输入波形再现。在处理低频光信号时采用这种方法比取样积分测量所用的时间要短。在新研制的数字式取样积分器中,RC 平均化单元由数字处理器代替,可以进行随机寻址存储,并且能长时间保存。这些装置在对激光器光脉冲、磷光效应、荧光寿命、发光二极管余辉等的测试中得到了应用。

图 6-10 所示为用取样积分器组成的测量发光二极管余辉的系统工作原理。它采用脉冲发生器作为激励源,驱动发光二极管(LED)工作。用光电倍增管或其他检测器接收信号,进而用取样积分器测量。脉冲发生器给出参考信号,同时控制积分器的取样时间。

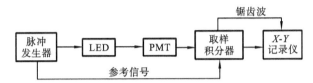

图 6-10　用取样积分器组成的测光系统工作原理

图 6-11 所示为使用双通道取样激光器的激光分析计原理图,它用来测量超导螺旋管中的样品透过率随磁场的变化。脉冲激光器用脉冲发生器触发,同时提供一个触发信号给取样积分器。当激光器工作时,激光光束通过单色器改善光束单色性。为了消除激光能量起伏的影响,选用双通道测量。激光束分束后,一束由 B 检测器直接接收,另一束透过置于超导螺旋管中的样品由 A 检测器接收。A、B 通道信号由双通道取样积分器检测后,通过比例器输出,可得到相对于激光强度的归一化样品透射率。

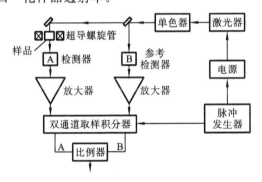

图 6-11　使用双通道取样积分器的激光分析计原理

6.3　光子计数器

光子计数器是一种利用光电倍增管能检测单个光子能量的性质,通过光电子计数的方法测量极微弱光脉冲信号的装置。

高质量光电倍增管的特点是有较高的增益、较宽的通频带(响应速度)、低噪声和高量子效率。当可见光的辐射功率低于 10^{-9} W,即光子速率在 10^9 s^{-1} 以下时,光电倍增管光电阴极发射出的光电子就不再是连续的,因此,在倍增管的输出端会产生光电子形式的、离散的信号脉冲。可借助电子计数的方法检测入射光子数,实现极弱光强度或通量的测量。为了改善动态响应和降低器件噪声,应合理设计光电倍增管的供电电路和检测电路,并为其装备有制冷作用的特种外罩。

根据对外部扰动的补偿方式不同,光子计数系统分为三种类型:基本型、辐射源补偿型和背景补偿型。

6.3.1　不同类型的光子计数器

1. 基本型光子计数器

基本型光子计数器的工作原理如图 6-12 所示。入射到光电倍增管阴极上的光子引起输出信号脉冲，经放大器输送到一个脉冲高度鉴别器上。由放大器输出的信号除有用光子脉冲之外，还包括器件噪声和多光子脉冲。多光子脉冲是由时间上不能分辨的连续光子集合而成的大幅度脉冲。脉冲高度鉴别器的作用是从多光子脉冲中分离出单光子脉冲，再用计数器计数光子脉冲数，计算出在一定时间间隔内的计数值并以数字和模拟信号形式输出。比例计用于给出正比于计数脉冲速率的连续模拟信号。

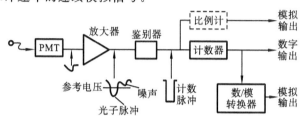

图 6-12　基本型光子计数器的工作原理

由光电倍增管阴极发射的电子电荷量被倍增系统放大。设平均增益为 10^6，则每个电子产生的平均输出电荷量为 $q = 10^6 \times 1.6 \times 10^{-19}$ C。这些电荷是在 $t_0 = 10$ ns 的渡越时间内聚焦在阳极上的，因而产生的阳极电流脉冲峰值 I_P 可用矩形脉冲的峰值近似表示，并有

$$I_P = \frac{q}{t_0} = \frac{10^6 \times 1.6 \times 10^{-19}}{10 \times 10^{-9}} \mu A = 16 \ \mu A \tag{6-13}$$

检测电路将电流脉冲转换为电压脉冲。设阳极负载电阻 $R_a = 50 \ \Omega$，分布电容 $C = 20$ pF，则 $\tau = R_a C = 1$ ns $\ll t_0$，因而输出脉冲电压波形不会产生畸变，其峰值为

$$U_P = I_P R_a = 16 \times 10^{-6} \times 50 \ V = 0.8 \ mV \tag{6-14}$$

这是由一个光子引起的平均脉冲峰值的期望值。

实际上，除了单光子激励产生的信号脉冲外，光电倍增管还输出热辐射、倍增极电子热辐射和多光子辐射，以及宇宙线和荧光辐射引起的噪声脉冲（见图 6-13）。其中，多光子脉冲幅值最大，其他脉冲的高度相对要小一些，因此，为了鉴别出各种不同性质的脉冲，可采用脉冲峰值鉴别器。简单的单电平鉴别器具有一个阈值电平 U_{s1}，调整阈值位置可以滤除掉各种非光子脉冲而只对光子信号形成计数脉冲。对于多光子大脉冲，可以采用有两个阈值电平的双电平鉴别器（又称窗鉴别器），它仅使落在两电平间的光子脉冲产生输出信号，而对高于第一阈值 U_{s1} 的热噪声和低于第二阈值 U_{s2} 的多光子脉冲没有反应。脉冲幅度的鉴别作用抑制了大部分的噪声脉冲，减少了光电倍增管由于增益随时间和温度漂移而造成的有害影响。

光子脉冲由计数器累加计数。图 6-14 所示为简单计数器的原理，它由计数器 A 和定时器 B 组成。利用手动或自动启动脉冲，使计数器 A 开始累加从鉴别器来的信号脉冲，计数器 C 同时开始对由时钟振荡器来的计时脉冲进行计数。计数器 C 是一个可预置的减法计数器，事先由预置开关置入计数值 N。设时钟脉冲计数率为 R_C，而计时器预置的计数时间是

$$t = \frac{N}{R_C} \tag{6-15}$$

于是在预置的测量时间 t 内，计数器 A 的累加计数值可计算为

$$N_A = R_A t = R_A \frac{N}{R_C} = R_A \times 常数 \tag{6-16}$$

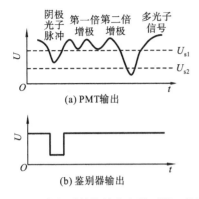

(a) PMT输出

(b) 鉴别器输出

图 6-13　光电倍增管的输出和鉴别器工作波形

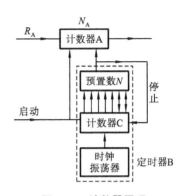

图 6-14　计数器原理

式中:R_A 为平均光脉冲计数率。

2. 辐射源补偿型光子计数器

为了补偿辐射源的起伏影响,可采用如图 6-15(a)所示的双通道系统。在测量通道中放置被测样品,光子计数率 R_A 随样品透过率和照明辐射源的波动而改变。参考通道中用同样的放大鉴别器测量辐射源的光强,输出计数率 R_C 只由光源起伏决定。采用如图 6-15(b)所示的比例计数器,可得到辐射源补偿信号 R_A/R_C。该电路与图 6-15(a)所示的电路相似,只是用参考通道的源补偿信号作为外部时钟输入。当辐射源强度增减时,R_A 和 R_C 随之同步增减。这样,在计数器 A 的输出计数值中,比例因子 R_A/R_C 仅由被测样品透过率决定,而与辐射源强度的起伏无关。可见,比例技术提供了一种简单而有效的源补偿方法。在设定计数值为 N 的情况下,计数器 A 的累加计数值计算公式为

$$N_A = R_A t = R_A \frac{N}{R_C} = \frac{R_A}{R_C} N = 比值 \times 常数 \tag{6-17}$$

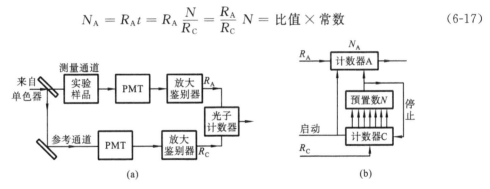

图 6-15　辐射源补偿型光子计数器原理

3. 背景补偿型光子计数器

在光子计数系统中,在光电倍增管受杂散光或温度的影响,背景计数率比较大的情况下,应该把背景计数率从每次测量中扣除,为此可采用背景补偿型光子计数器,其原理如图 6-16 所示。斩光器用来通断光束,产生交替的"信号＋背景"和"背景"的光子计数率,同时为光子计数器 A、B 提供选通信号。当斩光器叶片挡住输入光线时,放大鉴别器输出的是背景噪声(N),这些噪声脉冲在定时电路的作用下由计数器 B 收集。当斩光器叶片允许入射光通向光电倍增管时,鉴别器的输出包含了信号脉冲和背景噪声($S+N$),它们被计数器 A 收集。这样在一定的测量时间内,经多次斩光后计算电路给出两个输出量,即信号脉冲数 $A-B$ 和总脉冲数 $A+B$:

$$A - B = (S+N) - N = S \tag{6-18}$$

$$A + B = (S+N) + N = S + 2N \tag{6-19}$$

光电倍增管的随机噪声满足泊松分布,其标准偏差为

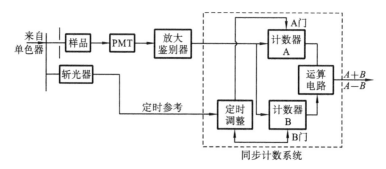

图 6-16 背景补偿型光子计数器原理

$$\sigma = \sqrt{A+B} \tag{6-20}$$

于是信噪比为

$$\mathrm{SNR} = \frac{A-B}{\sqrt{A+B}} \tag{6-21}$$

根据式(6-18)、式(6-21),可计算出检测到的光子数和测量系统的信噪比。例如,在 $t=10$ s时间内,若分别测得 $A=10^6$ 和 $B=4.4\times10^5$,则可计算得到:

被测光子数 $\qquad\qquad S=A-B=5.6\times10^5$

标准偏差 $\qquad\qquad \sigma=\sqrt{A+B}=\sqrt{1.44\times10^6}=1.2\times10^3$

信噪比 $\qquad\qquad \mathrm{SNR}=S/\sigma=5.6\times10^5/1.2\times10^3\approx467$

图 6-17 所示为有斩光器的光子计数器的工作波形。在测量时间内有 M 个斩光周期 $2t_\mathrm{p}$。为了防止斩光叶片边缘散射光的影响,使选通脉冲的半周期 $t_\mathrm{s}<t_\mathrm{p}$,并且满足

$$t_\mathrm{p} = t_\mathrm{s} + 2t_\mathrm{D} \tag{6-22}$$

式中:t_D 为空程时间,其值为 t_p 的 $2\%\sim3\%$。

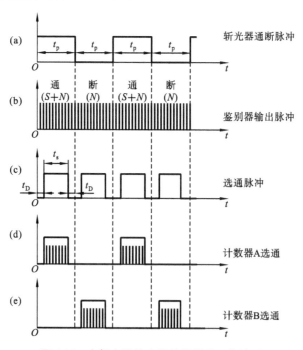

图 6-17 有斩光器的光子计数器的工作波形

6.3.2 光子计数的基本过程及特点

光子计数的基本过程可归纳如下:

① 用光电倍增管检测微弱光的光子流,形成包括噪声信号在内的输出光脉冲;

② 利用脉冲幅度鉴别器鉴别噪声脉冲和多光子脉冲,只允许单光子脉冲通过;

③ 利用光子脉冲计数器检测光子数,根据测量目的,折算出被测参量;

④ 为补偿辐射源或背景噪声的影响,可采用双通道测量方法。

光子计数器的特点是:

① 只适合于极弱光的测量,光子的速率限制在大约 $10^9/s$ 以内,相当于 1 nW 的功率,不能测量包含许多光子的短脉冲强度;

② 不论是连续的、斩光的、脉冲的光信号都可以使用,能取得良好的信噪比;

③ 为了得到最佳性能,必须合理选择光电倍增管,并装备带制冷器的外罩;

④ 不用数模转换即可提供数字输出,可方便地与计算机连接。

6.3.3 光子计数器的应用

光子计数方法在荧光、磷光测量、拉曼散射测量、夜光测量和生物细胞分析等微弱光测量中得到了应用。图 6-18 所示为用光子计数器测量物体磷光效应的原理。光源产生的光束经分光器由狭缝 A 入射到转筒上的狭缝 C 上,在转筒转动过程中断续地照射到被测磷光物质上,被测磷光经过活动狭缝 C 和固定狭缝 B 出射到光电倍增管上,经光子计数器测量出磷光的光子数值。转筒转速可调节,借以测量磷光的寿命和衰变。转筒的转动同步信号输送到光子计数器中,用来控制计数器的启动时间。

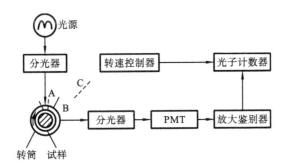

图 6-18 用光子计数器测量物体磷光效应的原理

思考题与习题

1. 常用的微弱光信号检测技术有哪几种?

2. 以锁相放大器为例,说明去除噪声、改善检测信噪比的机理。

3. 简述取样积分器的去噪原理和工作过程。

4. 光子计数器可分为哪几种类型?试说明各种类型的工作原理。

5. 光子计数方法有哪些应用?

第7章　条形码技术

条形码技术是 20 世纪中叶发展起来并得到广泛应用的集光、机、电和计算机技术为一体的高新技术,条形码识读是将数据进行自动采集并输入计算机的重要方法和手段。条形码技术解决了计算机应用中数据采集的"瓶颈",实现了信息的快速、准确获取与传输,是信息管理系统和管理自动化的基础。该技术现已广泛应用在计算机管理的各个领域,并与国民经济各行业和人民日常生活息息相关。

7.1　条形码的基本概念

1. 条形码的定义

条形码(bar code)是由一组规则排列的条、空及其对应字符组成的标记,用以表示一定的信息。条形码中反射率较低的部分为条,反射率较高的部分为空。条形码通常用来对物品进行标识:首先给某一物品分配一个代码,然后以条形码的形式将这个代码表示出来,并且标识在物品上,以便识读设备通过扫描识读条形码符号,从而对该物品进行识别。

代码即一组用来表征客观事物的一个或一组有序的符号,它必须具备区分功能,即在一个信息分类编码标准中,一个代码只能唯一地标识一个分类对象,而一个分类对象只能有一个唯一的代码。在不同的应用系统中,代码可以有含义,也可以无含义。有含义代码可表示一定的信息属性;无含义代码则只作为分类对象的唯一标识,只代替对象的名称,而不提供对象的任何其他信息。

条形码可分为一维条形码和二维条形码。

一维条形码是通常所说的传统条形码,如图 7-1(a)所示。一维条形码是由一个接一个的"条"和"空"排列组成的,条形码信息由条和空的不同宽度和位置来传递。信息量大小是由条形码的宽度来决定的,条形码越宽,包容的条和空越多,信息量越大。这种条形码只能从一个方向上通过"条"与"空"的排列组合来存储信息,所以称为"一维条形码"。人们日常见到的印刷在商品包装上的条形码,即是普通的一维条形码。一维条形码一般只是在水平方向上表达信息,而在垂直方向上则不表达任何信息,其有一定的高度通常是为了便于阅读器的对准。

(a)一维条形码

(b)二维条形码

图 7-1　条形码实例

二维条形码是一维条形码向二维方向的扩展,如图 7-1(b)所示。二维条形码是用某种特定的几何图形,按一定规律在平面(二维方向)上分布黑白相间的图形以记录数据符号信息的代码。它在代码编制上巧妙地利用构成计算机内部逻辑基础的 0、1 的概念,使用若干个与二进制相对应的几何形体来表示文字数值信息,利用图像输入设备或光电扫描设备对其进行自动识读,即可实现信息的自动处理。

2. 条形码的结构

一个完整的条形码符号是由两侧空白区、起始字符、数据字符、校验字符(可选)和终止字符组成的,如图 7-2 所示。

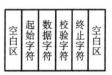

图 7-2　条形码结构

(1) 空白区(clear area):或称静区,没有任何印刷符或条形码信息,它通常是白的,位于条形码符号的两侧。空白区的作用是提示阅读器即扫描器准备扫描条形码符号。

(2) 起始字符(start character):条形码符号的第一位字符是起始字符,它的特殊条、空结构用于识别一个条形码符号的开始。扫描器首先确认此字符的存在,然后处理由扫描器获得的一系列脉冲。

(3) 数据字符(data character):由条形码字符组成,代表一定的原始数据信息。

(4) 终止字符(stop character):条形码符号的最后一位字符,它的特殊条、空结构用于识别一个条形码符号的结束。扫描器识别终止字符,便可知道条形码符号已扫描完毕。若条形码符号有效,扫描器就向计算机传送数据并向操作者提供"有效读入"的反馈。终止字符的使用,避免了不完整信息的输入。当采用校验字符时,终止字符还指示扫描器对数据字符实施校验计算。

起始字符、终止字符的条、空结构通常是不对称的二进制序列。由于这一非对称性,扫描器可以进行双向扫描。当条形码符号被反向扫描时,阅读器会在进行校验计算和传送信息前把条形码各字符重新排列成正确的顺序。

(5) 校验字符(check character):表示校验码的字符。校验码又称校正码,是用于数据传输中对数据进行校验的特定附加码。有些码制的校验字符是必需的,有些码制的校验字符则是可选的。校验字符是通过对数据字符进行一系列算术运算而确定的。当符号中的各字符被扫描时,解码器将对其进行同一种算术运算,并将结果与校验字符比较。若两者一致,则说明读入的信息有效。

图 7-3 所示为一个 ENA-13 条形码的结构图。

图 7-3　ENA-13 条形码结构

3. 条形码的特点

条形码技术是迄今为止最为经济、实用的自动识别技术之一。与其他识别技术相比,条形码技术具有以下几个方面的优点。

(1) 简单　条形码符号制作容易,扫描操作简单易行。

(2) 输入速度快,效率高　条形码输入的速度是键盘输入的 5 倍,并且能实现即时数据输入。条形码读取速度可达 40 字符/秒。

（3）可靠性高　键盘录入数据的误码率为三百分之一；利用光学字符识别技术的误码率为万分之一；采用条形码扫描录入方式的误码率低于百万分之一。

（4）采集信息量大　一维条形码一次可携带几十位字符的信息，二维条形码更可以携带数千个字符的信息，并有一定的自动纠错能力。

（5）灵活、实用　条形码符号可以手工键盘输入，作为一种识别手段单独使用，也可以和有关设备组成识别系统以实现自动化识别，还可和其他控制设备组合起来实现整个系统的自动化管理。

（6）设备结构简单、成本低　条形码符号识别设备的结构简单，操作容易，无须专门训练。与其他自动化识别技术相比，推广应用条形码技术所需费用较低。

7.2　条形码的码制及工作原理

7.2.1　条形码的码制

条形码的码制是指条形码符号的类型，每种类型的条形码符号都是由符合特定编码规则的条和空组合而成的。每种码制都具有固定的编码容量和所规定的条形码字符集。条形码字符的编码容量即条形码字符集所能表示的字符数的最大值。每个码制都有一定的编码容量，这是由其编码方法决定的。常用的一维码制条形码包括 UPC 码、EAN 码、交叉二五码、三九码、九三码和库德巴码等。

1. UPC 码

UPC 码（UPC code）是美国统一代码委员会制定的一种条形码。1973 年，美国率先在国内的商业系统中应用 UPC 码，之后加拿大也在其商业系统中采用了 UPC 码。UPC 码是一种定长的、连续型、数字式条形码，其字符集为数字 0～9。它采用四种元素宽度，每个条或空是1、2、3 或 4 倍单位元素宽度。UPC 码有两种类型，即 UPC-A 码和 UPC-E 码。

2. EAN 码

1977 年，原欧洲经济共同体各国按照 UPC 码的标准制定了欧洲物品编码 EAN 码（EAN code），与 UPC 码兼容，而且两者具有相同的符号体系。EAN 码的字符编号结构与 UPC 码相同。EAN 码有两种类型，即 EAN-13 码（标准版）和 EAN-8 码（缩短版）。

3. 交叉二五码

交叉二五码（interleaved 2 of 5 bar code）是二五条形码的变型，是一种长度可变的、连续型、自校验、数字式条形码，其字符集也为数字 0～9。它采用两种元素宽度，每个条和空是宽或窄元素。编码字符个数为偶数，所有奇数位置上的数据以条编码，偶数位置上的数据以空编码。如果为奇数个数据编码，则在数据前补一位数字 0，使数据个数为偶数。

4. 三九码

三九码（3 of 9 bar code，Code 39）是第一种字母数字式条形码。1974 年由 Intermec 公司推出。它是长度可变的、连续型、自校验、字母数字式条形码。其字符集为数字 0～9、26 个大写字母和 8 个特殊字符，共 44 个字符。特殊字符包括—（减号）、·（圆点）、space（空格）、*（星号）、$（美元符号）、/（斜杠）、＋（加号）和％（百分号）。每个字符由 9 个元素组成，其中有5 个条（2 个宽条、3 个窄条）和 4 个空（1 个宽空、3 个窄空）。

5. 九三码

九三码(93 bar code,Code 93)是与三九码兼容的高密度一维条形码,是一种长度可变的、连续型、字母数字式条形码。其字符集为数字 0~9、26 个大写字母、7 个特殊字符以及 4 个控制字符(⑤、⑦、⑪、⑫)。特殊字符包括－(减号)、·(圆点)、space(空格)、*(星号)、$(美元符号)、/(斜杠)、＋(加号)和％(百分号)。每个字符由 3 个条和 3 个空组成,共 9 个元素宽度。

6. 库德巴码

库德巴码(Codabar bar code)出现于 1972 年,它是一种长度可变的、连续型、自校验、数字式条形码。其字符集为数字 0~9 和 6 个特殊字符,共 16 个字符。特殊字符包括 $(美元符号)、—(减号)、:(冒号)、/(斜杠)、·(圆点)和＋(加号)。库德巴码常用于仓库物品、血库血液和航空快速包裹的标识。

7.2.2 条形码的识读原理

不同颜色的物体能反射的可见光的波长不同,白色物体能反射各种波长的可见光,黑色物体则能吸收各种波长的可见光。

条形码的识读原理如图 7-4 所示。条形码扫描器光源发出的光经光阑及透镜 1,照射到黑白相间的条形码上时,反射光经透镜 2 聚焦后照射到光电转换器上,于是光电转换器接收到与白条和黑条相应的、强弱不同的反射光信号,并转换成相应的信号后输入放大整形电路。白条、黑条的宽度不同,相应的电信号持续时间的长短也不同。但是,由光电转换器输出的与条形码的条和空相对应的电信号一般仅 10 mV 左右,不能直接使用,因而先要将光电转换器输出的电信号送至放大器放大。放大后的电信号仍然是模拟信号。为了避免条形码中的疵点和污点导致错误信号,在放大电路后需加一整形电路,把模拟信号转换成数字信号,以使计算机系统能准确判读整形电路的脉冲。数字信号经译码器译成数字、字符信息。它通过识别起始、终止字符来判别出条形码符号的码制及扫描方向,通过测量脉冲数字电信号 0、1 的数目来判别出条和空的数目,通过测量 0、1 信号持续的时间来判别条和空的宽度,这样便得到被辨读的条形码符号的条和空的数目及相应的宽度和所用码制等信息。根据码制所对应的编码规则,便可将条形码符号转换成相应的数字、字符信息,通过接口电路送给计算机系统进行数据处理与管理,从而完成条形码识读的全过程。条形码扫描译码过程如图 7-5 所示。

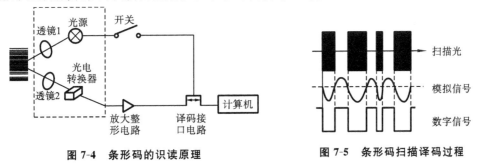

图 7-4 条形码的识读原理　　　　　图 7-5 条形码扫描译码过程

7.3 条形码识读系统的组成及识读设备

7.3.1 条形码识别系统的组成

条形码符号是图形化的编码符号,对条形码符号的识读就是借助一定的专用设备,将条形码符号中含有的编码信息转换成计算机可识别的数字信息的过程。从系统结构和功能上讲，条形码识读系统由扫描系统、信号整形部分、译码部分三个部分组成，如图 7-6 所示。

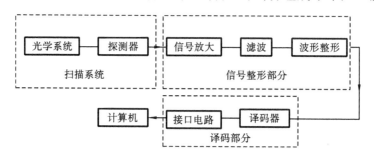

图 7-6　条形码识读系统的组成

扫描系统由光学系统及探测器即光电转换器件组成，由光学系统完成对条形码符号的光学扫描，光电探测器将由条形码条、空图案所得的光信号转换成电信号。

信号整形部分由信号放大单元、滤波单元、波形整形单元组成，其功能是将条形码的光电扫描信号处理成为标准电位的矩形波信号，其高低电平的宽度和条形码符号的条、空尺寸相对应。

译码部分一般由嵌入式微处理器组成，其功能是对条形码的矩形波信号进行译码，其结果通过接口电路输出到条形码应用系统中的数据终端。

条形码符号的识读涉及光学、电子学、微处理器等多种技术。要正确完成识读，必须满足以下几个条件。

（1）建立一个光学系统并产生一个光点，使该光点在人工或自动控制下能沿某一轨迹作直线运动且通过一个条码符号的左空白区、起始符、数据符、终止符及右空白区。

（2）建立一个反射光接收系统，使它能够接收到光点从条码符号上反射回来的光。同时要求接收系统的探测器的敏感面尽量与光点经过光学系统成像的尺寸相吻合。如果光点的成像比光敏感面小，则会使光点外的那些对探测器敏感的背景光进入探测器，影响识读。也要求来自条上的光点的反射光弱，而来自空上的光点的反射光强，以便通过反射光的强弱及持续时间来测定条（空）宽。

（3）要求光电转换器将接收到的光信号不失真地转换成电信号。

（4）要求电子电路将电信号放大、滤波、整形，并转换成电脉冲信号。

（5）建立某种译码算法将所获得的电脉冲信号进行分析、处理，从而得到条码符号所表示的信息。

（6）将所得到的信息转储到指定的地方。

上述的前四步一般由扫描器完成，后两步一般由译码器完成。

1. 光源

对于一般的条码应用系统，在制作时条码符号的条、空反差均是针对 630 nm 附近的红光，所以条码扫描器的扫描光源应含有较多的红光成分。条形码扫描器的红外线反射能力通常在 900 nm 以上，而可见光反射能力一般为 630 nm～670 nm，紫外线反射能力为 300 nm～400 nm。一般物品对 630 nm 附近的红光的反射性能和对近红外光的反射性能十分接近，所以有些扫描器采用近红外光。

扫描器所选用的光源种类很多，主要有半导体光源、激光光源，也有选用白炽灯、闪光灯等光源的。

2. 光电转换

接收到的光信号需要经光电转换器转换成电信号。手持枪式扫描识读器的信号频率为几十千赫到几百千赫。一般采用硅光电池、光电二极管和光电三极管作为光电转换器件。

3. 放大、整形与计数

全角度扫描识读器中的条码信号频率为几兆赫到几十兆赫。全角度扫描识读器一般都是长时间连续使用的,为了使用者的安全,要求激光源出射能量较小,因此最后接收到的能量极弱。为了得到较高的信噪比(由误码率决定),通常都采用低噪声的分立元件组成前置放大电路来低噪声地放大信号。手持枪式扫描识读器出射光能量相对较强,信号频率较低,另外,还可采用同步放大技术等,因此它对电子元器件特性的要求不是很高。而且由于信号频率较低,可以较方便地实现自动增益控制电路。

由于条码印刷时的边缘模糊性,更由于扫描光斑的有限大小和电子线路的低通特性,得到的信号边缘模糊,通常称为"模拟电信号"。对这种信号还须整形,以尽可能准确地将其边缘恢复,得到数字信号。同样,手持枪式扫描器由于信号频率低,在选择整形方案时有更多的余地。

4. 译码

条码识读系统根据量化后的条空宽度值进行译码,由译码单元译出其中所含信息。译码包括硬件译码和软件译码。硬件译码通过译码器的硬件逻辑来完成,译码速度快,但灵活性较差。为了简化结构和提高译码速度,已经出现了专用的条形码译码芯片。软件译码通过固化在只读存储器(ROM)中的译码程序来完成,灵活性较好,但译码速度较慢。实际上每种译码器的译码都是通过硬件逻辑与软件共同完成的。

译码不论采用什么方法,都包括以下三个过程。

(1)记录脉冲宽度　译码过程的第一步是测量记录每一脉冲的宽度值,即测量条空宽度。记录脉冲宽度利用计数器完成。

(2)比较分析处理脉冲宽度　脉冲宽度的比较方法有多种。比较过程并非简单地求比值,而是经过转换、比较后得到一系列便于存储的二进制数值,然后把这一系列的数据放入缓冲区以便进行下一步的程序判别。

(3)程序判别　码制判定必须通过起始符和终止符来实现。因为每一种码制都有选定的起始符和终止符,所以经过扫描所产生的数字脉冲信号也有其固定的形式。码制判定以后,就可以按照该码制的编码字符集进行判别,并进行字符错误校验和整串信息错误校验,完成译码过程。

5. 通信接口

条码识别系统一般采用 RS-232 接口或键盘口传输数据。条码扫描器在传输数据时使用RS-232 串口通信协议,使用时要先进行必要的设置,如波特率、数据位长度、有无奇偶校验和停止位等的设置,同时还需要选择使用何种通信协议。条码扫描器将 RS-232 数据通过串口传给 MX009 转换器,MX009 将串口数据转化成 USB 键盘或 USB 终端数据。MX009 只能和带有 RS-232 串口通信功能的条码扫描器共同工作。一些型号较老的条码扫描器只有一种接口。例如,如果使用键盘口 MS951,MX009 就不能工作。但是所有使用 PowerLink 电缆的扫描器,无论接口类型如何,都具有 RS-232 串口通信能力。所有与 PowerLink 电缆兼容的扫描仪,使用起来都很简单,因为电缆是可分离的。

7.3.2 条形码识读设备

条形码识读设备主要包括激光条码扫描器、CCD扫描器、光笔、全向激光扫描器和数据采集器等,如图7-7所示。

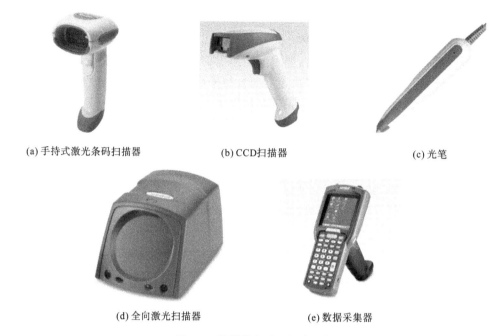

(a) 手持式激光条码扫描器　　　　(b) CCD扫描器　　　　(c) 光笔

(d) 全向激光扫描器　　　　(e) 数据采集器

图 7-7　常用的条形码识读设备

1. 激光条码扫描器

激光扫描技术的基本原理是:先由机具产生一束激光(通常是由半导体激光二极管产生),再由转镜将固定方向的激光束形成激光扫描线(类似电视机的电子枪扫描),激光扫描线扫描到条形码上再反射回机具,由机具内部的光敏器件将反射回的激光扫描线转换成电信号。

激光扫描器的优点是识读距离远、适应能力强,且具有穿透保护膜识读的能力,识读的精度和速度比较容易做得高些。缺点是对识读的角度要求比较严格,而且只能识读堆叠式二维码和一维码。另外,激光扫描器的不足之处是条形码符号的长度受光学系统的限制,并与扫描器到条形码符号的距离有关。

2. CCD 扫描器

CCD扫描器主要采用了电荷耦合器件(CCD),由CCD对条形码印刷图案进行成像,然后再进行译码。条形码符号成像在CCD感光器件阵列(光电二极管阵列)上,由于条和空的反光强度不同,因而感光器件产生的电信号强度也不同。通过扫描电路把相应的电信号放大、整形,然后输出,最后形成与条形码符号信息对应的电信号。为了保证一定的分辨率,光电元件的排列密度要保证条形码符号中最窄的元素至少被2~3个光电元件所覆盖,而排列长度应能够覆盖整个条形码符号。常见的阵列数有1 024、2 048和4 096等。

CCD扫描器的特点是:无任何机械运动部件,性能可靠,寿命长;按元件排列的节距或总长计算,可以用于测长;价格比激光枪便宜;可测条形码的长度受限制;景深小。

选择CCD扫描器需要考虑的两个参数是景深和分辨率。

(1) 景深　由于CCD的成像原理类似于照相机,如果要加大景深,则相应地要加大透镜,从而使 CCD 体积过大,不便操作。优秀的 CCD 应无须紧贴条形码即可识读,而且体积适中,操作舒适。

（2）分辨率　如果要提高 CCD 的分辨率,必须增加成像处光敏元件的单位元素。低价 CCD 的分辨率一般是 512 像素,识读 EAN、UPC 等商品条形码已经足够,对于其他码制的条形码识读就会困难一些。中档 CCD 以 1 024 像素的居多,有些甚至达到 2 048 像素,能分辨最窄单位元素为 0.1 mm 的条形码。

3. 光笔与卡槽式扫描器

1）光笔

光笔属于接触式、固定光束扫描器。在其笔尖附近有作为照明光源的发光二极管,并且有光电探测器。在选择光笔时,要根据所应用的条形码符号正确选择光笔的孔径（分辨率）,分辨率高的光笔的光点尺寸能达到 4 mil（1 mil＝0.0254 mm）,6 mil 属于高分辨率,10 mil 属于低分辨率。一般光笔的光点尺寸在 0.2 mm 左右。

光笔的光源有红光和红外光两种,其中红外光笔擅长识读被油污弄脏的条形码符号。光笔的笔尖容易磨损,一般用蓝宝石笔头,但光笔的笔头可以更换。

2）卡槽式扫描器

卡槽式扫描器属于固定光束扫描器,其内部结构和光笔类似,它上面有一个槽,手持带有条形码符号的卡从槽中滑过实现扫描。这种识读设备广泛用于时间管理以及考勤系统,经常和带有液晶显示和数字键盘的终端集成为一体。

4. 全向激光扫描器

全向扫描是指扫描条形码时,标准尺寸的商品条形码以任何方向通过扫描器的区域都会被扫描器的某条或某两条扫描线扫过整个条形码符号。这种扫描器一般用于商业超市的收款台。全向扫描器一般有 3～5 个扫描方向,每个方向上的扫描线为 4 条左右,扫描线数一般为 20 条左右。它们可以安装在柜台下面,也可以安装在柜台侧面。

这类设备的高端产品为全息式激光扫描器,它用高速旋转的全息盘代替了棱镜状多边转镜扫描。有的扫描线能达到 100 条,扫描的对焦面达到 5 个,每个对焦面含有 20 条扫描线,扫描速度可以高达 8 000 线/秒,特别适合于在传送带上识读不同距离、不同方向的条形码符号。这种类型的扫描器对传送带的最大速度要求小的有 0.5 m/s,大的有 4 m/s。

5. 数据采集器

把条形码识读器和具有数据存储、处理、通信传输功能的手持数据终端设备结合在一起,称为条形码数据采集器,简称数据采集器。当人们强调数据处理功能时,往往将其简称为数据终端。它实际上是移动式数据处理终端和某一类型的条形码扫描器的集合体。数据采集器按产品性能分为手持终端、无线型手持终端、无线掌上计算机和无线网络设备。

普通的扫描设备扫描条形码后,经过接口电路直接将数据传送给计算机,而数据采集器扫描条形码后,先将数据存储起来,根据需要再经过接口电路批处理数据。也可以将数据采集器连入无线局域网、GPRS（general packet radio service,通用分组无线业务）网络或广域网,实时传送和处理数据。数据采集器是具有现场实时数据采集、处理功能的自动化设备,可以随机提供可视化编程环境。

数据采集器具备实时采集、自动存储、即时显示、即时反馈、自动处理、自动传输等功能,保证了现场数据的真实性、有效性、实时性、可用性。由于数据采集器大都在室外使用,周围的湿度、温度等环境因素对手持终端的操作影响比较大,尤其是液晶屏幕、随机存取存储器(RAM)芯片等关键部件,其低温、高温特性都受限制。因此,用户要根据自身的使用环境情况选择手持终端产品。抗震、抗摔性能也是手持终端产品的另一项操作性能指标。作为便携式数据采集产品,操作者无意间失手使其跌落是难免的,因而手持终端要具备一定的抗震、抗摔性。

思考题与习题

1. 代码与条形码两个概念有何区别与联系?
2. 简述一维条形码的特点。
3. 什么是条形码的码制? 常用的一维条形码码制有哪些?
4. 简述条形码识读原理。条形码识读一般要经过哪几个环节?
5. 简述条形码识读系统的组成。常用的条形码识读设备有哪些?

第8章 光纤传感技术

光纤在 20 世纪 70 年代问世,光纤传感技术伴随着光通信技术的发展而逐步形成。在光通信系统中,光纤被用做远距离传输光波信号的媒质。显然,光纤传输的光信号受外界干扰越小越好。但是,在实际的光传输过程中,光纤易受外界环境因素影响。例如,温度、压力、电磁场等外界条件的变化,将引起光纤光波参数如光强、相位、频率、偏振、波长等的变化。因此,如果能测出光波参数的变化,就可以知道导致光波参数变化的各种物理量的大小,于是产生了光纤传感技术。

利用光纤实现物理量的传感,与常规传感器相比,有很多优点。

（1）结构简单、体积小、重量轻、耗能少。光纤直径只有几微米到几百微米,而且其柔韧性好,可深入机器内部或人体弯曲的内脏等特殊部位进行检测。

（2）灵敏度高、电绝缘性能好、抗电磁干扰、可挠性强,可实现不带电的全光型探头。光纤主要由电绝缘材料做成,工作时也是利用光子进行信息传输,因此具有很好的电磁屏蔽功能;另外,光波易于屏蔽,使得外界光无法干扰,因此可提高测量灵敏度和精度。可用于高温、高压、强电磁干扰、腐蚀等恶劣环境。

（3）光纤本身具有"传"与"感"的功能,因此,可采用光纤网络构成感知不同物理量的传感器,实现分布式传感。

自其应用于传感领域以来,光纤传感器的发展十分迅速,目前已研制出各类光纤传感器,用于测量位移、速度、加速度、液位、应变、力、流量、振动、水声、温度、电流、电压、磁场和各类化学物质等。

8.1 光纤传感器的基本知识

8.1.1 光纤的基本结构和传光原理

光纤是光导纤维(optic fiber)的简称,它是一种多层介质结构的对称柱体光学纤维,一般由纤芯、包层、涂敷层与护套构成,如图 8-1 所示。

纤芯与包层是光纤的主体,对光波的传播起决定性作用。纤芯的成分主要为石英玻璃,一般为掺杂二氧化锗(GeO_2)的二氧化硅(SiO_2),掺杂的目的是提高纤芯的折射率。纤芯直径一般为 5 μm～75 μm。包层成分一般为纯二氧化硅,其折射率 n_2 略低于纤芯折射率 n_1,两者的相对折射率差定义为 $\Delta = 1 - n_2/n_1$,Δ 通常为 0.005～0.140。包层直径一般为 100 μm～200 μm,标准值为 125 μm。涂敷层一般采用硅酮或丙烯酸盐等高分子材料制成,外径约为 250 μm。涂敷层的作用在于隔离杂光,保护光纤的玻璃表面,防止其被划伤或发生其他机械损伤。护套的材料一般为尼龙或其他有机材料,用于增强光纤的机械强度和柔韧性。在一些特殊场合,可以没有涂敷层和护套,此时的光纤称为裸光纤。多根光纤以一定的结构形式组合起来就构成了光纤光缆。

光纤能够将进入光纤一端的光线传送到光纤的另一端,光纤传光的基础是光的全内反射。如图 8-2 所示,光线以入射角 θ_0 进入光纤端面,在端面发生折射,折射光入射到纤芯和包层的

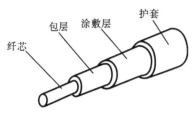

图 8-1　光纤结构

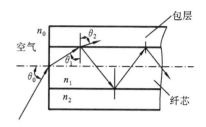

图 8-2　光线在光纤内的传播

分界面上,设折射光纤在分界面上的入射角为 θ_1,那么,θ_1 与相应的折射角 θ_2 存在如下关系:

$$n_1 \sin \theta_1 = n_2 \sin \theta_2 \tag{8-1}$$

由于 $n_1 > n_2$,所以折射角 θ_2 大于入射角 θ_1。随着入射角 θ_1 的增大,折射角 θ_2 相应增大。当折射角 $\theta_2 = 90°$ 时,折射光消失,入射光线全部被反射。此时的临界角 θ_c 为满足全反射条件的最小入射角,有

$$\theta_c = \arcsin \frac{n_2}{n_1} \tag{8-2}$$

当入射角 $\theta_1 > \theta_c$ 时,光线只在光纤纤芯内不断反射并向前传播,直至从另一端射出。这就是光纤的传光原理。

当入射角 θ_1 不断增大时,入射到光纤端面的入射角 θ_0 却在减小。由临界角 θ_c 可知,光线从外界(如空气,其折射率为 n_0)入射到光纤端面时,使光线能在纤芯内全反射传播的最大入射角 θ_0 满足

$$n_0 \sin \theta_0 = n_1 \cos \theta_c = n_1 \sqrt{1 - \sin^2 \theta_c} = \sqrt{n_1^2 - n_2^2} \tag{8-3}$$

一般定义 $\mathrm{NA} = n_0 \sin \theta_0$ 为光纤的数值孔径,对应的最大入射角 θ_0 称为张角。数值孔径 NA 表征的含义是:无论光源发射功率多大,只有入射角处于张角 θ_0 内的光线才能被光纤接收,并在光纤内部连续发生全反射,最终传播到光纤另一端。数值孔径 NA 越大,表示光纤的集光能力越强。一般对光纤产品不给出折射率,只给出数值孔径。以常用的石英光纤为例,其数值孔径 $\mathrm{NA} = 0.2 \sim 0.4$,对应的张角为 $11.5° \sim 23.6°$。光纤在实际工作中常常发生弯曲,但是只要满足全反射定律,光线仍能传播。但对于光强调制型光纤传感器,这样会造成误差。

8.1.2　光纤的分类

光纤的分类可以从原材料、传输模式、折射率分布、工作波长和制造方法等方面考虑。

1. 按原材料分类

制作光纤的材料有石英玻璃、多成分玻璃、塑料、复合材料(如塑料包层、液体纤芯等)、红外材料等。常用的是石英玻璃光纤,近年来塑料光纤也开始得到应用。

2. 按传输模式分类

按传输模式,光纤可分为单模光纤和多模光纤。

光在纤芯中的传播实质上就是交变的电场和磁场在光纤中向前传播,分为轴向和径向传播的两类平面波。沿径向传播的平面波如果在一个往复(相邻两次反射)中相位变化为 2π 的整数倍,则形成驻波。只有驻波才能在光纤中稳定传播,而一种驻波就是一种模。若光纤中只传播一种驻波就是单模光纤,如传播的驻波有多种就称为多模光纤。一般都希望光纤信号的模的数量少,以减少信号畸变的可能。

单模光纤只传输主模,其传输的频带很宽,适用于大容量、长距离的光纤通信,使用的光波

长主要为 1 310 nm 或 1 550 nm。多模光纤在一定的工作波长(850 nm～1 300 nm)下有多种驻波在光纤中传输,相比于单模光纤,它的传输性能比较差。

根据传输的偏振态,单模光纤可进一步分为偏振保持光纤和非偏振保持光纤,二者的差异在于能否传输偏振光。偏振保持光纤又可进一步分为单偏振光纤、高双折射光纤、低双折射光纤和圆保偏光纤。

3. 按折射率分布分类

按光纤的纤芯和包层的折射率分布情况,光纤分为阶跃型、近阶跃型、渐变型以及三角形、W 型等。最常用的是阶跃型光纤,它的制作最容易。

4. 按工作波长分类

按工作波长 λ 的不同,光纤可分为短波长光纤、长波长光纤和超长光纤等三类。短波长光纤是指 $\lambda = 0.8 \ \mu m \sim 0.9 \ \mu m$ 的光纤,一般应用于多模光纤通信;长波长光纤是指 $\lambda = 1.0 \ \mu m \sim 1.7 \ \mu m$ 的光纤,其中 $1.55 \ \mu m$ 用于单模光纤通信,$1.33 \ \mu m$ 用于单模或多模的光纤通信;超长光纤是指 λ 在 $2 \ \mu m$ 以上的光纤。

8.1.3　光纤用光源和常用器件

1. 光纤用光源

利用光纤实现传感离不开光源。一般要求光源的稳定性好、体积小,便于光的耦合,光源输出的频谱特性与光纤波导的传输频响特性匹配,在特定条件下还要求光源的相干性好。按照光的相干性,可以把光源分为相干光源和非相干光源。

相干光源有热光源、气体放电光源、发光二极管等。热光源不具有稳定性和调制速率的特点,一般不考虑;气体放电光源具有强度高和波长短的特点,一般用来发射荧光和检测物质的温度、含量等;发光二极管可靠性好、稳定性高、线性度好,但其输出功率小、发射角大、谱线宽、响应速度低,多用在一些简易的光纤传感器中。

相干光源指各类型的激光器,常见的有固体激光器、液体激光器、气体激光器、半导体激光二极管、面发射激光器、光纤激光器、放大自发辐射(amplified spontaneous emission,ASE)光源等。固体激光器的输出能量大、峰值功率高、器件结构小、使用寿命长,在光纤传感领域有一定应用,常用于测量吸收光谱;液体激光器在光纤传感领域应用很少;在一些分布式系统中,信号传输距离长,要求光源具有连续的高功率,气体激光器(如氩离子激光器)是很好的选择;半导体激光二极管效率高、体积小、波长范围宽、价格低、使用方便,是光纤传感系统中应用非常广泛的一种光源,但是半导体激光器的性能随时间退化,这限制了它的长期应用;面发射激光器体积小、对温度不敏感、寿命长、光电效应高、响应速度快,可应用到层叠光集成电路上,虽然目前应用不多,但具有广阔的应用前景;光纤激光器利用掺稀土元素玻璃光纤作为增益介质,使低泵浦实现连续工作,增益高,热效应低,可制成可调谐激光器,并且能与光纤耦合,建立全光纤测试系统,因此,光纤激光器在下一代光纤传感器的应用中具有非常好的前景;ASE 光源是光纤传感系统中最常用的光源,它具有高稳定、高功率输出的宽带光源,还广泛用于其他光纤器件的测试,根据其光谱覆盖范围,分为 C(1 528 nm～1 563 nm)和 C＋L(1 528 nm～1 603 nm)波段的两种。

2. 光纤常用器件

1) 光纤连接器件

光纤的连接或者是永久性连接,如采用熔接法、粘接法或采用固定连接器的连接,或者是活动连接。活动连接器一般称为光纤连接器,是目前使用数量最多的光无源器件。大多数的光纤连接器由三个部分组成:配合插头(两个)和耦合管(一个)。插头用于装进光纤尾端,耦合管用于对准套管。耦合管多在外面装配金属或非金属法兰,以便于连接。

光纤连接器件的插入损耗和回波损耗是最重要的光学性能参数。插入损耗越小越好,一般要求不大于 0.5 dB。回波损耗是指连接器件对链路光功率反射的抑制能力,典型值不小于 25 dB,经过抛光处理后的连接器件,回波损耗不低于 45 dB。

2)光纤耦合器

光纤耦合器是将光信号从一条光纤中分至多条光纤中的元件。它分为标准耦合器(双分支结构)、星状/树状耦合器以及波长多工器(又称波分复用器)。光纤耦合器通常采用烧结方法制作,将两条光纤并在一起烧熔拉伸,使纤芯聚合在一起,实现光耦合作用。光纤耦合器能在两根或多根光纤之间重新分配能量,对光纤中的光信号进行分束并使其衰减。使用光纤耦合器时要考虑它的波长选择性。光纤耦合器的主要参数有耦合比、附加损耗、信道插入损耗、隔离比和回波损耗。

一个 50∶50 耦合比的耦合器被称为 3 dB 耦合器。3 dB 的数量含义就是 $-10\lg 0.5$,即一半的对数化,用于描述物理量下降到一半的情况,这就代表光通过耦合器后被分成两路,两路信号功率均为入射信号的 50%,分束后的光中心波长不发生变化。这类耦合器通常采用 1×2、2×2 的形式,即一端输入、另两端平分输出。

3)光开关

光开关用于光路的控制,起切换光路的作用,它使用起来较方便。光开关的参数主要有插入损耗、回波损耗、隔离度、串扰、工作波长、消光比、开关时间、矩阵规模等。传统的光开关主要有波导开关和机械开关两种。波导开关的开关速度快、体积小、易于集成,但其插入损耗、隔离度、消光比等指标较差;光机械开关虽然插入损耗低、防串音效果好、成本低,但其设备庞大、可扩展性一般。在波导开关和机械开关的基础上出现了许多采用新技术的开关,例如微光电子机械开关、液晶光开关、全息光栅开关等。

4)波分复用器

波分复用(wavelength division multiplexing,WDM)是光纤通信中特有的一种传输技术。波分复用器利用一根光纤可以同时传输多个不同波长的光的特点,将光纤的低损耗窗口划分成多个波段,每个波段作为一个独立的通道传输预定波长的光信号,从而实现多波长分离。光波分复用器的主要技术指标有插入损耗、串音损耗、波长间隔和复用路数等。串音损耗表示波分复用器对各波长的分隔程度,其值越大越好,应大于 20 dB。

8.1.4 光纤传感器

若光纤受到外界环境如温度、压力等干扰,传输光的强度、相位、频率、偏振态等光波量将发生变化。根据这一原理,可以制成光纤传感器(fiber optic sensor,FOS),实现物理量的检测。研究光纤传感器的原理实际上是研究被调制的光参量与外界被测参数的相互作用。

光纤传感器按传感原理可分为功能型和非功能型两种。功能型光纤传感器利用了光纤本身的特性,把光纤作为敏感元件,所以也称传感型光纤传感器,或全光纤传感器;非功能型光纤传感器则是利用其他敏感元件来感受被测量的变化,光纤仅作为传输介质,传输来自远处或难以接近场所的光信号,所以也称传光型传感器,或混合型传感器。

在光纤中传输的光波振动方程为

$$E = E_0 \cos (\omega t + \phi) \qquad\qquad (8\text{-}4)$$

式中:E_0 为光波振幅;ω 为角频率;ϕ 为初相角。

式(8-4)中包含了光波的五个参数,即强度 E_0^2、角频率 ω、波长 $\lambda_0 (\lambda_0 = 2\pi c/\omega)$、相位 $\omega t + \phi$ 和偏振态。通过调制这些参量可以实现光纤传感。因此,光纤传感器按被调制的光波参数不同又可分为强度调制型光纤传感器、频率调制型光纤传感器、波长(颜色)调制型光纤传感器、相位调制型光纤传感器和偏振调制型光纤传感器等。

光纤传感器根据被测对象的不同,又可分为光纤温度传感器、光纤位移传感器、光纤浓度传感器、光纤电流传感器、光纤流速传感器等。

8.2　强度调制型光纤传感器

强度调制是光纤传感器最基本的调制形式。强度调制是指外界物理量通过传感元件使光纤中的光强发生相应变化的过程,通过检测光强的变化实现待测量的测量。其原理如图 8-3 所示:恒定光源 S 发出的光(功率为 P_i)通过光纤传输,经过强度调制区后,在外加信号 I_F 作用下,光波强度被调制,载有外加信号的出射光(功率为 P_0)的包络线与外加信号的 I_F 的变化相同。出射光功率由光电探测器接收,以电流或电压的方式输出。

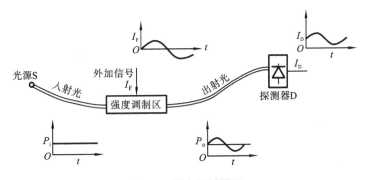

图 8-3　强度调制原理

强度调制型光纤传感器可大致分为以下几种类型:反射式强度调制光纤传感器、透射式强度调制光纤传感器、光模式强度调制光纤传感器、折射率强度调制光纤传感器。其特点是简单方便、经济可靠。

8.2.1　反射式强度调制

反射式强度调制的基本原理如图 8-4 所示,其中图(a)所示为传感器结构,图(b)所示为接收光纤与像的光锥底端重叠示意图,图(c)所示为发送光纤与像的光锥底端重叠示意图。这里光纤分为发送光纤和接收光纤,只具备传光功能。

发送光纤将光源的光射向被测物体表面,光再从被测面反射到接收光纤中,接收光强度的大小随被测表面与光纤间的距离而变化。设发送光纤与接收光纤的间距为 a,且二者都为阶跃型光纤,光纤纤芯直径为 $2r$,数值孔径为 NA,光纤与被测表面之间的距离为 d_0。发射光锥的底面半径为 dT,且 $T = \tan (\sin^{-1} \text{NA})$。当 $d < a/2T$,即 $a > 2dT$ 时,接收光纤接收到的光功率为零;当 $d > (a+2r)/2T$ 时,接收光纤与发送光纤的像所发出的光锥底端相交,相交截面积恒为 πr^2,此光锥底面积为 $\pi (2dT)^2$,故此时的传光系数为 $(r/2dT)^2$。在 $a/2T < d < (a+$

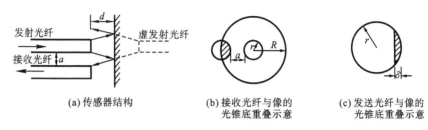

图 8-4　反射式强度调制基本原理

$2r)/2T$ 时，接收光纤的光通量由发送光纤的像的光锥底面与接收光纤相重叠部分的面积决定，如图 8-4(b)所示，图中 $R=r+2dT$。该面积可以利用伽玛函数精确计算，也可以用线性近似法计算，即光锥底面与发送光纤端面相交的边缘用直线来近似。设 δ 为光锥边缘与发送光纤重叠的距离，那么如图 8-4(c)所示，在近似计算的前提下，通过几何分析可以得到发送光纤端面受光锥照射的表面所占的比例为

$$\alpha = \frac{1}{\pi}\left\{\arccos\left(1-\frac{\delta}{r}\right)-\left(1-\frac{\delta}{r}\right)\sin\left[\arccos\left(1-\frac{\delta}{r}\right)\right]\right\} \tag{8-5}$$

式(8-5)所表示的曲线如图 8-5 所示。

由此，可计算出 $\dfrac{\delta}{r}$ 的值：

$$\frac{\delta}{r} = \frac{2dT-a}{r} \tag{8-6}$$

因此，接收光纤接收的光功率与入射光功率之比，即耦合效率 F 为

$$F = \frac{P_{\text{o}}}{P_{\text{i}}} = \alpha\left(\frac{\delta}{r}\right)\left(\frac{r}{2dT}\right)^2 \tag{8-7}$$

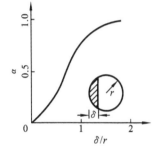

图 8-5　直边模型的理论曲线

式(8-7)可用于这种强度调制形式的光纤传感器的分析与计算。

反射式强度调制型光纤传感器是最早的光纤传感器，除上面所描述的基本形式之外，还有单光纤式、双光纤式和传光束式等，如图 8-6 所示。

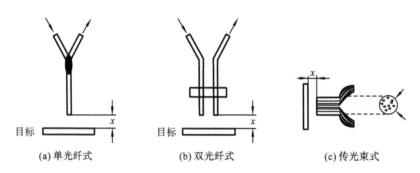

图 8-6　反射式强度调制型光纤传感器类型

8.2.2　透射式强度调制

透射式强度调制型光纤传感器的原理与反射式强度调制型光纤传感器基本相同，其中的光纤仍然只起传光作用，也分为发送光纤和接收光纤。不同的是，该类传感器中发送光纤和接

收光纤相对,移动接收光纤,使接收光纤所接收的光能量发生变化,以此实现光强调制。该类传感器的基本结构如图 8-7 (a)所示。设光纤纤芯直径为 D,则当发送光纤和接收光纤错开距离为 x 时,接收光纤中光强变化如图 8-7(b)所示。除了直接移动接收光纤来实现透射式强度调制外,还可在发送光纤和接收光纤之间加入遮光板,通过遮光板的移动来实现接收光强的变化。

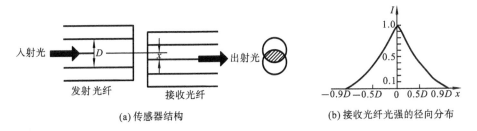

(a)传感器结构　　　　　　　　(b)接收光纤光强的径向分布

图 8-7　透射式强度调制光纤传感器调制原理

除了这种纵向位移的透射式强度调制形式,还有横向位移式、角位移式、差动位移式等,如图 8-8 所示。

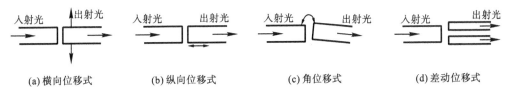

(a)横向位移式　　　(b)纵向位移式　　　(c)角位移式　　　(d)差动位移式

图 8-8　透射式强度调制型光纤传感器类型

8.2.3　光模式强度调制

若光纤状态发生变化,例如出现微弯、缠绕、部分腐蚀、部分剖磨以及与其他光学元件组合等,会引起光纤的模式耦合,其中有些导波模将变成辐射模,从而引起损耗。

图 8-9 所示为利用微弯损耗实现光强调制的光纤传感器结构。设机械变形器的波纹周期间隔为 L(对应的空间频率为 f),它与光纤中适当选择的两个模之间的传播常数相匹配。若给定引起耦合的两个模的传播常数 $\beta(\beta = 2\pi/\lambda)$ 和 β',则 L 必须满足

$$\Delta\beta = |\beta - \beta'| = 2\pi/L \tag{8-8}$$

此时相位失配为零,模间耦合最佳。因此,波纹的最佳周期间隔由光纤模式决定。位移改变了弯曲处的模振幅,从而引发强度调制,调制系数可以写成

$$Q = \frac{\mathrm{d}T}{\mathrm{d}x} \cdot \frac{\mathrm{d}x}{\mathrm{d}F} \tag{8-9}$$

式中:T 为光纤的传输系数;x 为机械变形器的位移;F 为外物压力。

由式(8-9)可知,调制系数取决于两个参数:一是由光纤性能确定的 $\dfrac{\mathrm{d}T}{\mathrm{d}x}$;二是由微弯传感器的机械设计确定的 $\dfrac{\mathrm{d}x}{\mathrm{d}F}$。为使传感器性能最优化,必须使光学设计和机械设计最佳化,把两者统一起来。机械设计正是由前面所述的模间耦合最佳状态确定的。

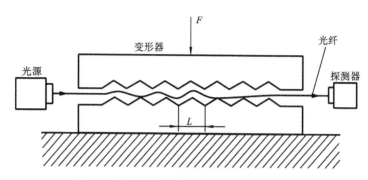

图 8-9　微弯损耗强度调制型光纤传感器结构

8.2.4　折射率强度调制

折射率强度调制是利用物理量(如温度、压力、应变等)引起光纤折射率变化而实现的强度调制。由折射率引起光强变化的途径有以下三种：

① 折射率变化引起传输波损耗变化；

② 折射率变化引起渐逝波耦合度变化；

③ 折射率变化引起光纤光强反射系数变化。

1. 光纤折射率变化型

纤芯和包层的折射率是与温度有关的一个量，因此，当温度改变时，n_1 和 n_2 也会发生变化，从而使传输损耗改变。利用这一原理可以制作温度报警装置。例如，选择具有不同折射率的温度系数的材料做纤芯和包层。当 $T < T_1$ 时，$n_1 > n_2$，光在光纤中传输；当 $T > T_1$ 时，$n_1 < n_2$，光传输条件被破坏，则发出警报。这种温度传感器具有电绝缘性好、防爆性强、抗电磁干扰等优点，适用于大型电动机状态监测、液化天然气罐的报警系统等场合。

2. 渐逝波耦合型

光波以大于临界角的方向由光密媒质入射到光疏媒质中，入射光就能全部返回到光密媒质中，发生光的全内反射。但理论上，透射光波必定存在，只是其能量无法被带出边界。临界存在的透射波，其振幅随透射入光疏媒质的深度按指数衰减，形成渐逝波，且当深入距离达几个波长时，透射能量就可以忽略不计了。如果采用一种办法使渐逝场能以较大的振幅穿过光疏媒质，并伸展到附近的折射率较高的光密媒质材料中，能量就能穿过间隙，这一过程称为受抑全反射。利用这一原理，当两根光纤的纤芯相互靠近到一定距离时，光能从一根光纤耦合到另一根光纤中去，这就构成了渐逝波耦合型传感器。

渐逝波耦合型传感器的结构如图 8-10 所示。一对光纤被剥去包层，以使纤芯之间的距离减小到能够在两根光纤之间产生渐逝场耦合。当两根光纤相同时，使其间隔发生变化，就能改变耦合功率。另外，改变耦合长度 L 和封装介质折射率 n_2 也可以使光探测器的接收光强发生变化。

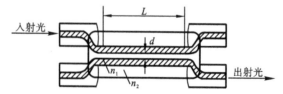

图 8-10　渐逝波耦合型传感器的结构

3. 反射系数式

反射系数型强度调制光纤传感器的原理如图 8-11 所示。它是利用光纤光强反射系数的改变来实现透射光强调制的。如图 8-11（a）所示，从光纤左端射入纤芯的光，一部分沿这段光纤反射回来后由光分束器 M 偏转到光探测器。图 8-11（b）所示为光纤右端放大剖视图。在光纤端面直接抛光出来的 M_1、M_2 小反射镜面是互相搭接的。控制 M_1 反射镜面的角度，可以使纤芯中的光束以大于临界角的角度入射。光波在入射界面上的光强分配可以采用菲涅耳公式描述，界面强度反射系数也可以由菲涅耳反射公式给出：

$$\left. \begin{array}{l} R_{//} = \left[\dfrac{n^2 \cos\theta - (n^2 - \sin^2\theta)^{1/2}}{n^2 \cos\theta + (n^2 - \sin^2\theta)^{1/2}}\right]^2 \\[4mm] R_{\perp} = \left[\dfrac{\cos\theta - (n^2 - \sin^2\theta)^{1/2}}{\cos\theta + (n^2 - \sin^2\theta)^{1/2}}\right]^2 \end{array} \right\} \tag{8-10}$$

式中：$R_{//}$ 为平行于偏振方向的强度反射系数；$R_{\perp}$ 为垂直于偏振方向的强度反射系数；n 为折射率比值，有 $n = n_3/n_1$；θ 为入射光波在界面上的入射角。

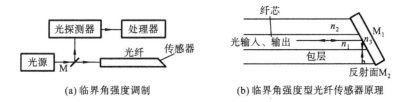

(a) 临界角强度调制　　　　　　(b) 临界角强度型光纤传感器原理

图 8-11　反射系数型强度调制结构

由式（8-10）可知，当光波以大于临界角的入射角入射到折射率分别为 n_1、n_3 的介质的界面上时，若折射率为 n_3 的介质由于压力或温度的变化折射率发生微小改变，将引起反射系数的变化，从而导致反射光强的改变。

8.3　相位调制型光纤传感器

相位调制是指当传感光纤受到外界机械或温度场的作用时，外界信号通过光纤的力应变效应、热应变效应、弹光效应及热光效应，使传感光纤的几何尺寸和折射率等参数发生变化，从而导致光纤中的相位发生变化。光电探测器只能探测光功率，不能探测光相位，因此，通常采用干涉法将光的相位差信息转换成为相应的干涉条纹光强变化。

相位调制型光纤传感器的应用历史已超过百年，是诸多光纤传感器中分辨率比较高的一种，目前使用仍然较多。

光纤中光的相位由光纤导波的物理波长、折射率及其分布、波导横向几何尺寸所决定，可以表示为 $k_0 n L$，其中，k_0 为光在真空中的波数，n 为传播路径上的折射率，L 为传播路径的长度。应力、应变、温度对这三个波导参数均会产生影响，因而也会导致相位变化。

8.3.1　相位调制原理

1. 应力应变效应

当光纤受到纵向（轴向）机械应力作用时，光纤长度、纤芯折射率都会发生变化，从而导致光波的相位发生变化，这称为光纤的应力应变效应。

光波通过长度为 L 的光纤后，出射光波的相位延迟为

$$\phi = \frac{2\pi}{\lambda}L = \beta L \tag{8-11}$$

式中：β 为光波在光纤中的传播常数，有 $\beta = 2\pi/\lambda$；λ 为光波在光纤中的传播波长，有 $\lambda = \lambda_0/n$，其中 λ_0 为光波在真空中的波长。

于是，光波的相位变化可以写成如下形式：

$$\Delta\phi = \beta\Delta L + L\Delta\beta = \beta L \frac{\Delta L}{L} + L \frac{\partial\beta}{\partial n}\Delta n + L \frac{\partial\beta}{\partial a}\Delta a \tag{8-12}$$

式中：a 为光纤纤芯的半径。

式(8-12)第一项表示光纤长度变化引起的相位延迟（应变效应）；第二项表示感应折射率变化引起的相位延迟（光隙效应）；第三项表示光纤的半径改变引起的相位延迟（泊松效应）。根据弹性力学原理，可分别推导出各向同性的光纤纤芯（$n_1 = n_2 = n_3 = n$）在不同受力情况下的相位变化表达式。

1）纵向应变引起的相位变化

此时 $\varepsilon_x = \varepsilon_y = 0$，有

$$\Delta\phi = \frac{1}{2}nk_0 L(2 - n^2 p_{12})\varepsilon_z \tag{8-13}$$

式中：p_{12} 为光纤的弹光系数；ε_z 为纵向应变。

2）径向应变引起的相位变化

此时 $\varepsilon_z = 0$，$\varepsilon_x = \varepsilon_y = \frac{\Delta a}{a}$。若考虑泊松效应，有

$$\Delta\phi = nk_0 L\left[\frac{a}{nk_0}\frac{\mathrm{d}\beta}{\mathrm{d}a} - \frac{1}{2}n^2(p_{11} + p_{12})\right]\varepsilon_x \tag{8-14}$$

式中：$\frac{\mathrm{d}\beta}{\mathrm{d}a}$ 为传播常数的应变因子。

若不考虑泊松效应，有

$$\Delta\phi = -\frac{1}{2}k_0 L n^3(p_{11} + p_{12})\varepsilon_x \tag{8-15}$$

3）光弹效应引起的相位变化

此时，纵、横向效应同时存在，则有

$$\Delta\phi = nk_0 L\left[\varepsilon_z - \frac{1}{2}n^2(p_{11} + p_{12})\varepsilon_x - \frac{1}{2}n^2 p_{12}\varepsilon_z\right] \tag{8-16}$$

4）一般形式的相位变化

纵向应变与横向应变的符号相反，且符合胡克定律。最终得到的相位变化为

$$\Delta\phi = nk_0 L\left\{1 - \frac{1}{2}n^2\left[(1-\nu)p_{12} - \nu p_{11}\right]\right\}\varepsilon_z - La\nu\frac{\partial\beta}{\partial a}\varepsilon_z \tag{8-17}$$

式中：ν 为泊松比，$\nu = |\varepsilon_x/\varepsilon_z|$。

对于单模光纤，其传播常数因子 $\frac{\partial\beta}{\partial a} = \frac{2\pi}{\lambda}\left(\frac{\lambda}{4a}\right)^2\frac{1}{\sqrt{1-(\lambda/4a)^2}}\frac{1}{2a}$，代入式(8-17)可得一般应变形式下的相位延迟为

$$\Delta\phi = nk_0 L\left[1 - \frac{1}{2}n^2\left[(1-\nu)p_{12} - \nu p_{11}\right] - \nu\left(\frac{\lambda}{4a}\right)^2\frac{1}{\sqrt{1-(\lambda/4a)^2}}\frac{1}{2a}\right]\varepsilon_z \tag{8-18}$$

对于石英光纤，$\nu = 0.17$，$p_{11} = 0.126$，$p_{12} = 0.274$，$a = 4.5~\mu\mathrm{m}$，$n = 1.458$。若采用波长 λ_0

=1.3 μm 的激光器,把这些数据代入式(8-18)中,可得到

$$\Delta\phi = nk_0(0.781\,0 - 2.087\,6\times10^{-4})\Delta L = 5.499\times10^6\Delta L(\mathrm{rad}) \tag{8-19}$$

由计算结果可知,对于单模光纤,由泊松效应引起的相位变化仅为总量的 0.026%,因此,计算时可忽略泊松效应,于是式(8-18)变为

$$\Delta\phi = nk_0L\left\{1 - \frac{1}{2}n^2\left[(1-\nu)p_{12} - \nu p_{11}\right]\right\}\varepsilon_z = \frac{2\pi n\xi\Delta L}{\lambda_0} \tag{8-20}$$

式中:$\xi = 1 - \frac{1}{2}n^2\left[(1-\nu)p_{12} - \nu p_{11}\right]$ 称为光纤应变系数。式(8-20)即为单模光纤常用的应变公式。

光纤纵向、横向应变常用空心压电陶瓷(PZT)圆柱筒实现。光纤缠绕在 PZT 柱筒外圈,PZT 上施加纵向或横向驱动电压,则光纤随 PZT 直径的伸缩而变化。典型的干涉型光纤传感器系统如图 8-12 所示。激光器发射的单色光进入光纤后,又进入 3 dB 耦合器,光束一分为二,一束通过干涉仪的参考臂,一束通过信号臂,然后由 3 dB 耦合器合二为一,再分为两束光射出。探测器 D_1、D_2 将接收光强转变为光信号,以差分放大方式对光路调制相位 $\Delta\phi$ 进行检测。

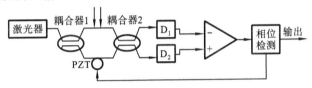

图 8-12 干涉型相位检测原理

2. 温度应变效应

温度应变效应与应力应变效应相似,它也同时影响光纤折射率 n 和长度 L 的变化。假设作用温度为 T,那么,相应的光波相位延迟为

$$\frac{\Delta\phi}{\Delta T} = k_0\left(L\frac{\mathrm{d}n}{\mathrm{d}T} + n\frac{\mathrm{d}L}{\mathrm{d}T}\right) \tag{8-21}$$

由于光纤中光的传播方向沿横向偏振,只需考虑径向折射率变化时温度引起的相位变化:

$$\frac{\Delta\phi}{\Delta T} = \frac{1}{n}\frac{\mathrm{d}n}{\mathrm{d}T} + \frac{n}{L}\frac{\mathrm{d}L}{\mathrm{d}T} = \frac{1}{n}\frac{\partial n}{\partial T} + \frac{1}{\Delta T}\left\{\varepsilon_z - \frac{1}{2}n^2\left[(p_{11} + p_{22})\varepsilon_x + p_{12}\varepsilon_z\right]\right\} \tag{8-22}$$

式中:ε_x 和 ε_z 为应变,与光纤材料的性质有关。

8.3.2 干涉解调原理

相位调制型光纤传感器既需要敏感光纤,又需要干涉仪,否则不能完成测量任务。干涉仪的作用是完成相位到光强的转换。

光波在传播过程中,可能是两束或多束相干光。设有光振幅分别为 A_1 和 A_2 的两个相干光束,其中一束光的相位受到调制,那么,这两束光在干涉时各点的光强可表示为

$$A^2 = A_1^2 + A_2^2 + 2A_1A_2\cos\Delta\phi \tag{8-23}$$

式中:$\Delta\phi$ 为相位调制引起的相干光之间的相位差。

如果能够测得干涉光强的变化,就可以确定两光束间相位的变化,从而得到待测物理量。常用的干涉仪有以下几种。

1. 迈克尔逊光纤应变干涉仪

迈克尔逊(Michelson)光纤应变干涉仪的基本原理如图 8-13 所示。激光器发出的光经过

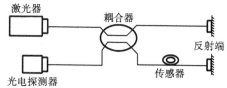

**图 8-13　迈克尔逊光纤应变
干涉仪的基本原理**

3 dB 耦合器后分为两束,分别经过参考臂和测量臂。两束光在两臂的端面处分别发生反射后返回耦合器,分光后,一部分反射光进入光电探测器,另一部分进入激光器。当两反射端面到耦合器间的光程差小于激光器的相干长度时,射到光探测器上的两相干光束便产生干涉。

当可动端移动时,光探测器接收到的干涉光强度将发生变化。两相干光的相位差为

$$\Delta\phi = 2k_0\Delta l \tag{8-24}$$

式中:k_0 为光在空气中的传播常数;Δl 为两束相干光的光程差的一半。

可动端反射镜每移动 $2\Delta l = \lambda$,光探测器的输出就从最大值变到最小值再变到最大值,也就是变化一个周期。这种装置在氦氖激光器光照射下,可检测到 10^{-13} 数量级的应变。

2. 马赫-泽德光纤干涉仪

马赫-泽德(Mach-Zehnder)光纤干涉仪的基本原理如图 8-14 所示。它与迈克尔逊光纤应变干涉仪相似,但是在该干涉仪中光不经过反射,而是直接经过一个 3 dB 耦合器的两臂进入另一个 3 dB 耦合器,而后经过两个光探测器进入信号处理电路。与迈克尔逊光纤应变干涉仪相比,理想的马赫-泽德光纤干涉仪中没有光直接返回激光器,这就避免了反馈光带来的激光器不稳定和产生噪声的情况。马赫-泽德光纤干涉仪也可以检测到 10^{-15} m～10^{-13} m 数量级的应变。这种干涉仪在目前的相位调制型光纤传感器中应用最多,它的体积小,力学性能稳定,并且很好地解决了光纤耦合器的工艺和稳定性问题。

为了保证全光纤干涉仪的工作点稳定,常常采用零差检测方式。它在参考臂中采用 PZT 圆筒,通过闭环反馈激励来保证"零差检测"所需的正交状态。但是 PZT 对光纤的调相范围只有 2π,使得相位检测范围较小。当光纤相位改变超过 2π 时,需要进一步判断研究。另外,系统对温度敏感,要求环境温度稳定。

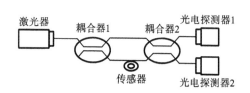

图 8-14　马赫-泽德光纤应变干涉仪的基本原理

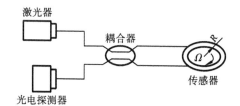

图 8-15　萨格奈克干涉仪的基本原理

3. 萨格奈克光纤干涉仪

萨格奈克(Sagnac)干涉仪是利用萨格奈克效应构成的一种干涉仪,其基本原理如图 8-15 所示。激光器发出的光经过 3 dB 耦合器后在由同一根光纤绕成的光纤圈中沿相反方向前进,这两束光在外界因素的作用下产生不同的相移,因而在两束光回到耦合器处时产生干涉,被光探测器检测到。

当干涉仪装在一个可绕垂直于光束平面轴旋转的平台上,且平台以角速度 Ω 转动时,根据萨格奈克效应,相位的延迟量可表示为

$$\phi = \frac{8\pi NA}{\lambda_0 c}\Omega \tag{8-25}$$

式中:N 为光纤环的匝数;A 为光路围成的面积;c 为真空中的光速;λ_0 为真空中的光波长。这样,通过探测器测得的光强变化,即可确定转动角速度。

萨格奈克光纤干涉仪通常用做陀螺仪,在随时间变化不快的应变测量中也有使用。比较常见的有用萨格奈克光纤干涉仪制作的光纤水听器。在其他方面,如海底电缆检测,甚至地震、火山爆发的预测等场合,萨格奈克光纤干涉仪也有应用。

4. 法布里-珀罗光纤干涉仪

法布里-珀罗(Fabry-Perot)光纤干涉仪的基本原理如图 8-16 所示。法布里-珀罗光纤干涉仪是由两端面具有高反射(通常达 95% 以上)膜的一段光纤构成。此高反射膜可以直接镀在光纤端面上,也可以把镀在基片上的高反射膜粘贴在光纤端面上。由激光器输出的光束入射到干涉仪上,在两个相对的反射镜表面间多次往返,透射出去的平行光束由光探测器接收。该干涉仪与前几种干涉仪的根本区别是,前几种干涉仪采用的都是双光束干涉,而法布里-珀罗光纤干涉仪采用的是多光束干涉。

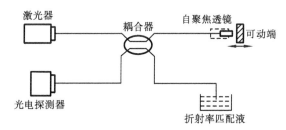

图 8-16　法布里-珀罗干涉仪基本原理

根据多光束干涉的原理,探测器上探测到的干涉光强为

$$I = I_0 \left/ \left[1 + \frac{4R}{(1-R)^2} \sin^2 \frac{\phi}{2} \right] \right. \tag{8-26}$$

式中:R 为反射镜的反射率;ϕ 为相邻光束间的相位差。

因此,当反射率一定时,透射的干涉光强随 ϕ 的变化而变化。当 $\phi = 2n\pi$ 时,干涉光强有最大值 I_0;当 $\phi = 2(n+1)\pi$ 时,干涉光强有最小值 $\left(\frac{1-R}{1+R}\right)^2 I_0$。干涉光强的最小值与最大值之比 $\left(\frac{1-R}{1+R}\right)^2$ 为分辨力,可见反射率 R 越大,分辨力越高。

由于光纤的导波作用,法布里-珀罗光纤应变干涉仪的腔长可达几十米,因此它在工业测量上,尤其是桥梁、高速公路、大坝、水库等民用基础设施的状态监测、航天航空等领域,得到了越来越广泛的应用。法布里-珀罗光纤应变干涉传感器在检测混凝土结构在养护期的热应变和温度、结构内部应力应变、结构的振动参数、裂缝宽度和结构整体性估计等方面也有广泛应用。此外它还是智能材料最为重要的组成部分之一。

8.4　偏振态调制型光纤传感器

偏振态调制型光纤传感器是利用光偏振态的变化传递被测对象的信息。许多物理效应可以对光的偏振态产生影响,例如普克尔效应、克尔效应、法拉第效应和光弹效应等。根据这些原理,可以利用光纤偏振调制技术实现对温度、压力、振动、机械形变、电流和电场等的检测。

8.4.1　普克尔效应

当强电场施加于光正在穿行的各向异性晶体时,所引起的感生双折射正比于所加电场的一次方,这称为线性电光效应或普克尔效应。由理论推导得到,当各向异性晶体两端设有电极,电极上施加有电场,而外加电场平行于通光方向时,晶体折射率的变化 Δn 与电场强度 E 的关系如下:

$$\Delta n = n_0^3 \gamma_{63} E \tag{8-27}$$

式中:n_0 为晶体的寻常光折射率;γ_{63} 为各向异性晶体在纵向应用时的光电系数。

此时,有两正交的平面偏振光穿过厚度为 L 的晶体,其光程差为

$$\Delta L = \Delta n \cdot L = n_0^3 \gamma_{63} EL = n_0^3 \gamma_{63} U \tag{8-28}$$

式中:U 为加在晶体上的纵向电压,$U = EL$。

知道光程差后,就可以计算相位差 ϕ:

$$\phi = \frac{2\pi}{\lambda_0} n_0^3 \gamma_{63} U \tag{8-29}$$

由式(8-29)可以计算相位差为 π 时的半波电压 $U_{\lambda/2}$:

$$U_{\lambda/2} = \frac{\lambda_0}{2 n_0^3 \gamma_{63}} \tag{8-30}$$

式(8-27)至式(8-30)即为利用普克尔效应实现光偏振态调制型光纤传感器的基本公式。此时所用的光纤为各向异性光纤。

8.4.2　克尔效应

克尔效应又称平方电光效应,它发生在各向同性的透明材质中。当有外加电场作用时,各向同性物质的光学性质发生变化,变成具有双折射的各向异性物质,并且与单轴晶体的情况相同,此即克尔效应。设 n_o 和 n_e 分别为物质在外加电场后的寻常光折射率和非常光折射率,则当外加电场方向与光传播方向垂直时,有关系式

$$n_e - n_o = \lambda_0 k E^2 \tag{8-31}$$

式中:k 为克尔常数。

根据式(8-31),即可得到利用克尔效应制作的各向同性光纤中由感生双折射引起的两偏振光波的光程差、相位差及半波电压,分别为

$$\Delta L = (n_e - n_o)l = k \cdot \lambda_0 \left(\frac{U}{d}\right)^2 l \tag{8-32}$$

$$\phi = 2\pi k l \left(\frac{U}{d}\right)^2 \tag{8-33}$$

$$U_{\lambda/2} = \frac{d}{\sqrt{2kl}} \tag{8-34}$$

式中:U 为外加电压;l 为光纤长度;d 为两极间距离。

而接收透射光强度 I 则可表示为

$$I = I_0 \sin^2 \left(\frac{\pi}{2} \frac{U}{U_{\lambda/2}}\right) \tag{8-35}$$

8.4.3　法拉第效应

物质在磁场作用下可以改变穿过它的平面偏振光的偏振方向,这种现象称为磁致旋光效应或法拉第效应。法拉第效应导致平面偏振光的偏振面旋转,旋转方向只与外磁场方向有关,而与光线的传播方向无关。它与旋光性旋转不同。对于旋光性旋转,光线正、反两次通过旋光性材料后总的旋转角度为零,而法拉第效应中旋转总角度是一次旋转的 2 倍。

当一个以琼斯矢量表示的入射平面偏振光 $\boldsymbol{E}_{\text{in}}\begin{bmatrix} 1 \\ 0 \end{bmatrix} = \dfrac{\boldsymbol{E}_0}{2}\begin{bmatrix} 1 \\ \text{j} \end{bmatrix} + \dfrac{\boldsymbol{E}_0}{2}\begin{bmatrix} 1 \\ -\text{j} \end{bmatrix}$,经过一外加磁场后输出的偏振光为

$$\boldsymbol{E}_{\text{out}} = \boldsymbol{E}_0\, \text{e}^{-\text{j}\phi}\begin{bmatrix} \cos\theta \\ -\text{j}\sin\theta \end{bmatrix} \tag{8-36}$$

旋转角 θ 和相位延迟 ϕ 分别为

$$\theta = \frac{\pi}{\lambda_0}(n_{\text{r}} + n_{\text{l}})l \tag{8-37}$$

$$\phi = \frac{\pi}{\lambda_0}(n_{\text{r}} - n_{\text{l}})l \tag{8-38}$$

式中:n_{r}、n_{l} 分别为右旋、左旋圆偏振光的折射率;l 为光通过的路程。

利用法拉第效应,对光纤中传播的光的偏振态进行调制,可实现对磁场、电流等的检测。

8.4.4　光弹效应

力学形变时材料会变成各向异性,由此产生双折射现象。物质的等效光轴在应力的方向上所感生双折射的大小正比于应力,这就是光弹效应。利用均匀压力场可以使光纤中光的纯相位发生变化,构成干涉型光纤压力、位移等传感器;而利用各向异性压力场引起的光弹效应下的感应线性双折射进行调制,可构成非干涉型的光纤压力、应变传感器。应用光弹效应的光纤压力传感器上的接收光强为

$$I = I_0(1 + \sin\pi\frac{\sigma}{\sigma_{\pi}}) \tag{8-39}$$

式中:σ 为应力;σ_{π} 为半波应力,对于非晶体材料,有 $\sigma_{\pi} = \lambda_0/(pl)$,其中 p 是光纤有效光弹系数(也称弹光系数),l 是光纤长度。

8.5　分布式光纤传感器

光纤传感器最初使用时仅仅是采用了整条光纤上的一小段来实现传感功能。但是很快就出现了分布式光纤传感技术,它利用光在光纤中传播时发生的散射作用,使得光纤在整条链路上都具有传感功能。分布式光纤传感利用光纤既能“传”又能“感”的特点,在整个光纤长度上对沿光纤分布的环境参数进行连续测量,同时获得被测量的空间分布状态和随时间变化的信息。

当光波在光纤中传输时,会产生背向散射光,这主要是由弹性或非弹性的碰撞引起的。此类光散射主要包含由于光纤中折射率分布不均匀而产生的瑞利散射(Rayleigh scattering)、由光学声子引起的拉曼散射(Raman scattering)和由声学声子引起的布里渊散射(Brillouin scattering)三种类型的光散射。其中:瑞利散射是光与物质发生的弹性散射,其散射光的频率

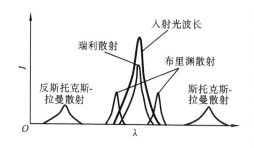

图 8-17　光在光纤中传播时发生的散射

不发生变化;拉曼散射和布里渊散射是光与物质发生的非弹性散射,其散射光的频率将发生变化。拉曼散射又分为散托克斯-拉曼(Stokes-Raman)散射和反斯托克斯-拉曼(anti-Stokes-Raman)散射。各类散射光与入射光强度与波长的关系如图 8-17 所示。这些背向散射光受到外界环境物理因素(如温度、应力、振动等)的影响,据此可以测量物理量。

分布式光纤传感技术按照所采用散射机制的不同,可分为基于瑞利散射的分布式光纤传感技术、基于拉曼散射的分布式光纤传感技术,以及基于布里渊散射的分布式光纤传感技术。按照变化参数所在领域分为光时域反射技术和光频域反射技术。

8.5.1　光时域反射仪

光时域反射仪(OTDR)利用光纤中的背向散射信号测量光纤损耗的分布,可以对光纤链路上的"事件"进行探测、定位。人们根据光纤中散射机制的不同研制出了基于拉曼散射的光时域反射仪(ROTDR)、基于布里渊散射的光时域反射仪(BOTDR)和光时域分析仪(BOTDA),以及基于瑞利散射的偏振敏感光时域反射仪(POTDR)。

1. 基于拉曼散射的光时域反射仪(ROTDR)

当激光脉冲在光纤中传播时,激光脉冲光子与光纤分子的热振动相互作用而发生能量交换,从而产生拉曼散射。当光能转换成热振动时,散射出比入射光波长更长的斯托克斯-拉曼散射光;热振动转换为光能时,散射出比入射光波长短的反斯托克斯-拉曼散射光。温度和斯托克斯散射光与反斯托克斯散射光的强度比的关系为

$$R(T) = \frac{I_a}{I_s} = \frac{\lambda_s}{\lambda_a} e^{-\frac{hcu}{kT}} \tag{8-40}$$

式中:I_a、I_s 分别为反斯托克斯光与斯托克斯光的强度;λ_a、λ_s 分别为反斯托克斯光与斯托克斯光的波长;h 为普朗克常量;c 为真空中光速;u 为波数偏移量;k 为玻尔兹曼常量;T 为热力学温度。

由于拉曼散射与温度有关,因此可以构成 ROTDR 分布式温度传感器,其基本结构如图 8-18 所示。ROTDR 分布式温度传感技术是分布式光纤传感技术中应用最成熟的一项。

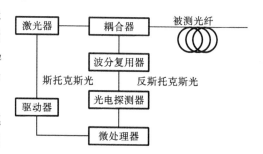

图 8-18　ROTDR 分布式温度传感器测量结构

2. 基于布里渊散射的光时域反射仪(BOTDR)和光时域分析仪(BOTDA)

光纤中因热运动和弹性波运动而产生的声学声子和光纤中传播的光学光子发生非弹性碰撞时将产生布里渊散射。布里渊散射光的频率相对于入射光有一定频移,即布里渊频移。光纤中布里渊频移 ν_B 与入射光频率 ν_0 之间的关系为

$$\nu_B = \frac{2\nu_0}{c} n \upsilon \tag{8-41}$$

式中:n 为介质折射率;υ 为光纤内声速;c 为真空中的光速。

光纤纤芯折射率 n 和声速 v 受温度和应变的影响,因此通过检测光脉冲的后向布里渊散射光的频移即可实现分布式温度、应变的测量。

基于布里渊散射的分布式光纤传感技术主要有两个研究方向:BOTDR 技术和 BOTDA 技术。BOTDR 技术通过将布里渊散射和 OTDR 相结合,用自发布里渊散射的频移测量应变和温度,然后应用 OTDR 来实现分布式测量。BOTDA 是利用受激布里渊散射进行分布式测量的一种传感技术。

3. 基于瑞利散射的光时域反射仪(POTDR)

瑞利散射由入射光与介质中的微观粒子发生的弹性碰撞引起。瑞利散射光具有频率、散射点的偏振方向与入射光相同的特点,因此散射光含有光纤散射点的偏振信息。在光纤的入射端对背向散射光的偏振态进行检测即可获得应力、温度等外界物理量的分布信息。

POTDR 是基于瑞利散射的偏振敏感光时域反射仪,是在 OTDR 的基础上发展的新技术,它通过在探测器和待测光纤之间安放偏振器来获得偏振敏感信号,相对于 OTDR,POTDR 要求激光脉冲的相干性很强。利用 POTDR 可以实现对光纤中双折射、拍长、偏振相关损耗等的分析研究。

在以上基于不同散射机制的光时域分析仪器中,ROTDR 利用斯托克斯光与反斯托克斯光的强度比来进行检测,可消除光纤的固有损耗和不均匀性的影响,但散射光强度很弱,只能测量温度。BOTDR 和 BOTDA 则具有动态范围大、测量精度高、对光纤弯曲不敏感的特点,但是其散射光强度很弱,不能够检测光纤的断点。POTDR 通过测量双折射结果来检测外部物理量,具有对外界物理量很敏感的特性,但折射光的偏振态不稳定,分辨率和信噪比低。可见,每一种方法都存在不足之处,应根据实际使用需求进行合理选择。

8.5.2 光频域反射仪

当单模光纤中的光为连续光时,不同点的后向散射光在探测器中产生的拍频信号将随着被测点的变化而变化,探测这个拍频信号从而获得外界物理量变化信息的仪器,就是光频域反射仪(OFDR)。光频域反射在分布式光纤传感、光学相干层析(OCT)技术、光纤网络及集成光路诊断等领域得到了广泛应用。

光频域反射技术的研究与光时域反射技术相似,也主要利用了三类散射:拉曼散射、布里渊散射和瑞利散射。基于拉曼散射和布里渊散射的光频域反射技术在温度传感器方面的研究已经取得了长足的发展。

1. 基于拉曼散射的光频域反射仪(ROFDR)

ROFDR 是根据拉曼散射效应的原理,利用网络分析仪分析频域信号,确定光纤的复基带传输函数来进行温度的分布式测量的仪器。采用不同频率的正弦强度调制光作为参考光,将参考光与斯托克斯光和反斯托克斯光一起送入网络分析仪,经过反傅里叶变换(IFT)信号处理器对基带信号进行反傅里叶变换,得到斯托克斯光和反斯托克斯光的脉冲响应函数,脉冲响应函数反映了沿光纤的温度信息。ROFDR 分布式温度测量原理如图8-19所示。

2. 基于布里渊散射的光频域分析仪(BOFDA)

在 BOFDA 中,分布式传感器利用受激布里渊散射光,通过网络分析仪测出光纤的复基带传输函数,从复基带传输函数的幅值和相位来提取所携带的温度信息。BOFDA 分布式温度测量原理如图 8-20 所示。

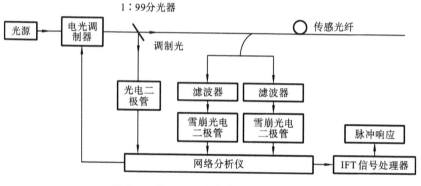

图 8-19 ROFDR 分布式温度测量原理

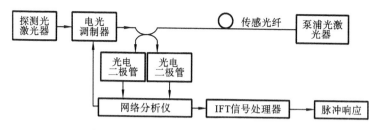

图 8-20 BOFDA 分布式温度测量原理

3. 基于瑞利散射的光频域分析仪（POFDR）

POFDR 用于背向检测光纤偏振特性，其基本原理是：将经过频率调制的连续光注入光纤中，对相应的背向散射场的偏振态进行分析。

8.6　光纤光栅传感器

光纤光栅是 20 世纪 70 年代末出现的一种光子器件。光纤光栅的出现促成了光纤由被动传输介质转向主动的光子器件，极大地拓宽了光纤技术的应用。光纤光栅是光通信、光传感领域中的新兴光子器件，一直以来都是应用和研究的热点。

光纤光栅可利用光纤材料的光敏性对某一段光纤的纤芯折射率进行调制，借以改变或控制通过光纤光栅所在区域的光的传播行为和方式，形成一个窄带的反射波或透射波。光纤的光敏性是指外界入射光子和纤芯内锗离子相互作用引起光纤纤芯折射率的永久性变化的属性。光纤光栅只占据了一小段光纤，体积小，质量轻，防腐防电磁，带宽范围大，损耗小，耦合性好，易于与光纤系统融成一体，加上目前的制作工艺相对成熟，是目前通信和传感领域应用极广的一类光子器件。

8.6.1　光纤光栅传感器基本介绍

光纤光栅按照不同的分类标准可以有不同的分类方法。目前通常将光纤光栅按空间周期和折射率系数分布特性进行分类。

（1）光纤 Bragg 光栅（fiber Bragg grating，FBG）　这是最早发展起来的一种光栅，目前应用范围也最广。其折射率调制深度和栅格周期均为常数，栅格周期一般为 10^2 nm 量级。光栅波矢方向跟光纤轴向一致。它主要在光纤激光器、光纤传感器、光纤波分复用器等中应用。

（2）啁啾光纤光栅（chirped fiber Bragg grating,CFBG） 其栅格间距不等,变化方式有线性啁啾和分段啁啾方式。一般用于色散补偿和光纤放大器的增益平坦。

（3）长周期光纤光栅（long period fiber grating,LPFG） 其栅格周期也为常数,但比Bragg 光栅的要大,一般在几十到几百微米,波矢方向也与光纤轴向相同。它与普通光栅不同,不是将某个波长的光反射回去,而是耦合到包层中去。它主要应用于掺铒光纤放大器的增益平坦和光纤传感。

以上是最常见、应用最广的三种光纤光栅。图 8-21 给出了这三种光纤光栅的基本形式及光传播的路径。除此之外,还有闪耀光纤光栅、相移光纤光栅、Tapered 光纤光栅、取样光纤光栅、Tophat 光纤光栅、超结构光纤光栅等。随着理论研究的发展和制作技术的成熟,它们在光通信和光传感领域中将逐渐得到应用。

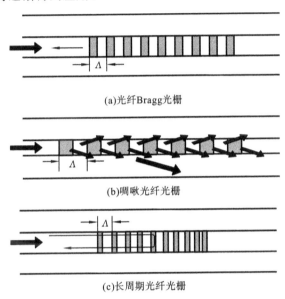

(a)光纤Bragg光栅

(b)啁啾光纤光栅

(c)长周期光纤光栅

图 8-21 常见光纤光栅的基本形式与光传播的路径

以光纤光栅作为敏感元件实现传感功能的光纤光栅传感器,除了具有普通光纤传感器的优点以外,还有一些明显优于普通光纤传感器的地方。例如:

① 它采用波长编码方式实现传感信号的传输,而波长是一个绝对参量,因此不受光源功率波动以及光纤弯曲等带来的影响,可靠性好,抗干扰能力强;

② 它不像一般的光纤传感器需要搭建测头装置,而是本身就可以实现传感,结构简单,尺寸小,适应的范围也很广,对于埋入材料内部构成智能材料结构非常合适;

③ 传统的点式光纤传感器要想组成传感网络非常困难,而采用光纤光栅可轻易组网;

④ 光纤光栅能防水、防腐及抗电磁干扰,在恶劣环境下也能发挥作用。

8.6.2 光纤光栅的传感原理

用于传感的光纤光栅主要是光纤 Bragg 光栅,近年来啁啾光纤光栅和长周期光纤光栅也逐渐应用于传感。

1. 光纤 Bragg 光栅的传感原理

周期均匀调制的光纤 Bragg 光栅的工作原理如图 8-22 所示。当有一束光强分布为 I 的宽带光入射到光栅上时,即有一光强分布为 R 的窄带光被反射回来,反射波的中心波长称为

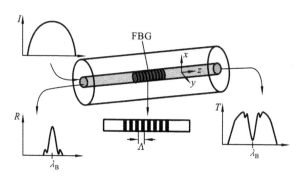

图 8-22 光纤 Bragg 光栅的工作原理

Bragg 波长,记为 λ_B。

在光纤 Bragg 光栅中,前向传输的基模被耦合成后向传输的基模,根据耦合模理论,其 Bragg 波长为

$$\lambda_B = 2n\Lambda \tag{8-42}$$

式中:n 为纤芯的有效折射率;Λ 为光栅周期。n、Λ 的改变可以引起 λ_B 的变化,这是光纤 Bragg 光栅传感的基本原理。由于 n、Λ 均受温度、应变的影响,据此可以实现温度、应变以及与它们相关的量的测量。

温度或应变作用于光纤 Bragg 光栅,最后改变了 Bragg 波长 λ_B。当轴向应变为 ε_z,温度变化量为 ΔT 时,外界信号引起的 Bragg 波长的变化量可表示为

$$\Delta\lambda_B = \lambda_B(1-P_e)\varepsilon_z + \lambda_B(\alpha+\xi)\Delta T = K_\varepsilon\varepsilon_z + K_T\Delta T \tag{8-43}$$

式中:λ_B 为初始 Bragg 波长;P_e 为有效弹光系数,对于普通石英光纤有 $P_e=0.216$;K_ε 为应变灵敏度,$K_\varepsilon=\lambda_B(1-P_e)$,对于典型中心波长下的光纤 Bragg 光栅,当 $\lambda_B=830$ nm 时 $K_\varepsilon=0.65$ pm/$\mu\varepsilon$($\mu\varepsilon$ 为微应变,$1\mu\varepsilon=1\times10^{-6}$ mm/mm),当 $\lambda_B=1\,300$ nm 时 $K_\varepsilon=1$ pm/$\mu\varepsilon$,当 $\lambda_B=1\,550$ nm 时 $K_\varepsilon=1.2$ pm/$\mu\varepsilon$;α 为光纤的热膨胀系数,对于掺锗石英光纤一般取 $\alpha=0.55\times10^{-6}$;ξ 为光纤热光系数,对于掺锗石英光纤一般取 $\xi=6.80\times10^{-6}$;K_T 为温度灵敏度,当 $\lambda_B=830$ nm 时 $K_T=6.1$ pm/℃,当 $\lambda_B=1300$ nm 时 $K_T=9.5$ pm/℃,当 $\lambda_B=1\,550$ nm 时 $K_T=11.4$ pm/℃。

式(8-43)即为光纤 Bragg 光栅进行传感测量的传感模型。由该式可知,温度和应变与 Bragg 波长的变化量之间均为线性关系。当温度和应变同时作用于光纤 Bragg 光栅时,通过一个光纤 Bragg 光栅难以获得温度和应变的值,必须再加一个参考光纤 Bragg 光栅,补偿温度或者应变。

2. 啁啾光纤光栅传感原理

从光纤 Bragg 光栅的传感模型可知,光纤 Bragg 光栅同时测量应变和温度,或者测量应变或温度沿光栅长度的分布并不容易,而采用啁啾光纤光栅传感器则很容易实现。

啁啾光纤光栅与光纤 Bragg 光栅的工作原理基本相同,它在受到外界物理量作用时除了 Bragg 波长的变化外,还会发生光谱的展宽变化。应变导致光栅反射信号的拓宽和峰值波长的位移,温度只改变反射光峰值波长的位置,当温度和应变同时存在时,通过同时测量光谱位移和展宽,可以同时测量温度和应变。

3. 长周期光纤光栅传感原理

长周期啁啾光纤光栅的工作模式与光纤 Bragg 光栅的不同,它将特定波长上的光耦合进

包层,相当于一个带阻滤波器。这些耦合进包层的光的波长满足

$$\lambda_i = (n_0 - n_{iclad})\Lambda \tag{8-44}$$

式中:n_0 为纤芯的折射率;n_{iclad} 为 i 阶包层模的有效折射率。

由式(8-44)可知,纤芯和包层折射率之差影响了长周期光纤光栅光传播的损耗带。而折射率受外界物理因素(如温度、应变等)的影响。根据这一原理,可以通过检测 λ_i 来实现外界物理量的检测。由于损耗带波长不止一个,因此,长周期光纤光栅对于多参数的测量同样适用。

8.6.3　光纤光栅传感探测解调技术

对于啁啾光纤光栅和长周期光纤光栅,一般通过光谱仪观察其反射谱和透射谱来实现对物理量的检测。而对于光纤 Bragg 光栅,只需知道 Bragg 波长的变化量,就这一点来说,其解调方法就要简单许多,除用光谱仪解调以外,还可采用其他的多达二三十种方法。这些方法按照其解调原理大致可分为干涉解调法和滤波法两大类。下面对其中的几种典型解调方法进行介绍。

1. 非平衡 Mach-Zehnder 干涉解调法

利用非平衡 Mach-Zehnder 干涉仪可实现光纤 Bragg 光栅传感信号的解调,这一方法最早是由 A. D. Kersey 提出的。相应解调系统的基本结构如图 8-23 所示。

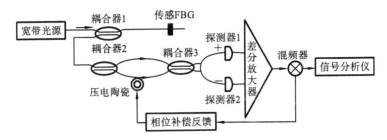

图 8-23　应用非平衡 Mach-Zehnder 干涉仪的光纤 Bragg 光栅解调系统

宽带光源发出的光经过一个 3 dB 耦合器后,传输给传感用光纤 Bragg 光栅,从该光栅上反射回来的光通过耦合器再进入非平衡 Mach-Zehnder 干涉仪中。干涉仪一臂中的光纤绕在压电陶瓷圆柱上,压电陶瓷上施加一个余弦驱动信号。此时该非平衡干涉仪相当于一个传输特性为余弦平方函数的光滤波器,最后得到的干涉仪的输出光强度为

$$I(\lambda) = A\{1 + k\cos[\psi(\lambda) + \phi]\} \tag{8-45}$$

式中:$\psi(\lambda)$ 为光在干涉仪不对称两臂中的相位差,$\psi(\lambda)=2\pi nd/\lambda$,其中 d 为干涉仪两光纤臂长差,n 为光纤纤芯的有效折射率,λ 为传感光纤 Bragg 光栅反射光的中心波长;A 为光强系数,与输入光强度和系统光损失成正比;ϕ 为 Mach-Zehnder 干涉仪的相位偏移,它是一个缓慢变化的随机参数。

设传感光栅通过动态应力变化进行波长调制,波长变化可表示为 $\Delta\lambda\sin\omega t$,那么干涉仪信号的相位移动为

$$\Delta\psi(t) = -\frac{2\pi nd}{\lambda^2}\Delta\lambda\sin\omega t = -\frac{2\pi nd}{\lambda^2}K_\varepsilon\Delta\varepsilon\sin\omega t \tag{8-46}$$

式中:$\Delta\varepsilon$ 为作用于传感光栅的动态应变幅值;K_ε 为传感光栅的应变灵敏度。

如有 $d=10$ mm,$n=1.46$,$K_\varepsilon=1.15$ pm/$\mu\varepsilon$,响应波长为 1.55 μm,则系统的灵敏度 $\Delta\psi/\Delta\varepsilon$

为 $0.044\ \mathrm{rad}/\mu\varepsilon$。若结合高分辨力动态相移检测（相移典型值 $\approx 10^{-6}\ \mathrm{rad}/\sqrt{\mathrm{Hz}}$），则这个系统灵敏度的干涉仪可以测得的动态应变的分辨力约等于 $20\times10^{-4}\mu\varepsilon/\sqrt{\mathrm{Hz}}$。

非平衡 Mach-Zehnder 干涉解调法具有带宽大、解析度高的特点，这是其他解调方式难以比拟的，但是相移方式的测量方法使得它只适合于动态测量，不适合于静态测量。另外，这种干涉解调法是一种相对测量方法，干涉仪的相位变化有一定的范围，这也导致其测量范围非常有限。

2. F-P 滤波解调法

F-P 滤波解调法实质上是通过压电陶瓷驱动 F-P 滤波器改变其腔长，以改变 F-P 滤波器通过的光波的波长，即起到滤波作用，从而对光纤光栅传感器进行解调。相应解调系统的基本结构如图 8-24 所示。

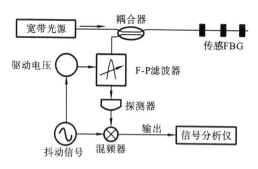

图 8-24　基于 F-P 滤波器的光纤光栅解调系统

宽带光源的光经由 3 dB 耦合器入射到传感用光纤 Bragg 光栅上，从传感用光纤 Bragg 光栅反射回来的光信号再经耦合器到达 F-P 滤波器，当改变 F-P 滤波器的锯齿波驱动电压时，F-P 滤波器的腔长将随之改变，当其透射波长与光纤 Bragg 光栅反射峰重合时，光电探测器接收到的光功率最大。由此时滤波器的驱动电压与透射波长的关系可以得到光纤 Bragg 光栅反射峰的位置。由于透射谱是反射谱与 F-P 滤波器透射谱的卷积，带宽将增加，分辨率将减小，为此，在扫描电压上加一小的抖动电压，经混频和低通滤波后，测量输出信号的抖动频率，在信号为零时所测即为光栅的反射峰值波长。

由于 F-P 滤波器的带宽大约为 0.3 nm，波长调谐范围最大可以达到 50 nm，因此光纤 Bragg 光栅的反射信号总能被 F-P 滤波器检测到。F-P 滤波器的实用性和可靠性很好，另外其可调谐范围也很宽，为不同波长的多个光纤 Bragg 光栅同时解调提供了有效手段。

F-P 滤波器本身体积小，使用方便，但是其插入损耗比较大，易受温度影响，而且精细度较高的 F-P 滤波器的价格也相当昂贵，这在一定程度上影响了它的应用。但它的解调性能在各类解调方法中是非常出色的，成品化的程度最高，目前商用的光纤光栅网络解调仪一般基于 F-P 滤波器。

3. 匹配光栅滤波法

匹配光栅滤波法的解调原理与 F-P 滤波解调法的基本一样，只不过用于滤波的器件不是 F-P 滤波器，而是参考光栅。如果从传感光栅反射回来的光经由耦合器入射到参考光栅上，此时采用的是透射式的匹配光栅滤波法，如图 8-25 所示。当传感光栅与参考光栅的波长一致时，光电探测器探测的光功率为最小。如果从传感光栅反射回来的光经过耦合器后经由第二个耦合器入射到参考光栅上，光电探测器探测的光功率是从第二个耦合器出来的参考光栅的

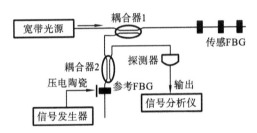

图 8-25　基于透射式匹配光栅滤波法的光纤 Bragg 光栅解调系统

反射信号,那么此时采用的是反射式匹配光栅滤波法。当两光栅匹配时,光电探测器探测的光功率最大。

　　无论是采用透射式还是采用反射式匹配光栅滤波法,通过检测传感光栅与参考光栅匹配时的电压信号,都可以得知传感光栅的 Bragg 波长变化量。

　　匹配光栅滤波解调系统可以消除双折射引起的随机噪声,具有良好的抗干扰性,但是系统的光损耗很大,灵敏度受压电陶瓷的位移灵敏度的影响较大,而且只适合于静态或准静态测量。

　　匹配光栅滤波检测方法也可用于对多个传感光纤 Bragg 光栅的阵列进行解调,但是由于传感光栅与参考光栅一对一的特点,光电探测器也需要一一对应,因此极大地增强了系统的复杂性,降低了系统的信噪比,因此并不实用。

4. 可调谐窄带激光光源滤波法

　　可调谐窄带激光光源滤波法不采用宽带光源,而是采用可调谐的激光作为入射光,它的基本原理如图 8-26 所示。激光光源在一定波长范围内(一般在 40 nm 以上)进行扫描,传感用光纤 Bragg 光栅的工作波长落在扫描区间内,当扫描波长与光纤 Bragg 光栅波长一致时,反射功率达到最大,此时的扫描波长即为传感光纤 Bragg 光栅的波长。

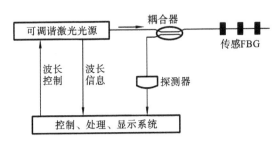

图 8-26　基于可调谐窄带激光光源的光纤 Bragg 光栅解调系统

　　可调谐窄带激光光源滤波法的优势在于解调精度比较高,结果稳定可靠,且具有比较宽的解调范围,因此是一种比较不错的解调方法。但由于受扫描速度的限制,该方法只能用于静态或准静态的测量,多用于实验室中。当然,用可调谐窄带激光光源滤波法也可以实现多光纤 Bragg 光栅的测量。

　　除上述几种方法外,还有非平衡扫描迈克尔逊干涉仪法、被动式波长比例解调法、边缘滤波法、基于波长选择性探测器的解调法、波分复用光纤耦合器解调法、锁模解调法、傅里叶变换法、高折射环形镜边缘滤波法、保偏光纤环路解调法等光纤 Bragg 光栅的传感解调方法。

8.6.4 光纤光栅复用技术

光纤光栅传感器的优良性能之一就是易于组成准分布式网络。不同于前面所述的分布式光纤传感器,光纤光栅传感网络是由成百上千个光纤光栅测量点组合而成的。它们一般采用一定的复用技术,以实现合理的传感阵列。这些复用技术包括时分复用、空分复用、波长和频率复用及相干复用等。由于直接测量的是光纤光栅反射波长(或透射波长)λ_B的漂移量,因此其传感网络的主要结构是波分复用,它在智能和灵巧结构中有重要应用。

1. 波分复用技术

波分复用(wavelength division multiplexing,WDM)的基本思想是:利用宽带光源照射同一根光纤上多个中心反射波长不同的光纤 Bragg 光栅,从而实现多个光纤 Bragg 光栅的复用。波分复用是光纤 Bragg 光栅传感网络最直接的复用技术。

图 8-27 所示为典型的波分复用光纤 Bragg 光栅传感网络的原理。不同反射波长的 n 个光纤 Bragg 光栅沿单光纤长度排列,分别置于监测对象的 n 个不同监测部位,当这些部位的待测物理量发生变化时,各个光纤 Bragg 光栅反射回来的波长编码信号就携带了相应部位的待测物理量的变化信息。通过对接收端的波长探测系统进行解码,并分析 Bragg 波长漂移的情况,即可获得待测物理量的变化情况,从而实现对 n 个监测对象的实时在线监测。

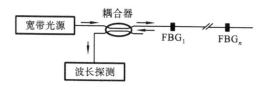

图 8-27 波分复用光纤 Bragg 光栅传感网络原理

波分复用传感网络所能复用的光纤 Bragg 光栅传感器数量主要取决于光源带宽和待测物理量的动态范围。若光源带宽为 50 nm,待测应变的变化范围为 $\pm 1\,500\ \mu\varepsilon$,相应于各光栅间的中心波长间隔为 3 nm,则该网络最多可复用 16 个传感器。波分复用网络属于串联拓扑结构,网络中的光纤 Bragg 光栅各占据不同的频带资源,故光源功率可被充分利用,同时各光栅的带宽互不重叠,避免了串音现象,因此波分复用系统的信噪比很高。这种编码方式比较简单,而且可靠性强,对光信号的检测简便可行。

2. 时分复用技术

在串接复用的情况下,从任意两个相邻的光纤 Bragg 光栅传感器返回的 Bragg 波长信号在时间上都是隔开的。反射信号这种时域上的隔离特性,使得在同一根光纤上间隔一定距离复用相同的或不同中心反射波长的多个光纤 Bragg 光栅成为可能,从而避免了网络中的各传感器抢夺有限频带资源的问题,这是时分复用(time division multiplexing,TDM)的基本思想。图 8-28 所示为典型的时分复用光纤 Bragg 光栅传感网络原理。各光纤 Bragg 光栅传感器之间的时间延迟由它们之间的光纤长度决定。

3. 空分复用技术

在多点测量领域如航空领域中,要求网络中的传感器能够相互独立地工作并可相互交换来工作,并且系统中的传感光纤 Bragg 光栅具有良好的互换性。此时光纤 Bragg 光栅应具有相同的特征。采用串联拓扑结构的波分复用和时分复用系统都很难实现工作的独立性和互换性,而采用并行拓扑结构的空分复用(spatial division multiplexing,SDM)系统却可以实现。

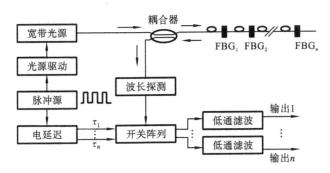

图 8-28　时分复用光纤 Bragg 光栅传感网络原理

图 8-29 为典型的空分复用光纤 Bragg 光栅传感网络原理。由图可见,每个传感光栅都单独分配一个传输通道,每次仅有一个通道被选通。需测量哪个光栅的特性,只要将相应的那个通道接通即可。空分复用网络的复用能力、分辨率和工作速率与采用的探测技术有很大关系。

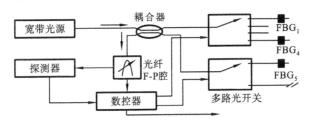

图 8-29　空分复用光纤 Bragg 光栅传感网络原理

空分复用网络的突出优点是:各传感器相互独立工作、互不影响,因此串音效应很小,信噪比比较高;同时,复用能力不受频带资源的限制,若采用合适的波长探测方案,例如 CCD 并行探测技术,则网络规模可以很大,采样速率也要高于串联拓扑网络。其缺点是功率利用率较低。

4. 混合复用技术

上述几种复用技术各有千秋,但当被监测对象较多时,则需要一个庞大的光纤 Bragg 光栅传感网络。如果将各种复用技术结合起来,使它们互为补充,则网络的复用能力可以适应大规模测量场合的需求。这就是混合复用(hybrid division multiplexing,HDM)的基本思想。主要的混合复用形式有 WDM/TDM、SDM/WDM、SDM/TDM,以及 SDM/WDM/TDM 复用。

5. 相干域复用技术

相干域复用(coherence domain multiplexing,CDM)的基本原理为:各个光栅和反射镜通过耦合器和准直镜构成迈克尔逊干涉仪,一个压电陶瓷用来调制两臂的光程差;当反射镜的光程调整到和某个光栅接近,且可调谐滤波器允许该光栅的反射光通过时,在光探测器上可以看到和压电陶瓷上调制信号相应的干涉信号,调整反射镜的位置,就可以分别检测不同的传感光栅。

6. 光频域反射复用技术

光频域反射复用的基本原理为:可调谐光源的幅值由频率按三角形变化的信号调制,照射时延不同的各个光栅,反射光经探测器转换为电压后再和原始的三角波信号相乘;两个相乘信号有时延,它们对应的调频频率不同,因此会产生拍频信号;频率是随时间线性变化的,因此对于同一时延光栅,拍频相等,而对于时延不同的光栅,拍频则不相等,利用拍频的差异就可实现光栅的复用。

相干域复用技术和光频域反射复用技术都是比较新颖的复用技术,其结构相对比较复杂,实用化程度不高。

思考题与习题

1. 光纤传感系统常用的光源和器件有哪些?
2. 光纤传感器的基本分类是怎样的? 利用了哪些调制原理?
3. 简述光在光纤中传播时的三种反射机制和特征。
4. 强度调制型光纤传感器的工作原理是什么? 它有哪几种类型?
5. 简述相位调制型光纤传感器和偏振态调制型光纤传感器的工作原理。
6. 什么是分布式光纤传感器? 它常用的两种反射技术是什么?
7. 什么是光纤光栅? 其特点是什么? 简述用于传感的光纤光栅种类及其特点。
8. 举例说明两种光纤 Bragg 光栅的解调方法及其原理。
9. 光纤光栅传感网络的复用方法有哪些?

第9章　激光测距与测速技术

激光是一种高亮度的定向能束,其单色性好,发散角很小,具有优异的相干性,既是光电检测技术中的理想光源,也是许多光电测试技术的基准。激光在测距、测速、准直,以及振动、尺寸、粗糙度测量等许多方面都得到了广泛应用。本章重点介绍具有代表性的激光测距技术与测速技术。

9.1　激光测距技术

激光技术对光电测距仪的发展起到了极大的推动作用。激光测距仪利用激光作为测距仪的光源,使得测距仪在测距精度和测距量程方面有了很大的提高,而且打破了测量的时间限制。由于激光的单色性和方向性好,有利于提高测距准确度、缩小光学系统孔径,从而减小和减轻测量仪器的体积和质量。激光测距仪与计算机的结合促进了激光测距的自动化和数字显示。

激光测距的基本原理是:由激光器对被测目标发射一个光脉冲,然后接收系统接收目标反射回来的光脉冲,由此得出光在待测距离上往返传播的时间,换算后即可得到待测距离 L。其计算式为

$$L = ct/2 \tag{9-1}$$

式中:c 为光速;t 为激光在待测距离上往返传播的时间。

按照检测时间 t 的方法不同,激光测距技术通常有激光相位测距和脉冲激光测距两种。

9.1.1　激光相位测距

1. 激光相位测距原理

相位测距是通过对光的强度进行调制来实现的。设调制频率为 f,调制波形如图 9-1 所示,波长 $\lambda = c/f$,其中 c 为光速。光波从 A 点传播到 B 点的相移 ϕ 可表示为

$$\phi = 2m\pi + \Delta\phi = 2\pi(m + \Delta m) \quad (m = 0,1,2,\cdots) \tag{9-2}$$

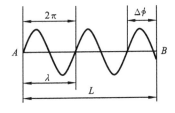

图 9-1　相位的调制波形

式中:$\Delta m = \dfrac{\Delta\phi}{2\pi}$。若光从 A 点传到 B 点所用时间为 t,则 A 和 B 两点之间的距离为

$$L = ct = c\frac{\phi}{2\pi f} = \lambda(m + \Delta m) \tag{9-3}$$

式(9-3)为激光相位测距公式。只要求出光波相移 ϕ 中周期 2π 的整数倍数 m 和余数 Δm,便可求出被测距离 L。所以,调制光波的波长是相位测距的一把"光尺"。

实际上,用一台测距仪直接测量 A、B 两点光波传播的相移是不可能的。因此,在 B 点设置一个反射器(即测量靶标),使从测距仪发出的光波经靶标反射后再返回测距仪,由测距仪的

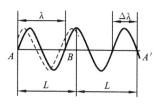

图 9-2　传播 $2L$ 后的光波相位变化

测相系统对光波往返一次的相位变化进行测量。图 9-2 所示为光波传播 $2L$ 距离后相位变化示意图。为分析方便,假设测距仪的接收系统置于 A' 点(实际上测距仪的发射和接收系统都在 A 点),并且有 $AB = BA'$,$AA' = 2L$,由式(9-3)可得

$$2L = \lambda(m + \Delta m)$$

则

$$L = \frac{\lambda}{2}(m + \Delta m) = L_s(m + \Delta m) \tag{9-4}$$

式中:L_s 为半波长度,$L_s = \lambda/2$。这时,L_s 为度量距离的光尺。

利用相位测量技术只能测量出不足 2π 的相位尾数 $\Delta\phi$,即只能确定余数 $\Delta m = \dfrac{\Delta\phi}{2\pi}$,而不能确定相位的整周期数 m。因此,当被测距离 L 大于 L_s 时,用一把光尺是无法测定距离的。当距离小于 L_s 时,即 $m = 0$ 时,可确定距离为

$$L = \frac{\lambda}{2}\frac{\Delta\phi}{2\pi} \tag{9-5}$$

由此可知,如果被测距离较长,可降低调制频率,使得 $L_s > L$,即可确定距离 L。但由于测相系统存在测相偏差,增大 L_s 会使测距的标准不确定度增大。

为能实现长距离高准确度测量,可同时使用 L_s 不同的几种光尺。最短的光尺用于保证必要的测距准确度,最长的光尺用于保证测距仪的量程。

目前采用的测距技术主要有直接测尺频率和间接测尺频率两种。

2. 激光相位测距技术

1)直接测尺频率

由测尺长度 L_s 可得光尺的调制频率为

$$f_s = \frac{c}{2L_s} \tag{9-6}$$

此时所选的测尺频率 f_s 直接和测尺长度 L_s 相对应,即测尺长度直接由测尺频率决定,所以这种测量方式称为直接测尺频率。如果测距仪的测程为 100 km,要求精确到 0.01 m,相位测量系统的测量不确定度为 0.1%,则需要三把光尺,即 $L_{s1} = 10^5$ m,$L_{s2} = 10^3$ m,$L_{s3} = 10$ m,相应的光调制频率分别为 $f_{s1} = 1.5$ kHz,$f_{s2} = 150$ kHz,$f_{s3} = 15$ MHz。显然,要求相位测量系统在这么宽的频带内都保证 0.1% 的测量不确定度很难做到。所以,直接测尺频率一般应用于短程测距,如 GaAs 半导体激光短程相位测距。

2)间接测尺频率

在实际测量中,由于测程要求较大,大都采用间接测尺频率方式。若用两个调制频率分别为 f_{s1} 和 f_{s2} 的光尺测量同一距离 L,由式(9-4)可得

$$L = L_{s1}(m_1 + \Delta m_1) \tag{9-7}$$

$$L = L_{s2}(m_2 + \Delta m_2) \tag{9-8}$$

由以上两式可得

$$L = \frac{L_{s1}L_{s2}}{L_{s2} - L_{s1}}\big[(m_1 - m_2) + (\Delta m_1 - \Delta m_2)\big] = L_s(m + \Delta m) \tag{9-9}$$

式中：$L_s = \dfrac{L_{s1}L_{s2}}{L_{s2}-L_{s1}} = \dfrac{1}{2}\dfrac{c}{f_{s1}-f_{s2}} = \dfrac{1}{2}\dfrac{c}{f_s}$，其中 $f_s = f_{s1} - f_{s2}$，$m = m_1 - m_2$，$\Delta m = \Delta m_1 - \Delta m_2 = \Delta\phi/(2\pi)$，$\Delta\phi = \Delta\phi_1 - \Delta\phi_2$。

　　式（9-9）中，L_s 是一个新的测尺长度，f_s 是与 L_s 对应的新的测尺频率。这样，用频率为 f_{s1} 和 f_{s2} 的光尺分别测量某一距离时，所得相位尾数 $\Delta\phi_1$ 和 $\Delta\phi_2$ 之差，与用频率为 f_{s1} 和 f_{s2} 的差频频率 $f_s = f_{s1} - f_{s2}$ 的光尺测量该距离时的相位尾数 $\Delta\phi$ 相等。这是间接测尺频率法测距的基本原理，即通过 f_{s1} 和 f_{s2} 频率的相位尾数及其差值来间接测定相应的差频频率的相位尾数。通常把 f_{s1} 和 f_{s2} 称为间接测尺频率，而把差频频率称为相当测尺频率。表 9-1 列出了间接测尺频率、相当测尺频率、相对应的测尺长度（L_s）和测距不确定度。

表 9-1　间接测尺频率、相当测尺频率、相对应的测尺长度和测距不确定度

频　　率	间接测尺频率	相当测尺频率 f_s	测尺长度 L_s	不 确 定 度
f_{s1}	$f=15\ \text{MHz}$	15 MHz	10 m	1 cm
f_{s2}	$f_1 = 0.9f$	1.5 MHz	100 m	10 cm
	$f_2 = 0.99f$	150 kHz	1 km	1 m
	$f_3 = 0.999f$	15 kHz	10 km	10 m
	$f_4 = 0.9999f$	1.5 kHz	100 km	100 m

　　由表 9-1 可知，这种测距方式下各间接测尺频率非常接近，最高频率和最低频率之差仅为 1.5 MHz，五个间接测尺频率都集中在较窄的频率范围内，故间接测尺频率又称为集中测尺频率。这样不仅可使放大器和调制器获得相接近的增益和相位稳定性，而且各相对应的石英晶体也可统一。

3. 相位测量技术

　　相位测量一般采用差频测相技术。差频测相的原理如图 9-3 所示。设主控振荡器信号的振动方程为

$$e_{s1} = A\cos(\omega_s t + \phi_s)$$

经过调制器发射后，经 $2L$ 距离返回光电接收器，接收到信号的振动方程为

$$e_{s2} = B\cos(\omega_s t + \phi_s + \Delta\phi)$$

式中：$\Delta\phi$ 为相位变化。设基准振荡器信号的振动方程为

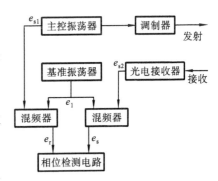

图 9-3　差频测相原理

$$e_1 = C\cos(\omega_1 t + \phi_1)$$

　　把基准振荡器信号送到混频器分别与主控振荡器信号和接收到的信号混频，在混频器的输出端得到差频参考信号和测距信号，它们的振动方程可分别表示为

$$e_r = D\cos[(\omega_s - \omega_1)t + (\phi_s - \phi_1)]$$
$$e_s = E\cos[(\omega_s - \omega_1)t + (\phi_s - \phi_1) + \Delta\phi] \qquad (9\text{-}10)$$

　　用相位检测电路测出这两个混频信号的相位差 $\Delta\phi' = \Delta\phi$。可见，经差频处理后得到的两个低频信号的相位差 $\Delta\phi'$ 和直接测量高频调制信号的相位差 $\Delta\phi$ 是一样的。通常用于测相的低频信号频率为几千赫兹到几万赫兹。

　　对经差频处理后得到的低频信号进行相位比较时，可采用平衡测相法，也可采用自动数字

测相法。平衡测相系统结构简单、性能可靠、价格低,但准确度较低,通常会有 $15'\sim20'$ 或更大的测相不确定度。此外,平衡测相系统还存在机械磨损、测量速度低、难以实现信号处理等缺点。自动数字测相系统测相速度高,测相过程自动化,便于实现信息处理,测相不确定度低,可达 $2'\sim4'$。

相位测距仪既能保证大的测量范围,又能保证较高的绝对测量准确度,因此得到了广泛的应用。相位测距仪的测量不确定度要受到大气温度、气压、湿度等方面的影响。

9.1.2 脉冲激光测距

脉冲激光测距利用了激光脉冲持续时间极短、能量在时间上相对集中、瞬时功率很大(一般可达到兆瓦级)的特点。在有靶标的情况下,脉冲激光测距可实现极远距离的测量。在进行几千米的近程测距时,如果测量不确定度要求不高,即使不用靶标,只利用被测目标对脉冲激光的漫反射取得反射信号,也可以进行测距。目前,脉冲激光测距方法已获得了广泛的应用,如用于地形测量、战术前沿测距、导弹运行轨道跟踪,以及人造卫星、地球到月球距离的测量等。

脉冲激光测距原理如图 9-4(a)所示。由脉冲激光器发出一持续时间极短的脉冲激光,称为主波;主波经过待测距离 L 后射向被测目标,被反射回来的脉冲激光称为回波;回波返回测距仪,由光电探测器接收,根据主波信号和回波信号之间的时间间隔,即激光脉冲从激光器到被测目标之间的往返时间 t,即可得到待测目标的距离:

$$L = ct/2 \tag{9-11}$$

式中:c 为光速。

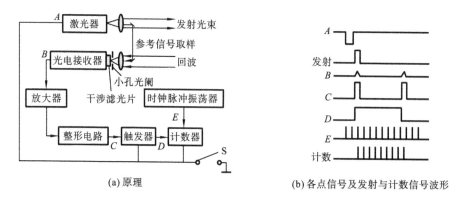

(a) 原理　　　　　　　(b) 各点信号及发射与计数信号波形

图 9-4　脉冲激光测距原理与各点信号及发射与计数信号波形

图 9-4(a)所示为脉冲激光测距原理。脉冲激光测距仪主要由脉冲激光发射系统、光电接收系统、门控电路、时钟脉冲振荡器以及计数显示电路组成。其工作过程是:首先开启复位开关 S,复位电路给出复位信号,使整机复位,准备进行测量,同时触发脉冲激光发生器,产生激光脉冲;该激光脉冲有一小部分由参考信号取样器直接送到接收系统,作为计时的起始点,大部分光脉冲射向待测目标,由目标反射回测距仪的光脉冲被光电接收系统接收,这就是回波信号。参考信号和回波信号先后由光电探测器转换成为电脉冲,并加以放大和整形。整形后的参考信号能使触发器翻转,控制计数器开始对晶体振荡器发出的时钟脉冲进行计数。整形后的回波信号使触发器的输出翻转无效,从而使计数器停止工作。图 9-4(b)所示为原理图中对应各点的信号波形。这样,根据计数器的输出即可计算出待测距离:

$$L = \frac{cN}{2f_0} \tag{9-12}$$

式中：N 为计数器计到的脉冲个数；f_0 为计数脉冲的频率。

脉冲激光测距仪中，干涉滤光片和小孔光阑的作用是减少背景光及杂散光的影响，以减少探测器输出信号的背景噪声。

测距仪的分辨力 P_L（$P_L = L/N$）取决于计数脉冲的频率，根据式（9-12）可知

$$f_0 = \frac{c}{2P_L} \tag{9-13}$$

若要求测距仪的分辨力 $P_L = 1\ \text{m}$，则要求计数脉冲的频率为 150 MHz。由于计数脉冲的频率不能无限制提高，脉冲测距仪的分辨力一般较低，通常为几米。

由式（9-11）可得脉冲测距的合成标准不确定度为

$$u_c(L) = \frac{t}{2}u_c + \frac{c}{2}u_t \tag{9-14}$$

光速 c 的不确定度 u_c 取决于大气折射率 n 的测量不确定度，由 n 值测量不确定度而带来的不确定度一般为 10^{-6}。所以对短距离（几米到几十千米）脉冲激光测距仪来说，测距准确度主要取决于时间 t 的测量不确定度 u_t。影响 u_t 的因素很多，如激光的脉宽、反射器和接收系统对脉冲的展宽、测量电路对脉冲信号的响应延迟等。

9.2　激光多普勒测速技术

激光多普勒测速（laser doppler velocimetry，LDV）技术是 20 世纪 60 年代中期开始发展起来的一种新型的测量技术，激光多普勒测速是指基于运动物体散射光线的多普勒效应来测量物体的运动速度。

1842 年奥地利科学家多普勒（Doppler）发现，对于以任何形式传播的波，波源、接收器、传播介质或散射体的运动都会使波的频率发生变化。1964 年，Yeh 和 Cummins 首次观察发现水流中粒子的散射光有频移，证实了可用激光多普勒频移技术来确定粒子的流动速度。随后有人又用该技术测量了气体的流速。激光多普勒测速技术发展很快，目前已广泛地应用于流体力学、空气动力学、燃烧学、生物医学领域，以及工业生产中的速度测量。

9.2.1　激光多普勒测速技术基础

1. 多普勒效应

当波源与观测者之间有相对运动时，观测者所接收到的波的频率不等于波源振动频率，此现象称为多普勒效应。

多普勒在其提出的声学理论中指出，在声源相对于介质运动而观测者相对于介质静止，或者声源相对于介质静止而观测者相对于介质运动，或者声源和观测者相对于介质都运动的情况下，观测者接收到的声波频率与声源频率均不相同，这种现象就是声学多普勒效应。

爱因斯坦指出，当光源与观测者之间有相对运动时，观测者接收到的光波频率与光源频率不相同，即存在光（电磁波）多普勒效应。声学的多普勒效应与波源及观测者相对于介质的运动有关，光（电磁波）的多普勒效应只与波源和观测者之间的相对运动有关。因此，声（机械振动）的多普勒效应与光（电磁波）的多普勒效应有着本质的区别。

1）声多普勒效应

声波是依赖于介质传播的,声波在介质中的传播速度与声源是否运动无关,而取决于介质的性质。波源振动的频率由波源本身的结构决定,而波的频率在数值上等于每秒通过介质中某一固定点的完整波形的数目。显然,声波的多普勒效应与介质有关。

如果声源的频率为 f,声波在媒质中的速度为 v,波长 $\lambda = v/f$。假设声源与观测者同时相对于介质运动,声源速度为 v_2,观测者速度为 v_1,则可得观测者接收到的频率为

$$f' = \frac{(v \pm v_1)}{(v \mp v_2)} f \tag{9-15}$$

式中:观测者向着声源运动时 v_1 取正号,反之取负号;声源向着观测者运动时 v_2 取负号,反之取正号。

由式(9-15)可知:当声源和观测者相向运动时,接收到的频率升高;当声源和观测者背离运动时,接收到的频率降低。可以证明,当声源或观测者的运动方向垂直于两者的连线时,接收频率不发生变化,即声学只有纵向多普勒效应,没有横向多普勒效应。对于声源和观测者之间的一般运动,可把上述公式中的速度看成实际速度在两者连线上的分量。

2）光多普勒效应

当光源和观测者相对运动时,观测者接收到的光波频率不等于光源频率,这就是光(电磁波)多普勒效应。光多普勒效应与声多普勒效应本质上是不同的,因为声波依赖于介质传播,而光不依赖于介质传播。对于任何惯性系,光在真空中的传播速度都相同,所以,光源和观测者谁相对于谁运动是等价的。

对于光多普勒效应,观测者接收到的频率的计算公式为

$$f_D = \frac{\sqrt{1 - v^2/c^2}}{1 + v\cos\theta/c} f_s \tag{9-16}$$

式中:θ 为速度 v 与观测者到光源之间连线的夹角;v 为光源和观测者之间相对速度的绝对值;c 为光速;f_s 为光源的频率。

若相对运动发生在观测者和光源的连线上,则 $\cos\theta = \pm1$(远离时取 $+1$,接近时取 -1),式(9-16)简化为

$$f_D = \sqrt{\frac{c-v}{c+v}} f_s \tag{9-17}$$

此情况下的多普勒效应称为纵向多普勒效应。当光源和观测者相向运动时 v 取负号,接收到的光波频率升高;当光源和观测者背离运动时 v 取正号,接收到的光波频率降低。

若相对运动方向垂直于观测者和光源的连线,则 $\cos\theta = 0$,式(9-16)可改为

$$f_D = \sqrt{1 - \frac{v^2}{c^2}} f_s \tag{9-18}$$

此情况下的多普勒效应称为横向多普勒效应。当 v/c 很小时,横向多普勒效应公式近似为

$$f_D = \left[1 - \frac{1}{2}\left(\frac{v}{c}\right)^2\right] f_s \tag{9-19}$$

经比较可见,同样的 v 值下,横向频移比纵向频移小得多,一般在实验中很难察觉横向多普勒效应。在1960年,科学家通过 γ 射线(穆斯堡尔效应)做实验,才证明了光的横向多普勒效应的存在。

光多普勒效应的应用很广泛,例如雷达确定飞机的方位和速度、微波监视仪测定来往车辆

的速度等都用到了光多普勒效应。

2. 激光多普勒测速原理

1) 测速原理

激光多普勒测速原理如图 9-5 所示。从激光器发出的单
色光束,经 S 处的分光镜,一部分被反射到流体中的 Q 处,另
一部分透过分光镜后再由 R 处的反射镜反射到 Q 处,这两束
光都在流经 Q 处的杂质微粒上发生散射(有时需在流体中人
为掺入某种细小杂质)。散射时运动的杂质微粒先作为"接收
器"接收入射光,由于微粒随流体一起在运动,所以,它接收的
频率不等于激光器的频率 f_s;然后微粒以接收的频率发出散
射光。第一路入射光 SQ 和流体速度分量 $v\cos\alpha_1$ 方向相同,

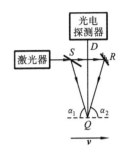

图 9-5　激光多普勒测速原理

而第二路光 RQ 和流体速度分量 $v\cos\alpha_2$ 方向相反,所以两种散射光的多普勒频移是不同的,
其频率分别为 f_1 和 f_2。应用纵向多普勒效应公式(9-17),由于 v/c 非常小,只取其泰勒级数
展开式的前两项,即得

$$f_D = \left(1 - \frac{v}{c}\right)f_s \tag{9-20}$$

考虑到光在流体中的速度为 c/n(n 为流体折射率),将 v 换成纵向分量 $v\cos\alpha_1$ 和 $v\cos\alpha_2$
后,可得

$$f_1 = f_s\left(1 - \frac{v\cos\alpha_1}{c/n}\right)$$

$$f_2 = f_s\left(1 + \frac{v\cos\alpha_2}{c/n}\right)$$

用 D 处的光电探测器接收 QD 方向的散射光,由于 QD 垂直于流速 v,微粒散射的频率为
f_1、f_2 的光对探测器不再发生多普勒频移(忽略横向效应),探测器接收到的两束散射光频率
之差为

$$\Delta f = f_2 - f_1 = \frac{v}{c/n}f_s(\cos\alpha_2 + \cos\alpha_1) \tag{9-21}$$

因为 $c = f_s\lambda_0$(λ_0 是该激光在真空中的波长),若 $\alpha_1 = \alpha_2 = \alpha$,则得

$$\Delta f = \frac{v}{\lambda_0}2n\cos\alpha \tag{9-22}$$

于是,流速为

$$v = \frac{\lambda_0}{2n\cos\alpha}\Delta f \tag{9-23}$$

频率相近的两束散射光在探测器上相互作用而产生拍,光电探测器测出每秒光强的变化
频率,即拍频,就可以得到 Δf,也就可以得到 v。

2) 频移信号的检测

频移信号的检测可利用光混频技术,具体方法是:将两束频率有一定差别的光同时作用于
探测器光敏表面上,由于光电探测器对光频(高达 10^{14} Hz 左右的频率)不能响应,光电流只与
光的电场矢量平方成正比,因此,检测出来的是随 Δf 变化的光电流信号。

设入射光场方程分别为 $E_1 = A_1\cos(2\pi f_1 + \phi_1)$ 和 $E_2 = A_2\cos(2\pi f_2 + \phi_2)$,则其混频电流
为

$$i = k\,(E_1 + E_2)^2 \qquad\qquad (9\text{-}24)$$

式中:k 为光电转换系数,是与光电探测器量子效率有关的常数。经过三角运算,同时由于光频太高,在一个探测器扫描时间内,含有接近光频率的余弦项的幅值平均值为零,可进一步得

$$i(t) = k\left[\frac{1}{2}A_1^2 + \frac{1}{2}A_2^2 + A_1 A_2\,(2\pi\Delta f t + \Delta\phi)\right] \qquad (9\text{-}25)$$

式中:$\Delta\phi$ 为相移,$\Delta\phi = \phi_1 - \phi_2$;$\Delta f$ 为两束光的频差。由式(9-25)可知,在检测到的光电流中含有直流电流和交流信号电流,即拍频电流。这样,经过滤波器隔直后,即可测定 Δf 值。

　　与普通干涉仪一样,此处也有零差和外差之分。若入射至物体前两束光频率相同,当物体运动时,多普勒信号可以看成是载在零频上,故称之为零差干涉,因为当物体运动速度为零时,$f_1 = f_2 = f_0$,输出信号为直流。若入射至物体前两束光频率不等,频率差为 f_m,则即使物体运动速度为零,两束光混频后输出的信号频率也仍为 f_m,成为交流信号。当物体运动时,多普勒效应可以看成是载在一个固定的频率 f_m 上,故称此种干涉为外差干涉。零差时不能判断物体运动的方向,即对两个运动速率相同、方向相反的运动会给出相同的测量结果;外差时则可以区分这一差异,可利用与无线电外差技术相同的手段抑制噪声,从而提高信噪比。一般的装置都采用外差的方法。

9.2.2　激光多普勒测速仪的组成

　　激光多普勒测速仪由激光器、光学系统、信号处理系统等几部分组成。图 9-6 是一个典型的激光多普勒测速仪示意图。

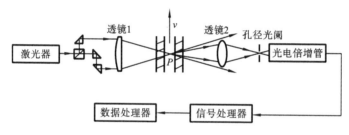

图 9-6　激光多普勒测速仪示意图

1. 激光器

　　多普勒频移相对于光源波动频率来说变化很小,因此,必须用频带窄及能量集中的激光做光源。为了满足长时间测量的要求,一般都使用连续气体激光器,如氦氖激光器或氩离子激光器。氦氖激光器功率较小,适用于流速较低或者被测粒子较大的情况;氩离子激光器功率较大,信号较强,应用最广。

2. 光学系统

　　光学系统的作用是将激光束按照一定的要求分成多束互相平行的照射光束,通过聚焦透镜会聚到测量点。在激光测速仪中,按光学系统的结构不同,有三种常见的外差检测基本模式:参考光模式、单光束-双散射模式和双光束-双散射模式。

　　1) 参考光模式

　　外差参考光模式的一种光路布置如图 9-7 所示,这种光路也称参考光束型光路。频率为 f_0 的激光束经分光镜分成两束。一束经透镜 1 会聚至被测点 Q,被该处以速度 v 运动的微粒向周围散射。另一束经滤光片衰减后也由透镜 1 会聚至被测点 Q,并有一部分穿越被测点,成

为参考光束。经过光阑、由透镜 2 会聚到光电倍增管的光电阴极上的是两束频率相近的光,其中参考光束频率仍为 f_0,散射光发生了多普勒频移,频率为 $f = f_0 + \Delta f$。参考式(9-21),可得

$$v = \frac{\lambda}{2\sin\dfrac{\theta}{2}}\Delta f \tag{9-26}$$

式中:θ 为照明光束入射方向和探测器接收到的散射光方向的夹角;λ 为激光束在介质中的光波波长。

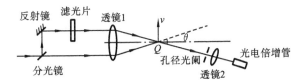

图 9-7　多普勒外差参考光模式光路布置

由式(9-25)可知

$$i_{max} = \frac{(A_1 + A_2)^2}{2}$$

$$i_{min} = \frac{(A_1 - A_2)^2}{2}$$

当 $A_1 = A_2$ 时,i 具有最佳的强弱对比。图 9-7 中,在反射镜和透镜 1 之间加一个滤光片来削弱参考光束,目的就在于此。

实现外差检测,在参考光模式中关键是将与照明光取自同一相干光源的一束参考光直接照射到光探测器中,同散射光进行光学外差处理。参考光不一定要与照明光束相交,图 9-7 所示光路中,使参考光束通过被测点并与照明光束相交,是为了易于实现参考光束与散射光束的共轴对准。

此模式的特点如下:

① 由于 Δf 与 θ 有关,所以探测器位置受限;

② 光束准直要求高,参考光与测量光在探测器上要严格重合,故对仪器调整和外部环境要求高;

③ 散射角的角扩散会使多普勒频差的频带加宽并影响测量准确度,加上孔径光阑虽然可以有效地解决这一问题,但同时会降低接收光强,从而将降低信噪比;

④ 信号接收距离不受接收透镜焦距的限制;

⑤ 适合于流体粒子浓度高的测量。

2)单光束-双散射模式

单光束-双散射光路模式的光路布置如图 9-8 所示。将激光束会聚在透镜 1 的焦点处,把焦点作为被测点。用双缝光阑从运动微粒的散射光中选取相对入射轴线对称的两束光,通过透镜 2,反射镜与分光镜使两束光会合到光电倍增管的光电阴极上,产生拍频。测速计算公式与式(9-26)相同,其中 θ 是所选取的两束散射光的夹角,Δf 是两束散射光之间的多普勒频差,v 为垂直于两束散射光束角平分线方向上的速度。

此模式的特点如下:

① 可以用来接收位于两个相互垂直平面的两对散射光,方法是旋转双缝光阑至两相互垂直位置;

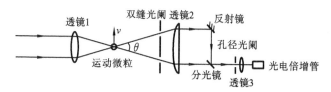

图 9-8　多普勒外差单光束-双散射模式光路布置

② 孔径光阑的孔径角很小,故光能利用率低,光路对接收方向很敏感,调整较困难,使用不方便。

3) 双光束-双散射模式

这种模式也称为干涉条纹模式,其原理是:将两束不同方向的入射光在同一方向上的散射光汇集到光探测器中混频,从而获得两束散射光之间的频率差。如图 9-9 所示,被测点处微粒的运动速度 v 分别与照明光束 1、2 的夹角不同,微粒所接收到的两束光频率不同,光电倍增管所接收到的两束散射光的频率也就不同。测速计算公式与式(9-26)相同。

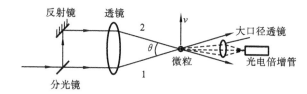

图 9-9　多普勒外差双光束-双散射模式光路布置

此模式的特点如下:

① 因为此处 θ 与进入光电倍增管的散射光方向无关,使用时可以根据现场条件,选择便于配置光电探测器的方向;

② 可以使用大口径透镜收集散射光,充分利用在被测点由微粒散射的光能量,提高信噪比,使其比参考光模式提高 1～2 个数量级;

③ 进入光探测器的双散射光束来自于在被测点交会的两束强度相同的照明光,不同尺寸的散射微粒都对拍频的产生有贡献,可以避免参考光模式光路中因散射微粒尺寸变动可能引起的信号脱落,便于进行数据处理。

双光束-双散射模式在目前的激光测速仪中应用最广。图 9-9 所示光路按接收散射光的方向分,属于前向散射光路,光源与光电探测器居于被测点两侧。实际上,在仪器设计时,为使结构紧凑,将光源和光电检测器置于同一侧,如图 9-10 所示,这种光路称为后向散射光路。图中,LS为激光光源,PM 为光电探测器,M_1 为分光镜,M_2、M_3、M_4 为反射镜,L_1 为会聚透镜,L_2 为接收透镜,A 为光阑。

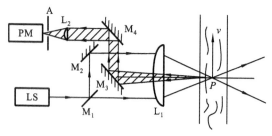

图 9-10　后向散射光路

后向散射光路的优点如下：

① 结构紧凑，从待测运动物体的侧面测量，有利于仪器配置；

② 所利用的散射属于反射，可用于测量不透明物体的速度分布。

但对于常用尺寸的微粒，后向散射所收集的散射光强度只有前向散射所收集光强度的1%。因此，目前在两种光路均可使用的场合，多用前向散射光路，采用单光束-双散射模式时也可以构成后向散射光路，情况是类似的。

3. 激光多普勒信号处理系统

激光多普勒信号是非常复杂的。由于粒子到达测量体的时刻和位置，以及粒子尺寸和浓度的随机特性，光电信号的振幅也是随机变化的。同时，光学系统、光电探测器及电子线路存在噪声，加上外界环境因素的干扰，使信号中有许多噪声。信号处理系统的任务，是从这些复杂的信号中提取出那些反映流速的真实信息，传统的测频仪很难满足这一要求。

常见的多普勒信号处理方法有频谱分析法、频率跟踪法、频率计数法、滤波器组分析法、光子计数相关法、扫描干涉法等。目前应用较为广泛的是前三种。

1）频谱分析法

频谱分析法是用频谱分析仪对多普勒信号进行扫描分析，由多普勒信号频谱求得待测的流体流动参数。该方法适合于稳定的流速测量。在流场比较复杂、信噪比很差的情况下，频谱分析仪可以用来帮助搜索信号，便于正确设置跟踪、计数处理器的量程，避免跟踪或记录错误的信号。

2）频率跟踪法

频率跟踪法应用最为广泛，它是通过频率反馈回路自动跟踪一个频率调制信号，并把调制信号用模拟电压解调出来。频率跟踪法能使信号在很宽的频带范围（2.25 kHz～15 MHz）内得到均匀放大，并能实现窄带滤波，从而使信噪比提高。频率反馈回路输出的频率量可直接用频率计转化为平均流速，输出的模拟电压与流速成正比，能够给出瞬时流速以及流速随时间变化的过程，配合均方根电压表可测湍流速度。频率跟踪测频仪中特别设计了脱落保护电路，避免了由于多普勒信号间断而产生的信号脱落。

3）频率计数法

频率计数法是指通过测量已知条纹数所对应的时间来测量频率。频率计数测频仪测量精度高，且所测数据可送入计算机处理，从而得出平均速度、湍流速度、相关系数等参数。同时，由于它是取样和保持型仪器，没有信号脱落，特别适用于低浓度粒子或高速流体的测试。频率计数法的适用范围几乎包括了所有其他方法的适用范围，从极低速到高超音速流体的测量均适用，且不必人工添加散射粒子，是一种极具发展前途的测频方法。

9.2.3　激光多普勒测速技术的应用

激光多普勒测速技术具有空间和时间分辨率较高，以及属于非接触测量、不干扰测量对象、测量仪器可以远离被测目标等优点，在许多领域得到广泛应用，尤其在边界层、湍流、两相流研究等特殊场合，具有很大技术优势。下面举两个典型的应用例子。

1. 血液流速测量

采用可实现极高空间分辨率的激光多普勒测速技术，再配合一台显微镜就可以观察毛细血管内血液的流动。图 9-11 所示为激光多普勒显微镜光路图。将多普勒测速仪与显微镜组合起来，显微镜用视场照明观察对象，用以捕捉目标；测速仪经分光棱镜将双散射信号投向光电探测器，被测点可以是 60 μm 的粒子。

由于被测对象是生物体，光束不易直接进入生物体内部，且要求测量探头尺寸小。光纤测量仪探头体积小，便于调整测量位置，可以伸入到难以测量的角落，并且抗干扰能力强，密封型的光纤探头可直接放入液体中使用。可见，光纤测速仪的这些优点正适合对血液的测量。

2. 光纤 Doppler 测速仪

图 9-12 所示是光纤 Doppler 测速仪原理。该测速仪采用了后向散射参考光模式光路，参考光路由光纤端面反射产生。为消除透镜反光的影响，利用与入射激光偏振方向正交的检偏器接收血液质点的散射光和参考光。

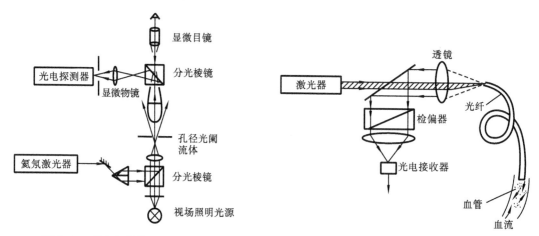

图 9-11　激光多普勒显微镜光路　　　　　图 9-12　光纤 Doppler 测速仪原理

思考题与习题

1. 激光测距技术有哪两种？其原理是什么？它们各有什么特点？
2. 怎样提高激光测距的准确度？
3. 光多普勒效应与声多普勒效应有什么差别？
4. 简述后向散射光路在光学多普勒测速技术中的应用。
5. 光学多普勒测速技术中的信号处理方法有哪些？
6. 说明利用激光多普勒测速技术测量血液流速的原理。

参 考 文 献

[1] 雷玉堂. 光电检测技术[M]. 2版. 北京:中国计量出版社,2009.

[2] 王庆有. 光电技术[M]. 北京:电子工业出版社,2005.

[3] 浦昭邦,赵辉. 光电测试技术[M]. 2版. 北京:机械工业出版社,2009.

[4] 周秀云. 光电检测技术及应用[M]. 北京:电子工业出版社,2009.

[5] 曾光宇,张志伟,张存林. 光电检测技术[M]. 北京:清华大学出版社,2005.

[6] 安毓英,刘继芳,李庆辉. 光电子技术[M]. 2版. 北京:电子工业出版社,2007.

[7] 江文杰,曾学文,施建华. 光电技术[M]. 北京:科学出版社,2009.

[8] 姚建铨,于意仲. 光电子技术[M]. 北京:高等教育出版社,2006.

[9] 郭培源,付扬. 光电检测技术与应用[M]. 北京:北京航空航天大学出版社,2006.

[10] 江月松,李亮,钟宇. 光电信息技术基础[M]. 北京:北京航空航天大学出版社,2005.

[11] 刘铁根. 光电检测技术与系统[M]. 北京:机械工业出版社,2009.

[12] 范志刚,左保军,张爱红. 光电测试技术[M]. 北京:电子工业出版社,2008.

[13] 张广军. 光电测试技术[M]. 北京:中国计量出版社,2003.

[14] 缪家鼎,徐文娟,牟同升. 光电技术[M]. 杭州:浙江大学出版社,1995.

[15] 冯其波. 光学测量技术与应用[M]. 北京:清华大学出版社,2008.

[16] 孙圣和,王廷云,徐影. 光纤测量与传感器技术[M]. 2版. 哈尔滨:哈尔滨工业大学出版社,2002.

[17] 江毅. 高级光纤传感技术[M]. 北京:科学出版社,2009.

[18] 王惠文. 光纤传感技术与应用[M]. 北京:国防工业出版社,2001.

[19] 王玉田. 光电子学与光纤传感器技术[M]. 北京:国防工业出版社,2003.

[20] 黎明,廖延彪. 光纤传感器及其应用技术[M]. 武汉:武汉大学出版社,2008.

[21] 张伟刚. 光纤光学原理及应用[M]. 天津:南开大学出版社,2008.

[22] 赵勇. 光纤光栅及其传感技术[M]. 北京:国防工业出版社,2007.

[23] 王庆有. CCD应用技术[M]. 天津:天津大学出版社,2001.

[24] 李相银,姚敏玉,李卓,等. 激光原理技术及应用[M]. 哈尔滨:哈尔滨工业大学出版社,2004.

[25] 孙长库,叶声华. 激光测量技术[M]. 天津:天津大学出版社,2001.

[26] 林玉池,曾周末. 现代传感技术与系统[M]. 北京:机械工业出版社,2009.

[27] 唐文彦. 传感器[M]. 4版. 北京:机械工业出版社,2006.

[28] 黄元庆. 现代传感技术[M]. 北京:机械工业出版社,2007.

[29] 胡向东,刘京诚,余成波. 传感器与检测技术[M]. 北京:机械工业出版社,2009.

[30] 李科杰. 现代传感技术[M]. 北京:电子工业出版社,2005.

[31] 徐科军. 传感器与检测技术[M]. 北京:电子工业出版社,2004.

[32] 郁有文. 传感器原理及工程应用[M]. 2版. 西安:西安电子科技大学出版社,

2003.

[33]　赵燕. 传感器原理及应用[M]. 北京:北京大学出版社,2010.

[34]　雷玉堂.《光电检测技术》习题与实验[M]. 北京:中国计量出版社,2009.

[35]　张成海,张铎,赵守香. 条码技术与应用(本科分册)[M]. 北京:清华大学出版社,2010.

[36]　邓开发,陈洪,是度芳,等. 激光技术与应用[M]. 长沙:国防科技大学出版社,2002.

[37]　刘志海,曾庆良,朱由锋. 条形码技术与程序设计[M]. 北京:清华大学出版社,2009.